广西关键矿产深部勘查人才小高地(桂组通字〔2019〕85号)
广西页岩气成藏条件与预测评价关键技术研究(广西重点研发计划项目:2021AB30011) 项目资助

广西壮族自治区页岩气资源调查与选区评价

GUANGXI ZHUANGZU ZIZHIQU YEYANQI ZIYUAN DIAOCHA YU XUANQU PINGJIA

王瑞湖 刘昭茜 岑文攀 梅廉夫 等编著

图书在版编目(CIP)数据

广西壮族自治区页岩气资源调查与选区评价/王瑞湖,刘昭茜,岑文攀主编.—武汉:中国地质大学出版社,2023.12
ISBN 978-7-5625-5728-9

Ⅰ.①广… Ⅱ.①王… ②刘… ③岑… Ⅲ.①油页岩资源-资源调查-广西 ②油页岩资源-油气资源评价-广西 Ⅳ.①TE155

中国国家版本馆 CIP 数据核字(2024)第 011244 号

广西壮族自治区页岩气资源调查与选区评价	王瑞湖　刘昭茜　岑文攀　梅廉夫　等编著
责任编辑:韩　骑　　　　　选题策划:张晓红　韩　骑	责任校对:张咏梅

出版发行:中国地质大学出版社(武汉市洪山区鲁磨路388号)	邮编:430074
电　　话:(027)67883511　　　传　　真:(027)67883580	E-mail:cbb@cug.edu.cn
经　　销:全国新华书店	http://cugp.cug.edu.cn

开本:880毫米×1 230毫米　1/16	字数:492千字	印张:16.25
版次:2024年1月第1版	印次:2024年1月第1次印刷	
印刷:武汉精一佳印刷有限公司		
ISBN 978-7-5625-5728-9		定价:258.00元

如有印装质量问题请与印刷厂联系调换

《广西壮族自治区页岩气资源调查与选区评价》
编委会名单

主　　编：王瑞湖　　刘昭茜　　岑文攀

副主编：梅廉夫　　黄文芳　　王新宇

编委会：王　祥　　陈基瑜　　黄　恒　　王来军　　曹淑芳
　　　　张美玲　　陆济璞　　康志强　　张　能　　陈文伦
　　　　吴祥珂　　宫　研　　李小林　　覃英伦　　陈　榕
　　　　张静娴　　黎仲燕　　刘心蕊　　罗　星　　王瑞霞

序

PREFACE

随着我国四川盆地等地区页岩气勘探的突破,广西地区也逐步针对其古生界多套海相页岩开展了页岩气勘探工作,目前已经公开出让 2 个页岩气勘查探矿权,其中柳城北页岩气勘查区块已成功出气点火。本书集成了十多年广西页岩气调查、勘查与研究原创性成果,系统阐述了自 2010 年以来广西页岩气调查评价的 5 个主要阶段以及取得的一些创新性认识,为读者了解广西页岩气调查评价工作及取得的阶段性成果提供了翔实资料。

本书创新性地完成了古生界主要页岩气目的层富有机质泥页岩岩相古地理特征及分布规律研究,提出了深水陆棚相和盆地相是页岩气有利沉积相带的观点,深化了对滇黔桂地区"台-盆"及其与雪峰山南缘过渡区沉积格局的认识。另外,全面评价了广西页岩气成藏地质条件,提出中下泥盆统塘丁组、罗富组,下石炭统鹿寨组为广西页岩气主要目的层。

本书从盆地改造与页岩气保存的匹配关系出发,以桂中坳陷及周缘为重点,基于中、新生代的构造变形特点,对古生界页岩气目的层现今构造格局进行了全新的构造带划分,并对构造演化期次与阶段进行新的厘定,提出了 5 个构造演化阶段和动力学演化模式。该划分方案为古生界目的层页岩气保存条件评价提供了新的思路,结合传统的基于古生界目的层建造阶段的构造单元划分成果,可以更全面、更客观地评价页岩气成烃物质基础和构造保存条件。

本书提出有利沉积相带、保存条件和生烃演化是广西地区页岩气成藏的主控因素,创造性地建立了广西复杂构造域"台-盆"型页岩气成藏模式,建立了一套广西页岩气资源潜力综合评价体系,全面、系统、科学地评价了广西地区页岩气资源潜力,预测了页岩气地质资源量,进一步摸清了广西地区页岩气资源家底;同时首次建立了广西地区页岩气三级(远景区、有利区和勘查靶区)选区评价标准,在桂中坳陷、右江盆地和十万大山 3 个评价单元内共圈定了 9 个远景区、6 个有利区、2 个勘查靶区。

本书有助于指导广西页岩气勘探开发实践,为国家及地方新一轮找矿突破行动规划与部署提供科学依据,并已取得阶段性经济效益和社会效益,对改善广西"缺煤、少油、乏气"的能源供给格局有重要现实意义。广西首个页岩气开发示范项目的出气点火成功,验证了本书关于下石炭统鹿寨组为广西页岩气主要勘探层位的重要认识。

本书的出版发行,将为我国华南地区页岩气勘探实践提供有益的指导,也为丰富油气地质理论宝库添砖加瓦。

中国工程院院士

2023 年 12 月 30 日

前言

PREFACE

广西壮族自治区位于羌塘-扬子-华南板块南端,自中元古代以来,经历了四堡期、雪峰期、加里东期、海西—印支期、燕山期及喜马拉雅期等多期构造运动,形成了以右江盆地、桂中坳陷、十万大山盆地为代表的系列沉积盆地及坳陷,在古生代—中生代沉积了多套深水相地层,与页岩气开发利用起步较快的四川元坝气田有相似的地质历史及变化特点,并且具有与美国东部盆地(阿巴拉契亚盆地、福特沃斯盆地、密歇根盆地等)相似的页岩气成藏地质条件和构造演化历史,页岩分布面积广、厚度大、热演化程度高,具备良好的页岩气成藏地质条件。2012 年国土资源部在首次全国页岩气资源潜力评价及有利区优选中,圈定广西页岩气有利分布区 15 个,预测地质资源量 $4.44×10^{12} m^3$,技术可采资源量 $0.67×10^{12} m^3$,位列全国第八。

为完整准确全面贯彻新发展理念,落实广西壮族自治区党委、政府领导相关批示指示精神,2014—2022 年中国地质调查局在广西页岩气勘查投入资金约 1.86 亿元,实施页岩气基础地质调查、资源前景调查、有利目标区调查评价等 28 个项目,共计完成主要实物工作量:调查井 13 口、参数井 1 口、浅钻 18 口、地质构造剖面测量 789.8km、二维地震测量 501km、广域电磁法测量 235km、高精度重磁电测量 985km。

基于以上勘查研究成果,依托"广西关键矿产深部勘查人才小高地"和"广西页岩气成藏条件与预测评价关键技术研究"经费资助,全面总结广西页岩气的地质背景、保存过程、成藏规律和模式,为广西页岩气下一步勘探开发工作提供可靠依据和部署思路,推动广西页岩气勘查开发事业的发展。

本书由王瑞湖、梅廉夫策划、审定和修改。前言由王瑞湖执笔;第一章由王瑞湖、梅廉夫、王新宇、岑文攀执笔;第二章由梅廉夫、岑文攀、刘昭茜、王来军、张能、陈文伦、陆济璞、康志强、宫研执笔;第三章由岑文攀、王祥、黄文芳、黄恒、陈基瑜、王瑞湖、李小林、张美玲、陆济璞、吴祥珂、宫研执笔;第四章、第五章由梅廉夫、刘昭茜、岑文攀、王瑞湖、刘心蕊、罗星、王瑞霞执笔;第六章由刘昭茜、梅廉夫、王瑞湖、岑文攀、黄文芳、王祥、黄恒、覃英伦、陈榕执笔;第七章由王瑞湖、岑文攀、陈基瑜、梅廉夫执笔;第八章由王瑞湖、梅廉夫执笔。本书的图件制作、文稿初稿编排得到了曹淑芳、张静娴、黎仲燕的帮助。

广西壮族自治区地质矿产勘查开发局地矿局各级领导和"广西关键矿产深部勘查人才小高地"领导小组对本书筹备过程给予充分肯定与大力支持,广西能源集团有限公司提供相关的研究成果资料支撑页岩气成藏规律研究。本书依托的项目在实施过程中一直受到广西壮族自治区自然资源厅、中国地质调查局油气资源调查中心的帮助与技术支持,确保了广西页岩气资源调查评价工作持续,并在 2022 年完成首批页岩气勘查区块的出让工作。在此对所有关心和支持广西页岩气调查评价的领导和专家表示诚挚的感谢!

由于笔者水平及时间有限,书中不足之处敬请读者批评指正。

王瑞湖
2023 年 7 月

目录

1 广西地区页岩气资源调查与选区评价概况 (1)
　1.1 目的任务与总体评价思路 (1)
　1.2 组织实施与主要工作内容 (1)
　1.3 广西页岩气调查评价历程 (2)
　1.4 取得的主要成果 (4)

2 华南大地构造与广西区域地质背景 (6)
　2.1 华南大地构造格局及演化 (6)
　2.2 广西地区区域构造背景与演化 (12)
　2.3 区域地层及富有机质页岩层系 (24)

3 广西地区页岩气建造期成藏地质条件 (36)
　3.1 广西页岩气建造期岩相古地理 (36)
　3.2 广西地区页岩气成藏地质条件 (47)

4 广西地区页岩气改造期构造特征 (108)
　4.1 桂中坳陷及周缘构造带划分与特征 (108)
　4.2 桂中坳陷及周缘构造样式与形成机制 (127)
　4.3 桂中坳陷及周缘中、新生代构造运动期次划分 (129)
　4.4 桂中坳陷及周缘中、新生代构造演化与动力学 (142)
　4.5 右江盆地中、新生代构造特征 (150)
　4.6 十万大山盆地中生代构造特征 (152)
　4.7 改造期宏观构造保存条件小结 (154)

5 广西地区典型页岩气区块解剖 (156)
　5.1 南丹-环江页岩气区块 (156)
　5.2 融水-柳城页岩气区块 (169)
　5.3 柳州-鹿寨页岩气区块 (176)
　5.4 凤凰-来宾页岩气区块 (184)
　5.5 都安-忻城页岩气区块 (189)
　5.6 田阳-巴马页岩气区块 (194)
　5.7 马山页岩气区块 (194)

6 页岩气成藏主控因素与成藏规律 (196)
　6.1 典型区块成藏要素对比 (196)
　6.2 成藏主控因素 (211)
　6.3 成藏规律与成藏模式 (220)

7 广西地区页岩气资源评价与选区 ··· (224)
　7.1 页岩气资源评价 ·· (224)
　7.2 广西地区页岩气选区评价 ··· (231)
8 结论与建议 ··· (243)
　8.1 主要成果 ·· (243)
　8.2 建　议 ··· (245)
主要参考文献 ··· (246)

1 广西地区页岩气资源调查与选区评价概况

1.1 目的任务与总体评价思路

本次研究从广西实际出发,研究广西富有机质泥页岩发育层位、基本地质特征和分布规律,研究广西页岩气形成、保存与富集规律,评价全区页岩气资源潜力,优选页岩气有利目标区及勘查区块,指导广西页岩气勘探开发。

1.2 组织实施与主要工作内容

研究工作以上古生界含气页岩层系为重点(兼顾下古生界和中生界含气页岩)目的层,对近 10 年来广西区内页岩气的主要工作成果及基础理论进行了系统梳理、分析、研究及总结,主要开展了以下几个方面工作。

1. 区域地质背景研究

在全面系统地收集、分析、整理资料的基础上,结合华南大地构造格局及演化背景,把广西地层划分为古元古界—下古生界褶皱基底、上古生界—中三叠统沉积盖层、上三叠统—古近系上叠盆地沉积三大构造层,并系统分析总结了广西的区域构造背景与演化特征。结合广西属于羌塘-扬子-华南地层大区中的扬子地层区和华南地层区这一区位特点,总结了广西的区域地层发育情况,并详细描述了广西富有机质泥页岩发育层系及特征,认为广西区内研究程度较高、页岩气潜力较大的层系有中下泥盆统塘丁组、中泥盆统罗富组、下石炭统鹿寨组。研究程度较低的层系有下三叠统石炮组、上二叠统大隆组、上泥盆统榴江组、下寒武统清溪组、中奥陶统升坪组、下志留统连滩组。

2. 页岩气成藏基础地质条件研究

结合华南特斯提构造域与沉积盆地的格局与演化,总结了广西富有机质泥页岩形成时期的古地理格局,研究了构造演化对富有机质泥页岩岩性组合、厚度分布及其埋藏条件的控制作用。重点分析研究了桂中坳陷的构造特征、构造带划分及构造应力作用、构造演化史,分析了富有机质泥页岩形成的构造基础及其构造特征。在编制完成富有机质泥页岩层系地层相关成果图件的基础上,分析研究了不同地区富有机质泥页岩层系的岩性组合特征、厚度变化、沉积环境、发育序列,总结了不同地区富有机质泥页岩层系沉积相特点。系统研究了上古生界主要页岩气目的层段(中下泥盆统、中泥盆统、下石炭统及下三叠统)的有机地球化学及物性参数,目的层系的生烃潜力及储集能力,绘制了含气页岩综合柱状图,并研究了生烃条件与地质背景因素之间的变化关系,分析其在空间上的变化规律。

3. 广西主要含页岩气盆地改造期的构造特征及其演化规律研究

分析了广西区内主要沉积盆地(桂中坳陷、右江盆地、十万大山盆地)的构造特征差异性、构造演化历史与变形机制同一性,深入总结了3个盆地的构造特征及展布规律。重点对桂中坳陷及周缘构造发育特征进行了系统分析,划分出4个一级构造单元、11个二级构造单元,系统总结了各二级构造单元内断裂体系平面展布特征、活动期次和褶皱特征;利用典型构造剖面及流体包裹体测试结果,分析了改造期动力学特征,研究分析了4个主要改造期(晚三叠世、侏罗纪早期、侏罗纪晚期、古近纪)的构造变形特征及演化规律。

4. 页岩气成藏主控因素及成藏规律研究

从结构构造特征、构造样式类型及分布规律、热史模拟、含气性及保存条件等几个方面对典型区块进行解剖分析及对比,系统分析研究了各区块的页岩气生烃条件、储层物性特征、热史-埋藏史-生烃史、含气性特征;结合广西晚古生代独特的台-盆相间沉积格局,从沉积相、构造保存条件和生烃演化3个角度,总结了广西页岩气成藏的主控因素、成藏规律及成藏演化模式。

5. 区块选取及资源评价

研究国内外相关资料,结合广西特有的地质背景,基于各工作区富有机质泥页岩的沉积相带分布、有机碳含量、厚度、成熟度、深度、含气性以及构造保存条件等页岩气相关评价指标,分别确定了"远景区""有利目标区""勘查靶区"3个级别的区块选取标准,进而圈定了9个远景区、6个有利目标区及2个勘查靶区,并采用概率体积法对广西各构造单元及所选取的区块进行了页岩气资源量计算。

1.3 广西页岩气调查评价历程

美国能源信息署(Energy Information Administration,EIA)2013年评价并公布,全球已有46个国家拥有页岩油气资源,页岩气技术可采资源量达$214.56×10^{12}m^3$,全部开采出来可供全世界使用100年以上。中国以$31.6×10^{12}m^3$的技术可采资源量位居第一,占世界已知总量的14.72%(图1.3.1)。

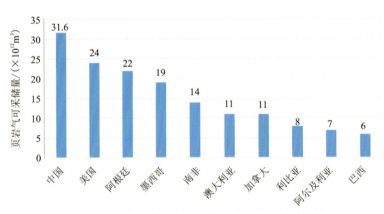

图1.3.1 全球页岩气可采储量排名前十位的国家

美国是世界上页岩(油)气勘探开发最早的国家,也是目前世界上页岩(油)气勘探开发最成功的国家,页岩气产量也最大。2020年世界页岩气总产量为$7688×10^8m^3$,其中美国$7330×10^8m^3$、中国$200×10^8m^3$、阿根廷$103×10^8m^3$、加拿大$55×10^8m^3$,美国仍是世界页岩气开发的主体。

我国页岩气勘查开发起步较晚，但发展迅速。经过10余年的勘探开发攻关和实践，中国页岩气产量实现了从无到有、从小到大的跨越式发展，相继在四川长宁、威远，重庆涪陵、彭水，云南昭通，贵州正安和陕西延安等地取得重大突破和发现。中国页岩气勘探开发历程分为以下3个阶段：产业启蒙阶段（2007—2009年）、发展突破阶段（2010—2013年）、跨越开发阶段（2014年至今）。2021年我国页岩气产量超过$230×10^8 m^3$，已成为我国天然气产量增长的重要组成部分。

广西页岩气勘查起步于2010年，紧跟国家页岩气勘探开发步伐，获得国家财政及地方资金支持，历经近12年勘查工作，在柳州地区实现了页岩气的重大突破，提交了8个页岩气远景区、5个有利目标区，并首批出让了2个页岩气勘查探矿权，取得了全新的工作成果。广西截至2022年已实施页岩气基础地质调查、资源前景调查、有利目标区调查评价等项目28个。

遵循油气勘查工作思路，按照勘查工作内容、勘查手段划分，广西页岩气勘查可分为基础评价、有利区带评价、区带再评价、圈闭评价研究、商业化开发5个阶段。

1. 基础评价阶段（2010—2013年）

该阶段主要开展油气地质资料收集、地质调查、分析测试与评价预测工作，为页岩气勘查的基础评价阶段。

2010—2013年，国土资源部、广西壮族自治区自然资源厅（简称"广西自然资源厅"）、广西壮族自治区地质矿产勘查开发局（简称"广西地矿局"）、中国石油天然气集团有限公司（简称"中石油"）勘探开发研究院、中国科学院地质与地球物理研究所、中国石油化工集团有限公司（简称"中石化"）勘探开发研究院、中石化华东分公司石油勘探开发研究院等部门和科研院所，对广西上古生界展开页岩气资源潜力分析，重点是对泥盆系兼顾石炭系页岩气成藏条件与有利区带进行评价，认为右江盆地及桂中坳陷上古生界富有机质泥页岩的有机质丰度高、类型好，处于高—过成熟演化阶段，具备页岩气形成与富集的有利地质条件，圈定了右江盆地、桂中坳陷2个页岩气重点勘查区，十万大山盆地-钦州坳陷为页岩气远景区，并提出了桂中坳陷泥盆系页岩气勘探的有利区带。

2. 有利区带评价阶段（2014—2017年）

随着全国跨越开发阶段进程推进，中国地质调查局（简称"中国地调局"）统筹中央财政勘查经费持续加大投入到滇黔桂地区，在广西此阶段主要集中于桂中坳陷及周缘的页岩气有利区带内进行勘查评价，证实了下石炭统的含气性良好，泥盆系仍具有较好的潜力但含气性差。

2014年中国地调局武汉地质调查中心在实施的丹页2井泥盆系罗富组发现一定的页岩气显示，并以泥盆系塘丁组、罗富组和石炭系鹿寨组为目的层，圈定了南丹县车河以东、环江县洛阳以西一带的向斜为页岩气有利区。

2014—2017年，中国地调局油气资源调查中心在广西常规油气矿权范围外组织开展了新一轮页岩气基础地质调查工作，其中包括"南盘江—右江—十万大山—三水盆地页岩气资源调查评价""广西南丹—环江地区页岩气调查二维地震勘查工程""桂中坳陷页岩气资源远景调查""南盘江—桂中坳陷页岩气基础地质调查""广西天峨地区1∶5万页岩气地质调查""广西柳州地区1∶5万页岩气地质调查""南盘江—桂中坳陷上古生界海相页岩气基础地质调查""滇黔桂地区上古生界海相页岩气基础地质调查""滇黔桂地区上古生界页岩气战略选区调查"等基础地质调查项目对广西页岩气基础地质条件进行了较全面的调查评价，并在部分有利区实施了钻井工程验证，其中在东塘1井下石炭统鹿寨组发现3处含气层，于井深355.80m处发生井涌，点火可燃，火焰高度约1.2m，岩心解吸含气量为$1.67 m^3/t$，气体组分80.24%为甲烷，取得了阶段性成果与认识，为下一步广西页岩气资源调查评价工作奠定了基础。

2017年广西自然资源厅组织实施桂柳地1井（深度2 004.80m），最高解吸气量达$2.9 m^3/t$，证实了下石炭统具有良好的生烃成藏基础。

3. 区带再评价阶段（2018—2020年）

2018—2020年由广西自然资源厅、广西壮族自治区发展和改革委员会、广西地矿局组织，广西壮族自治区地质调查院（简称"广西地调院"）联合中国地质大学（北京）、成都理工大学具体实施了广西页岩气资源潜力调查、桂中坳陷重点区页岩气地质调查，圈定了3个页岩气重点调查盆地（桂中坳陷、右江盆地、十万大山-钦州坳陷）、8个远景区（融水-柳城北、南丹-环江、柳城南-柳州、柳江-凤凰、荔浦、百色-巴马、马山、上思-凭祥）、5个有利目标区（侧岭-河池镇、龙头-宜州、凤凰镇、融水南-融安潭头、罗城小长安-龙岸）和1个页岩气勘查靶区（雒容-思贤）。

4. 圈闭评价研究阶段（2019—2021年）

随着中国地调局油气资源调查中心"滇黔桂上古生界页岩气战略选区调查"项目和中石化南方勘探分公司在页岩气勘查工作上的推进，以实现页岩气重要发现、突破为目标，相继在页岩气有利区范围内优选页岩气有利构造圈闭，实施大口径的页岩气地质调查井（桂融页1井）、探井（宜页1井）、页岩气地质调查井工程（桂荔地1井），取得重要发现，落实了广西重要的页岩气含气构造，同时在页岩气工作程度较高的柳州鹿寨、融水地区开展了页岩气预测关键性技术方法的研究。

2019年中国地调局油气资源调查中心在广西荔浦、融水地区部署页岩气地质调查井，获取中泥盆统、下石炭统深部地层数据，其中桂融页1井下石炭统目的层岩心浸水实验气泡显示强烈，收集气泡并点火可燃，现场解吸气量 $1.2 \sim 1.5 \, m^3/t$，于东塘1井见气后，再次实现了广西页岩气的重要发现。

2019—2020年中石化南方勘探分公司在常规油气探矿权内开展页岩气勘查工作，利用二维地震等物探、地质资料，评价优选广西河池宜州—罗城地区为页岩气有利区，在构造有利部位实施宜页1（参数井），亦获得页岩气的较好发现，并于目的层段开展直井压裂，获得 $2500 \, m^3/d$ 的产量。

2020年广西地矿局组织广西地调院实施"广西上林地区页岩气有利区调查"项目，在上林地区针对中下泥盆统、下石炭统开展有利区调查。2021年广西自然资源厅组织广西地调院实施"桂北重点区页岩气地质调查"项目，在河池地区开展页岩气有利目标区调查。2020—2022年广西地矿局组织实施"广西柳州市雒容有利目标区页岩气构造保存条件研究""广西桂中坳陷及周缘上古生界沉积相与页岩气构造保存条件研究"项目，广西壮族自治区科学技术厅重点研发计划支持"广西页岩气成藏条件与预测关键技术研究"，针对广西页岩气资源调查评价存在的关键性问题，深入研究关键性的页岩气构造保存条件、沉积相、物探预测方法体系。

5. 商业化开发阶段（2022年至今）

2022年3月11日，自然资源部同意广西首批柳城北、鹿寨区块页岩气勘查探矿权挂牌出让，4月27日通过招拍挂确定了广西投资集团有限公司为首批2个页岩气区块业主，标志着广西页岩气商业化开发进入实质性发展阶段，引入社会资金进行商业化开发与产业化建设。2023年12月，柳城北页岩气勘查区块内完成了试采压裂作业并成功点火。

1.4　取得的主要成果

本次工作完成了对广西大地构造背景、区域构造特征及其演化规律的研究，总结了盆地建造期的沉积特征，系统分析了含页岩气盆地的页岩气成藏地质条件，重点研究了桂中坳陷及周缘的构造特征及其演化规律，全面分析了广西页岩气构造保存条件，深入总结了页岩气富集主控因素及其规律，建立了广西页岩气选区评价标准,圈定了页岩气远景区、有利目标区及勘查靶区,估算了页岩气资源量。

(1) 系统梳理总结了华南大地构造演化与广西富有机质泥页岩层系特征。华南大陆经历了新元古代—早古生代(原特提斯构造域)构造演化、晚古生代(古特提斯构造域)构造演化、中生代早期(新特提斯构造域)构造演化、中生代中期构造演化、中生代晚期—古近纪构造演化、新近纪构造演化 6 个演化阶段,广西地区作为华南大陆的一部分在晚古生代—中生代早期多岛洋大地构造背景下,形成了桂中坳陷、右江盆地、十万大山盆地 3 个主要沉积区,并发育了以泥盆系、石炭系为主的多套富有机质泥页岩层系。

(2) 全面研究了广西主要富有机质泥页岩岩相古地理和页岩气成藏地质条件。基于近 10 年广西页岩气调查、勘查与研究原创性成果资料,全面系统地研究了广西三大主要盆地晚古生代主要目的层富有机质泥页岩岩相古地理及页岩气成藏地质条件,提出桂中坳陷、右江盆地、十万大山盆地的中下泥盆统塘丁组、罗富组,下石炭统鹿寨组,下三叠统石炮组富有机质泥页岩为深水陆棚或台盆相沉积,TOC 含量普遍较高(1.02%~10.19%),R_o 一般为 1.8%~4.71%,有机质类型以Ⅰ、Ⅱ型为主,累计厚度达 30~600m,具有良好的生烃潜力。

(3) 全面总结了广西页岩气主要目的层的储层特征与生烃潜力。广西富有机质泥页岩在时间上主要分布于早石炭世、早中泥盆世和早三叠世,其生烃潜力属于优质—好的烃源岩,在空间上主要分布于柳州、河池、来宾、百色和崇左等地。富有机质泥页岩的矿物组分以石英、方解石和伊利石与伊蒙混层的黏土矿物为主,具低孔低渗特征,页岩气主要储集在粒内有机孔、溶蚀孔、晶间孔以及微裂缝中。

(4) 深入分析了广西主要沉积盆地页岩气改造期的构造特征、演化规律及构造保存条件。以桂中坳陷为重点深入分析了中、新生代以来多期构造运动对桂中坳陷、右江盆地和十万大山盆地的改造作用,创新性地将桂中坳陷划分为 4 个一级构造带(雪峰山隆起南缘重力滑覆构造带、右江逆冲推覆构造带、大瑶山和大明山逆冲推覆构造带、北山复合叠加构造带)和 12 个二级构造带,并详细论述了其构造演化,即桂中坳陷在中、新生代经历了印支晚期挤压阶段,燕山早期Ⅰ幕和Ⅱ幕挤压走滑阶段,燕山晚期—喜马拉雅早期伸展阶段和喜马拉雅晚期抬升剥蚀阶段,认为桂中坳陷未被印支期挤压构造活动和燕山期伸展作用波及,或处于宽缓构造低部位,构造样式较好且燕山期构造变形较弱的二级构造带有利于页岩气的保存。

(5) 系统总结了广西地区页岩气成藏主控因素、成藏规律,建立了页岩气成藏模式。通过对广西重点页岩气区块沉积相带、构造样式、埋藏史、含气性及保存条件的深入分析解剖,首次提出有利沉积相带、保存条件和生烃演化是广西地区页岩气成藏的主控因素。较深水的斜坡、盆地或深水陆棚沉积相带有利于有机质的富集、保存与转化生烃作用,局部构造样式、埋深、构造定型与抬升时间是页岩气保存条件的重要影响因素,适中的热演化程度有利于页岩气生储耦合。在此基础上进一步总结了页岩气的成藏规律,创新性地建立了广西复杂构造域"台-盆"型页岩气成藏模式。

(6) 首次全面、系统、准确地评价了广西地区页岩气资源潜力。基于中国南方地区非典型海相页岩气有利区的选区标准,建立了一套广西页岩气资源潜力综合评价体系,采用概率体积法对广西主要含油气盆地及有利目标区进行了资源评价,预测页岩气地质资源量为 $9.93×10^{12} m^3$,技术可采资源量为 $1.49×10^{12} m^3$,摸清了广西地区页岩气资源家底。

(7) 新优选了一批页岩气远景区、有利目标区和勘查靶区,成功出让了 2 个勘查区块。首次建立了广西地区页岩气三级(远景区、有利目标区和勘查靶区)选区评价标准,在桂中坳陷、右江盆地和十万大山盆地 3 个评价单元内共圈定了 9 个远景区、6 个有利目标区、2 个勘查靶区,预测页岩气地质资源量分别为 $23.35×10^{12} m^3$、$1.99×10^{12} m^3$、$693×10^8 m^3$,其中柳城北和鹿寨勘查区块成功出让,为广西页岩气商业勘探与开发奠定了良好基础。

2 华南大地构造与广西区域地质背景

2.1 华南大地构造格局及演化

华南大陆主要指秦岭-大别造山带以南、青藏高原以东中国大陆南部的大陆及邻海区域,主体由扬子与华夏两地块构成(张国伟等,2013)。华南大陆是显生宙以来众多亲冈瓦纳的微大陆(地块)和造山带交织、组合而成的复合大陆,依次受特提斯洋、太平洋、印度洋三大动力体系的控制,形成特提斯、太平洋和印度洋三大构造域。不同动力体系和构造域的交切、复合,使华南大陆成为东亚构造乃至全球构造中最复杂的区域之一。印度板块、太平洋板块和菲律宾板块与欧亚板块的相互作用联合控制了华南大陆现今的构造格局。

华南大陆新元古代以来经历了晋宁期、加里东期、海西期、印支期、燕山期以及喜马拉雅期等多期构造演化。扬子和华夏地块在新元古代晋宁期基本完成拼合形成相对统一的华南大陆,古生代加里东期和海西期华南大陆处于大陆和陆缘演化阶段。中生代印支期华南大陆与华北大陆拼合成为欧亚大陆的一部分,之后华南大陆进入燕山期和喜马拉雅期陆内构造演化阶段。华南大陆早古生代、晚古生代和中生代分别处于原特提斯、古特提斯和新特提斯3个阶段(吴福元等,2020)。华南大陆是在先期演化基础上,显生宙以来主要在全球罗迪尼亚大陆(Rodinia)与泛大陆(Pangea)超大陆拼合与裂解演化进程中(李霖锋,2017)历经与原(Pt_3^2—S)特提斯、古(D—T_2)特提斯、新(T_3—Q)特提斯演化相对应的广西、印支与燕山—喜马拉雅三大构造演化阶段(张国伟,2013)。整体而言,华南大陆海相盆地为经多期构造演化和改造形成的多旋回、复杂变动的残留盆地。

2.1.1 华南大地构造格局

华南中、古生界的基本构造格架是在前印支构造运动的基础上,在中、新生代构造作用下奠定的。主要的构造事件是印支—燕山早期南方遭受的持续挤压作用和燕山晚期—喜马拉雅早期遭受的伸展作用。因此,华南的构造分区建立在这两次大的构造转折基础上。

华南及其邻区可以分成8个一级构造单元:华北地块、秦岭-大别造山带、松潘地块、三江造山带、华夏地块、湘黔桂地块、江南隆起和扬子地块。华南大地构造区包括华夏地块、江南隆起、湘黔桂地块和扬子地块4个单元(表2.1.1,图2.1.1)。华夏地块和扬子地块被江南隆起分割,该隆起北缘的江南断裂是继承性的古断裂。江南隆起是一个自震旦纪以来长期发育并被多次改造的古隆起,呈向西北突出的弧形构造,自桂北,经黔东、湘西至鄂东南、赣西北到皖南,长逾几千千米,宽度小于100km,主体出露中、新元古代浅变质岩系,其上残留有古生界,核心部位还残存石炭—二叠系,部分地区因断陷上覆发育中、新生界。

表 2.1.1　华南海相构造区划表

大区		区块
华夏地块		粤海造山带
		浙闽地块
		武夷山构造带
		云开地块
		钦防构造带
江南隆起		雪峰构造带
		洞庭断块区
		九峰构造带
		鄱阳断块区
		怀玉山构造带
湘黔桂地块		湘中桂东北断褶带
		十万大山断褶带
		宜山构造带
		桂中坳陷
		东兰断隆
		德保断隆
		马关隆起
		南盘江坳陷
		罗平断坳
		黔西南坳陷
		黔南坳陷
扬子地块	下扬子地块	苏皖南断块区
		泰兴常熟断块区
		安庆南京对冲过渡带
		泰州对冲过渡带
		苏皖北断块区
		淮阴断块区
	中上扬子地块	鄂东南断褶带
		江汉南部断块区
		江汉北部断块区
		大洪山逆冲褶皱带
		宜昌斜坡带
		神农黄陵隆起
		大巴山逆冲褶皱带
		中上扬子对冲过渡带

续表 2.1.1

大区			区块
扬子地块	中上扬子地块	米仓山构造域	米仓山隆起
			米仓山前缘断褶带
		米仓山川东对冲过渡带	
		雪峰山构造域	川东断褶带
			渝东断褶带
			湘鄂西黔东南断褶带
		龙门山构造域	龙门山逆冲褶皱带
			川西断褶带
		川中褶皱带	
		川西南断褶带	
		峨眉山凉山地块	
		娄山断褶带	
		川南断褶带	
		曲靖断褶带	
		黔西北断褶带	
		康滇隆起	
		楚雄断褶带	

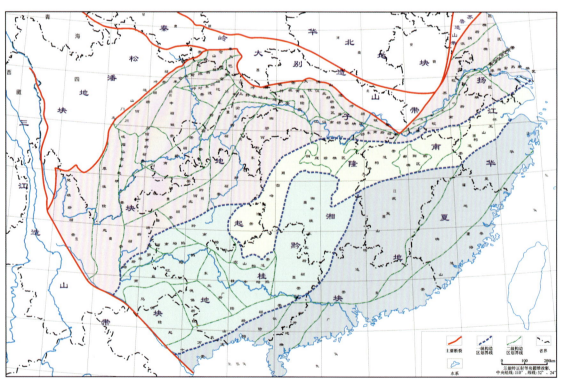

图 2.1.1 华南海相构造区划图

扬子地块按构造差异可以分为中上、下扬子地块。它们的界线为传统意义上的大别造山带和郯庐断裂带。中上扬子地块由于受到来自秦岭-大别造山带和华南造山带的联合作用,一方面形成了中上扬子对冲过渡带,另一方面形成了从江南隆起前缘到川中块体的一个宽阔的从厚皮到薄皮的递进变形带(梅廉夫等,2010)。在中上扬子地块中,湘鄂西-黔中-滇东陆内造山带和川东-滇东北陆内造山带之间的界线同时也是燕山晚期—喜马拉雅早期伸展断陷作用和拗陷作用的分界线。在该界线以东为南方伸展断陷区,以西为拗陷作用区。下扬子地块在印支—燕山早期为对冲构造带,在燕山晚期—喜马拉雅早期反转为伸展构造区。总体上经历两大演化阶段,即印支以前的稳定大陆边缘阶段和印支以后的西太平洋大陆板块边缘阶段。印支期及其以后经历了强烈挤压和拉张—挤压交替的两种活动方式。多次构造运动的叠加和后期改造使构造变得极为复杂。该时期扬子地块处在印度、太平洋两大板块向中国陆块俯冲碰撞形成的复杂动力环境中。

湘黔桂地块经历中新生代印支、燕山和喜马拉雅运动后成为复杂的构造叠加区和交接区。黔中-滇东隆起位于康滇隆起以东,其西南部以师宗-弥勒断裂与南盘江坳陷相接,垭都-紫云断裂从其中部穿过。黔西南坳陷位于南盘江坳陷的西北侧,其南侧大致以南盘江断裂带为界,北西侧为师宗-弥勒断裂及其延伸部分,北东侧为垭都-紫云断裂。构造方向多变,北部以北东东向为主,东部则以北西向为主。南盘江坳陷西部以师宗-弥勒断裂为界,西北侧大致以南盘江断裂为界,东侧为垭都-紫云-都安断裂,南侧与马关隆起相接,多线状褶皱,构造复杂,总体上是一个呈北西延伸的断褶带。黔南坳陷位于南盘江坳陷北东侧,其北侧为贵阳-镇远断裂,南东侧为三都断裂,西南侧为垭都-紫云断裂和南盘江断裂东段。马关隆起位于南盘江坳陷南部,地跨滇东南部及桂西南部。

2.1.2 华南大地构造演化

2.1.2.1 原特提斯构造域和早古生代(加里东期)构造演化

一般理解的原特提斯构造域是从新元古代 Rodinia 裂解到早古生代这个阶段洋陆构造作用所形成的构造域。原特提斯洋起始于新元古代,闭合于早古生代末期,位于塔里木-华北陆块以南、滇缅马苏/保山微陆块以北、与 Rodinia 超大陆的裂解密切相关的一个古洋盆(李三忠等,2016)。新元古代 Rodinia 超大陆初始裂解开始,原特提斯洋开始发育,并在早古生代与古亚洲洋连为一体,至泥盆纪关闭(吴福元等,2020)。华南原特提斯的演化主体是中上扬子地块、下扬子地块、华夏地块和古华南洋,最后南方大陆的会聚使扬子、华夏、湘黔桂地块及华南洋等拼合在一起,成为华南地块。

随着全球海平面上升,晚震旦世开始,海侵沉积于暴露的古隆起,南方各地块是超大陆解体后散落在古特提斯洋中的块体,其中较大的有华北、扬子与华夏地块,在这些地块上发育被动大陆边缘的浅海碳酸盐台地沉积。扬子地块和华夏地块之间是华南洋与湘黔桂地块,华南洋主要为碎屑浊流沉积,向北至怀玉山、九岭地区为深水碳酸盐岩沉积(刘鹏,2017)。湘黔桂地块为扬子地块东南缘,晚震旦世至早寒武世具大陆斜坡向洋盆过渡沉积特点。

华南地区中、晚奥陶世地层缺失以福建武夷山和湘粤赣大瑶山地区为代表。处于桂湘粤交界的大瑶山地区,自寒武纪末开始隆起以后,在晚奥陶世隆起的范围达到最大。这两个地区的大幅度隆起,是华南地区加里东期造山运动第一幕的证据,使湘南、赣中南地区,福建、广东等地区志留纪地层普遍缺失。志留纪末,广西玉林、钦州、防城港一带,寒武系至泥盆系为连续沉积,而这一带的周边地区,下泥盆统不整合于寒武系或奥陶系之上,说明晚志留世末与早泥盆世之间,发生了造山运动,即广西运动。广西运动造成了南华系至志留系普遍强烈变形、变质,岩浆活动及其与上覆岩层的区域构造角度不整合(张国伟等,2013)。

2.1.1.2 古特提斯构造域和晚古生代(海西期)构造演化

特提斯多岛洋模式(殷鸿福等,1999)认为,华夏地块与扬子地块之间曾有过两次开合。第一次张裂是晚震旦世—寒武纪,造成古南华洋的打开,奥陶纪时开始拼合,志留纪时北端与扬子陆壳相连,南端仍保持张开(钦防海槽)(许华等,2016)。第二次张裂是石炭—二叠纪,在赣东北构造混杂带中发现晚古生代放射虫硅质岩(王博等,2001),可能延到早三叠世(赣湘桂裂陷槽)。

东吴运动是华南地区晚古生代影响较大的一次地壳运动。晚二叠世,在扬子西缘和羌塘东部发生峨眉山玄武岩喷发(马力等,2004)。黄开年(1988)根据峨眉山玄武岩的分布、成分等特征提出,峨眉山大火成岩省指示在扬子与羌塘之间可能存在地幔柱的头部。扬子地块四周在大范围内呈现出环状的伸展、张裂状态,这些特征也支持在深部可能存在地幔柱的观点(范玉梅等,2008)。峨眉山地幔柱的发育和形成,导致周围直径上千米的地区发生张裂,使得扬子和亲冈瓦纳的地块群之间的金沙江洋和澜沧江洋(即特提斯洋的中部)不断扩张,从而造成周围板块的逐渐离散,而地幔柱的上升也是东吴运动的主要动力来源。

扬子地块中部,湘西和鄂西存在晚古生代早期的中上石炭统或下二叠统之间以及中下二叠统与上二叠统之间的平行不整合。茅口期和吴家坪期下扬子地块和华南地块的沉积作用主要受东部华夏古陆控制(何斌等,2005)。上、中、下扬子地区的东吴运动强度不同,上扬子存在角度不整合,中扬子存在平行不整合,下扬子以整合接触为主(胡光明,2007)。吴浩若等(2001)提出在桂南和粤西地区存在着一个独立的云开地块,它在海域上还可以包括南海北部和南沙群岛,云开地块在早古生代可能是扬子板块南缘的岛弧。泥盆纪—早二叠世,云开地块与扬子地块之间的钦州-罗定断陷较深,云开地块以东的吴川—四会—琼州一带也表现为裂陷较深的海域。

2.1.1.3 新特提斯构造域和中生代早期(印支期)构造演化

三叠纪开始,冈瓦纳大陆北缘发生大规模裂解,拉萨、婆罗洲和东马来西亚等一系列陆块向北运动,新特提斯洋开始扩张,延续到晚白垩世至新近纪闭合。印支运动是中国大陆形成的关键构造运动,在此阶段,中国大陆发生大规模碰撞和拼合,澜沧江、金沙江、秦岭-大别等大的碰撞带先后形成。印支运动导致华南由海变陆,不仅华南与华北地块完全拼合,印支地块和三江地区也分别与华南和扬子地块相拼合(郭旭升等,2006)。

印支运动在马关、金平、钦防地区,三叠—石炭系均已被剥掉,下三叠统—侏罗系超覆于泥盆系之上。在武夷山—井岗山一线,三叠—二叠系已被剥掉,下三叠统—侏罗系超覆在石炭系之上。在雪峰-江南隆起上,中—上三叠统区域盖层也全部被剥蚀(马力等,2004)。在下扬子区由于与华北板块通过郯庐断裂和苏鲁造山带的拼合形成了中央坳陷带和南、北断褶带。中扬子区为近南北向的挤压环境,北部遭受来自秦岭—大别的挤压,南部受到来自华南块体的挤压,形成主体近东西向构造。华北与扬子的拼合方向由北东向南西转变,形成整体东西向构造背景下的鄂东南地区的北西西向、北西向构造。上扬子北东向延伸的华蓥山构造带南、北两端存在两个古隆起,即北端的开江-梁平古隆起和南端的泸州古隆起,古隆起的形成可能与四川盆地西缘龙门山以及江南地块隆起导致的北西-南东向挤压作用有关。北大巴山构造冲断动力主要与印支期秦岭发生陆—陆碰撞造山过程有关(郭旭升等,2006)。

华南大陆西南缘,扬子地块与华夏地块沿哀牢山逆冲推覆构造带向南西仰冲在思茅地块之上,后者则向南西仰冲到保山地块之上,在哀牢山山带西南侧形成晚三叠世的前陆盆地,沉积晚三叠世磨拉石建造。澜沧江南段和滇、藏交界地段发育的同期弧火山岩可能与昌宁-孟连洋盆向西俯冲导致的弧后拉张作用有关。

2.1.1.4 中生代中期(燕山早期)构造演化

随着印支期中国大陆完成最后的拼合,华南进入陆内构造作用阶段。燕山早期构造运动部分继承印支期的特点,但在陆内构造作用的强度远大于印支期,表现为强烈的挤压作用和陆内造山作用,形成了强度更大、发育更广泛的由褶皱、逆断层、逆冲断层等组成的不同构造体系(梅廉夫等,2009)。

中上扬子构造带是在南北挤压下形成的以陆内造山带为主体,包括神农黄陵、米仓山和康滇等隆起的格局(郭旭升等,2006)。北部陆内挤压推覆造山及隆起包括米仓山隆起、神农黄陵隆起和大巴山-江汉陆内造山带。神农黄陵隆起在燕山早期的强烈隆起对中扬子地区的构造产生了深远的影响。神农黄陵隆起以及米仓山隆起对大巴山江汉陆内造山两个弧形构造带的形成可能起到砥柱作用。中扬子盆内现今的构造格架主要是在燕山早期形成的,潜江翟家湾背斜和沉湖土地堂向斜是该期在中扬子地区产生的主要构造格架。南部陆内挤压推覆造山带包括川东滇东北陆内造山带、湘鄂西黔中滇东陆内造山带、幕阜山武陵山梵净山陆内造山带。发育在北部陆内挤压推覆构造带和南部陆内挤压推覆构造带之间的是陆内挤压对冲带。下扬子构造带是在印支期对冲挤压递进变形的基础上进一步发展成为全区逆冲挤压格局。

黔南、滇东、桂西构造交接带从十万大山到南盘江再到马关隆起具有十分复杂的构造格局。早燕山运动推覆冲断作用扩展到盆地,主要以北西—南东向的挤压作用为主,形成的主体构造线为北东—北北东向,总体构造变形强度具有东南强西北弱的特点。在十万大山地区,上思-沙坪断裂的逆冲活动,宁明—上思一线褶皱、冲起、剥蚀形成了隆起带,而此线以南的靠近扶隆-小董冲断带的龙因背斜带,形成大型的背斜、隆起。

2.1.1.5 中生代晚期—古近纪(燕山晚期—喜马拉雅早期)构造演化

燕山晚期—喜马拉雅早期华南受濒太平洋域构造的影响,包括中国东部第二重力梯度带以东,构造动力学环境和格局发生了重大转变,表现为东部遭受以伸展为主的构造作用,而西部处于拗陷作用阶段。

中下扬子区燕山晚期—喜马拉雅早期阶段为拉张-断陷构造体制,构造背景从先前的挤压应力环境转为区域拉张环境。中下扬子地区沿北北东、北西、东西等方向的断裂发生大规模拉张断陷作用,形成一系列单断或半地堑式的箕状或地堑型盆地。中扬子及邻区可以划分为两大主要构造区。东部北西、北北西向构造带,包括江汉盆地北部的垒堑构造区和鄂中覆盖区的北西向张性构造,在该构造带还发育一组北东向的正断层,是双断作用的结果;西部北北东、北东、北东东向构造带,以发育该方向的正断层为主,以单断为特点。

晚白垩世,大巴山构造带活动减弱,燕山早期来自南东雪峰-武陵和北西米仓山-龙门山的相对挤压作用在递进变形的基础上仍然在向四川盆地内部推进,奠定了川东北地区到华蓥山盆内的北东向构造的主体。到古近纪,这一递进变形才真正结束。随之而起的是大巴山构造带的重新活动,从北东向南西挤压作用形成了四川盆地北东部广泛分布的北西向构造带(郭旭升等,2006),并基本正交叠加在先期的北东向构造带上,形成了一个复杂的构造干涉景观。

2.1.1.6 新近纪(喜马拉雅晚期)构造演化

喜马拉雅晚期的构造运动受濒太平洋域和印度-喜马拉雅域构造的联合影响,华南经历了又一次运动方式的改变。华南大部分地区从燕山早期—喜马拉雅早期的伸展作用转变为喜马拉雅晚期的挤压作用(郭旭升等,2006),这一挤压作用与太平洋板块向中国大陆的俯冲以及西部印度板块在三江地区与中国大陆的碰撞有明显的响应关系。

喜马拉雅晚期表现出区域隆升、岩浆作用和局部挤压作用(汤良杰等,2011)。滇西火山岩集中分布于腾冲、剑川—大理和马关—屏边区,渐新世—中新世在剑川、勐腊、开远、腾冲等地区与下伏古近系或更老地层间的不整合接触,沿断裂发生差异性沉降和范围广泛的中酸性—碱性岩浆的侵入和喷发活动(江元生等,2007)。渐新世末断块构造异常明显,桂南地区产生部分东西向张性断裂,北部湾北缘一带抬升,合浦南康、涠洲岛一带,南康群发生轻微褶皱和断裂。武陵—雪峰—南盘江差异隆升强烈,拗褶和强烈的侵蚀作用,造成第四系下更新统与新近纪及其先期的地层呈不整合接触,雪峰西南段渐新世以来,大面积差异隆升,断裂重新活动,近东西向挤压。川中-滇东块断隆坳区新近纪广泛褶皱隆升,早、中更新世东部继承性断陷或上叠,西部受走滑断层控制,有明显的迁移和新生性,中晚更新世发生强烈的断块运动。

华南东部火山活动主要为中心式喷溢,断裂交会处火山活动强烈,安徽省内缺失渐新统,东部大面积隆起,西部沉降,断裂活动强烈,大量玄武岩喷溢(张广平,2007)。新近纪末—第四纪早期,东升西降的不均匀升降,尤其以大别和皖南两大山区上升更为强烈。第四系与下伏地层不整合,有间歇性的岩浆喷发、隆升。

华南南部火山岩集中分布于广东、福建以及雷琼坳陷区,红色断陷盆地(河源、三水、连平)分布受断裂控制,火山活动多为多期次间歇性的喷发活动,更新世与上新世地层不整合接触,中间有风化壳。中晚更新世华南南部大面积抬升,不整合面发育,雷南、琼北地区的基性、超基性岩浆喷溢活动强烈。

2.2 广西地区区域构造背景与演化

2.2.1 广西地区构造单元划分

广西地处濒太平洋与特提斯-喜马拉雅两大构造域的复合部位,羌塘-扬子-华南板块的南端。自中、新元古代以来,古华南洋持续往扬子克拉通东南方向俯冲、消减,至早古生代末扬子陆块与武夷-云开岩浆弧拼贴对接而统一,晚三叠世以来,成为濒太平洋活动大陆边缘的组成部分。广西多旋回复杂的构造演化过程,造就了不同的大地构造单元。

据《广西壮族自治区区域地质志》,广西陆域可划分为2个二级、6个三级、15个四级构造单元,局部可划分到五级构造单元(图2.2.1,表2.2.1)。

2.2.1.1 扬子克拉通

(1)雪峰-四堡古岛弧(Ⅳ-4-1)。其中它又分为四堡古岛弧和罗城-环江坳陷,具体如下。

四堡古岛弧(Pt_3,Ⅳ-4-1-1):位于桂北九万大山四堡、元宝山地区。主体为近东西向展布的四堡群,由新元古代四堡期古弧盆系复理石浊积岩夹超基性—基性火山岩及其顺层堆晶杂岩组成;俯冲—后碰撞中基性—酸性岩体广泛侵入。上覆盖层建造受华南洋控制,主要为丹洲群陆源细碎屑岩、南华系冰海相含砾砂泥岩陆缘裂谷盆地沉积及震旦—寒武系陆源细碎屑岩被动陆缘盆地沉积,经加里东运动褶皱成山,形成北北东向九万大山-元宝山穹隆。

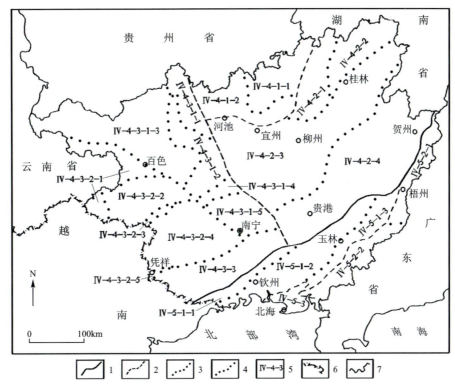

1.二级构造单元界线；2.三级构造单元界线；3.四级构造单元界线；4.五级构造单元界线；5.构造单元编号；6.国界；7.省界或海陆分界线

图 2.2.1　广西构造区划示意图(据广西壮族自治区地质矿产局，1985)

表 2.2.1　广西大地构造单元划分表(据广西壮族自治区地质矿产局，1985)

一级	二级	三级	四级	五级
羌塘-扬子-华南板块	扬子克拉通（Ⅳ-4）	雪峰-四堡古岛弧（Pt_3）（Ⅳ-4-1）	四堡古岛弧（Pt_3）（Ⅳ-4-1-1）	
			罗城-环江坳陷（Pz_2）（Ⅳ-4-1-2）	
		湘桂被动陆缘（Pt_3—Pz_1）（Ⅳ-4-2）	龙胜陆缘裂谷（Pt_3）（Ⅳ-4-2-1）	
			资源陆缘沉降带（Pt_3—Pz_1）（Ⅳ-4-2-2）	
			桂中-桂东北坳陷（Pz_2）（Ⅳ-4-2-3）	
			大瑶山陆缘沉降带（Pt_3—Pz_1）（Ⅳ-4-2-4）	
		滇黔桂被动陆缘（Pz_2）（Ⅳ-4-3）	南盘江-右江裂谷盆地（Pz_2—T_1）（Ⅳ-4-3-1）	南丹坳陷（Ⅳ-4-3-1-1）
				都阳山隆起（Ⅳ-4-3-1-2）
				桂西北坳陷（Ⅳ-4-3-1-3）
				灵马坳陷（Ⅳ-4-3-1-4）
				大明山-昆仑关隆起（Ⅳ-4-3-1-5）
			富宁-那坡陆缘沉降带（Pz_2—T_1）（Ⅳ-4-3-2）	那坡-八渡坳陷（Ⅳ-4-3-2-1）
				清西-田东隆起（Ⅳ-4-3-2-2）
				下雷坳拉谷（Ⅳ-4-3-2-3）
				西大明山隆起（Ⅳ-4-3-2-4）
				凭祥坳拉谷（Ⅳ-4-3-2-5）
			十万大山断陷盆地（T_3—K）（Ⅳ-4-3-3）	

续表 2.2.1

一级	二级	三级	四级	五级
羌塘-扬子-华南板块	华夏新元古代—早古生代造山带（Ⅳ-5）	钦防结合带（Pz_1）（Ⅳ-5-1）	钦防残留洋盆（$S—D_1^1$）（Ⅳ-5-1-1）	
			六万大山岩浆弧（$P_2—T$）（Ⅳ-5-1-2）	
			博白-岑溪俯冲增生杂岩带（$O—S$）（Ⅳ-5-1-3）	
		罗霄-云开弧盆系（$Pt—Pz_1$）（Ⅳ-5-2）	罗霄岩浆弧（$Pt—Pz_1$）（Ⅳ-5-2-1）	
			云开岩浆弧（$Pt—Pz_1$）（Ⅳ-5-2-2）	
			北部湾坳陷（$E—Q$）（Ⅳ-5-3）	

罗城-环江坳陷（Pz_2，Ⅳ-4-1-2）：位于九万大山-元宝山穹隆西南缘，以中泥盆—早三叠世浅海陆源碎屑岩、台地碳酸盐岩沉积为主，晚泥盆—早石炭世沿断裂带有深水台盆相硅泥质岩沉积，经印支运动而褶皱成山，北北东向平缓开阔褶皱、断层发育。

（2）湘桂被动陆缘（Ⅳ-4-2）。它位于四堡岛弧造山带之东南侧，前泥盆纪地层出露广泛，主要沉积于被动陆缘裂谷环境，以陆源碎屑沉积为主，龙胜地区有新元古代双峰式火山喷发和基性—超基性岩顺层侵入；奥陶系仅分布于桂中—桂东北地区，以浅海—深海相砂泥岩建造为主，局部有中基性弧火山岩喷发，属残留洋盆-前陆盆地沉积的产物。奥陶纪北流运动以来，该区域隆升并褶皱成山，资源一带有后碰撞花岗岩侵入，大瑶山东南缘、东缘发育 TTG 岩浆岩组合。晚古生代以来，广西地区发生不均衡的陆内伸展裂陷，形成桂北、桂东隆起夹桂中—桂东北坳陷的古地理格局。坳陷内广泛接受晚古生代浅海相碳酸盐岩、碎屑岩沉积，间夹台沟相含锰硅泥质岩、灰岩建造；桂中一带发育下—中三叠统浅海相碎屑岩建造，印支运动褶皱成山。燕山期以来以断块活动为主，沿区域性断裂带发育拉分、断陷盆地，大瑶山以北地区有大量燕山期后造山花岗岩侵入，形成花山、姑婆山复式岩体。区内褶皱、断裂发育，构造线方向以北北东向、近南北向为主，大瑶山地区呈近东西向；其中加里东期褶皱大多数为长轴紧闭、中常褶皱，印支期褶皱多为短轴、宽缓状。

根据以上不同地区、不同时期的构造活动特征，可再划出龙胜陆缘裂谷、资源陆缘沉降带、桂中-桂东北坳陷和大瑶山陆缘沉降带 4 个四级构造单元。

（3）滇黔桂被动陆缘（Ⅳ-4-3）。它分布于南丹-昆仑关断裂和峒中-小董断裂所围的桂西地区。寒武系零星出露，自西向东为台地相碳酸盐岩，台缘斜坡相泥岩、泥质条带灰岩，盆地相陆源碎屑岩，经广西运动主要形成近东西向褶皱，局部有后碰撞花岗岩侵入。晚古生代伸展裂解，形成台、盆相间的被动陆缘盆地，台地主要沉积碳酸盐岩，盆地主要沉积硅质岩、细碎屑岩、泥质灰岩夹中基性火山岩；早中生代挤压收缩为周缘前陆盆地，主要接受巨厚的复理浊积岩夹中酸性火山岩沉积；印支运动盆山转换，形成盆地紧密—中常线状褶皱，台地上开阔平缓褶皱，伴生发育逆断层，构造线方向以北西向为主，次为北东向。燕山期以来以断块隆升为主，沿区域断裂发育走滑-拉分、断陷盆地，局部中酸性、基性岩脉侵入；盆地主要有桂南北东向十万大山盆地、南宁盆地和桂西北西向右江盆地，盆内主要为含煤建造的红色杂陆屑砂砾岩充填。

根据沉积建造、岩浆活动及构造变形特征，该单元可划分为南盘江-右江裂谷盆地、富宁-那坡陆缘沉隆带和十万大山断陷盆地 3 个四级构造单元。其中前两者均包括 5 个五级构造单元，即南盘江-右江裂谷盆地由南丹坳陷、都阳山隆起、桂西北坳陷、灵马坳陷、大明山-昆仑关隆起组成；富宁-那坡陆缘沉隆带可分为那坡-八渡坳陷、靖西-田东隆起、下雷坳拉谷、西大明山隆起、凭祥坳拉谷。

2.2.1.2 华夏新元古代—早古生代造山带（Ⅳ-5）

华夏新元古代—早古生代造山带位于小董-藤县-梧州-鹰扬关断裂之东南地区，根据各区块不同时期物质组成和构造活动特点，可划分为钦防结合带、罗霄-云开弧盆系、北部湾坳陷3个三级构造单元。

(1)钦防结合带（Ⅳ-5-1）：夹于峒中-小董断裂与陆川-梧州断裂之间，是扬子地块、华夏地块群汇聚拼贴地带。奥陶纪、志留纪为残留洋盆，沉积陆棚-深海相陆源碎屑夹碳酸盐岩，岑溪地区发育由岛弧型基性火山岩、辉绿岩组成的俯冲增生杂岩带；早泥盆世布拉格期洋盆闭合，主要形成近东西走向的褶皱基底。晚古生代强烈拗陷，以深海盆地相砂岩、泥岩、硅质岩沉积为主，晚期发育上二叠统低水扇砂砾岩建造；下三叠统零星分布，为滨岸相含砾砂泥岩沉积。印支运动发生盆、山转换，北东—北东东向褶皱、断裂冲断作用强烈，六万大山及其北西区域晚二叠世—中三叠世碰撞花岗岩大面积侵入。燕山期以来断块运动强烈，形成一系列侏罗纪—古近纪走滑拉分、断陷盆地，博白-岑溪断裂带及附近断续花岗小岩体侵入。

根据不同时期的沉积建造、岩浆活动和构造演化特征，该单元可进一步划分钦防残留洋盆、六万大山岩浆弧、博白-岑溪俯冲增生杂岩带3个四级构造单元。

(2)罗霄-云开弧盆系（Ⅳ-5-2）：位于陆川-岑溪断裂和梧州-鹰扬关断裂东南侧，是华夏地块群的主要组成部分，由罗霄岩浆弧、云开岩浆弧2个四级构造单元组成。云开岩浆弧，古元古代天堂山岩群为一套由混合岩化片麻岩、变粒岩、片岩组成的中高级变质岩；中、新元古代云开群为浅海—深海相中低级变质复理石建造，四堡期碰撞—后碰撞花岗岩侵入广泛，丹洲群、南华系、震旦系和寒武系出露于罗霄岩浆弧，以被动陆裂谷盆地复理石沉积为主，鹰扬关一带新元古代夹细碧岩、角斑岩建造；郁南运动后长期隆起，罗霄-云开隆起中南段北西缘接受奥陶系、志留系陆缘活动沉积，为陆棚—次深海相复理石建造。加里东造山事件，主要形成北东—北东东向线状褶皱和韧性剪切带，及俯冲-碰撞型花岗岩侵入。沿断裂带、隆起边缘有泥盆系—下石炭统碎屑岩、碳酸盐岩沉积，以及中生代断陷盆地和侵入岩分布。

(3)北部湾坳陷（Ⅳ-5-3）：位于合浦—山口一线以南的北部湾及铁山港一带，是南海北缘大陆架西部的一个新生代盆地，由一系列长轴方向为北东东向的半地堑平行排列而成，包括河湖相的南康盆地和海相的北部湾盆地，均以新生代碎屑沉积为主，下部为新近系含砾砂泥岩，夹煤层及高岭土，上部为更新统滨浅海砂砾层。更新世以来断陷加剧，在合浦新圩烟墩岭、北海市涠洲岛、斜阳岛等地有3次基性火山喷发（0.72～1.42Ma）。

2.2.2 广西区域构造特征

根据构造层序列关系、变形变质强度及其形成时代，广西由老到新总体上可划分为古元古界—下古生界褶皱基底、上古生界—中三叠统沉积盖层、上三叠统—古近系上叠盆地沉积三大构造层，变形强度自下而上由强至弱。四堡、加里东、印支、燕山、喜马拉雅等多期构造变动及其叠加，以及不同构造单元边界条件的差异等控制了区域构造格架及其构造变形特征。

2.2.2.1 桂西地区

桂西地区为桂西右江盆地主要展布区，西南与泗城岭-西大明山穹隆带接壤，东以南丹-昆仑关断裂为界与桂中宽缓褶皱变形区相邻。

区内褶皱主要形成于印支运动，以北西向为主，次为北东东—近东西向、北东向和南北向。褶皱特征与控盆的同沉积断裂有着密切关系,基本上受堑-垒式台(沟)盆、碳酸盐岩台地控制,部分以发育中常状褶皱为主,局部紧闭线状褶皱,次级褶皱和层间挠曲、揉皱以及走向逆断层或逆掩断层发育;部分以发育简单平缓开阔短轴褶皱为主,箱形背斜、屉状向斜相间分布,局部在箱状背斜之间夹持着小型尖棱或斜歪褶皱,显示出隔槽式构造特征。

区内断裂主要呈北西—北北西走向,代表性断裂有南丹-昆仑关逆冲断带和那坡逆冲断带。

南丹-昆仑关逆冲断裂带:西起天峨县三堡过南丹县六寨北北西向折往南东向,沿南丹-宾阳昆仑关、横县一线展布,总体走向北西向,长约400km。以南丹-昆仑关断裂为首、长老断裂、九圩断裂和五圩断裂为代表的一系列北西向断裂平行或近平行展布,与其伴生的印支期褶皱构成宽数千米至数万米的冲断带,错动寒武系—古近系及早白垩世昆仑关岩体。其中南丹-昆仑关断裂属一条通达地幔的硅镁层断裂带,其北段(丹池断裂带)与近东西向河池-宜州断裂构成区内重要的三级构造单元的边界断裂。

那坡逆冲断裂:位于那坡县百都、平孟一带,主要由叫旺-平孟断裂、德隆-清华断裂、戈布-那布断裂组成,走向北西。海西—印支早期,断裂带主要表现为同沉积正断层活动,以地堑、地垒组合为主要特征,呈现浅水台地相碳酸盐岩与深水盆地相深色硅质岩、细碎屑岩、灰岩相间分布的沉积景观;印支运动伴生一系列低序次的逆冲断裂构成冲断带,组成的断裂多数具韧—脆性变形特征。

2.2.2.2 桂中地区

加里东期,桂中地区主要为线状中常褶皱变形区。卷入变形地层为青白口纪—奥陶纪陆源碎屑复理石浊积岩系。褶皱多数呈开阔—闭合状,背、向斜大致等同发育,平行或近平行雁列式展布;褶皱轴迹、枢纽状起伏,以北东东向、北西西向交互叠接为主,大致反映了先存基底断裂或边界形态,由于被印支期及之后多期次的构造叠加,褶皱轴面劈理发育,多呈扇状,在核部与褶皱轴面平行。

印支期—燕山期,柳州—合山一带属平缓-开阔褶皱变形区。东、西分别为永福-武宣断裂、南丹-昆仑关断裂所围限。南部为上林—武宣近东西向、往南凸起的弧形褶断带,以合山-宾阳黎塘近南北向一线为界,该线两侧往北以北北西向、北北东向撒开,归并于北部河池-宜山-鹿寨近东西向弧形断褶带。褶皱多数为宽缓—开阔短轴背、向斜,多数背斜具箱形特点,轴面以略往北东、东倾为主,部分近直立,两翼倾角10°~60°,背斜往往被同走向逆断层破坏。

断裂以宜州-柳城褶皱冲断带为代表。该断裂展布于河池—柳城一带,东、西两端分别归并于桂林-永福断裂、南丹-昆仑关断裂,长230km,宽5~40km。由南、北两条分别倾向南、北的主干断裂及一系列次级逆冲断层及伴随的褶皱构成,总体走向近东西,呈波状起伏,倾向近南、北交替呈现,倾角20°~70°,总体呈一近东西向"W"形弧形构造带。

桂中坳陷中北部地区发育各种不同方向的较大规模的断裂体系,有北西向断裂、北北东向—近南北向断裂、近东西向断裂及北东东向断裂等。这些规模较大的深大断裂系在早期控制着海相盆地及半地堑的发育,后期又遭受挤压变形,形成规模较大的变形带。这些不同方向的断裂带形成了本区的构造格架。该区主要发育4个大型的断裂带,包括南丹-都安断裂、河池-宜山断裂、三江-融安断裂、宾阳-大黎断裂(图2.2.2)。

2.2.2.3 桂南地区

加里东期,本区主要夹持于峒中-小董断裂带与陆川-岑溪断裂带之间,属紧闭褶皱变形区,分布以桂南防城—合浦一带为主,卷入变形地层主要为下古生界奥陶系—志留系,岩石普遍遭受绿片岩相区域变质,泥质矿物变成绢云母及白云母,泥质岩大部分变成千枚岩或片岩。该区发育一系列总体近东西向

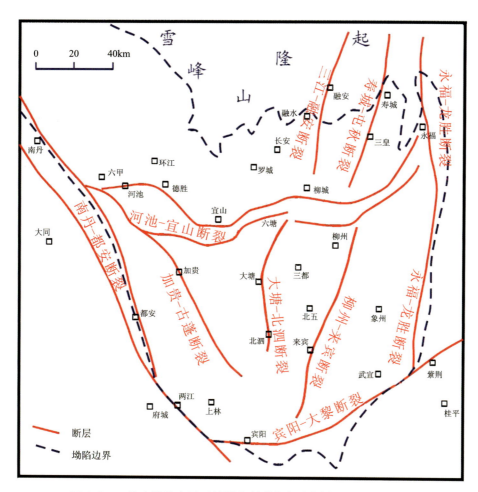

图 2.2.2　桂中坳陷主要区域深大断裂分布示意图（据刘东成，2009）

紧闭线状背斜、向斜，平行或近平行分布，组合成更高一级的复式向斜。褶皱轴向在南西、北东近断裂带附近呈北东走向，钦州、合浦一带即六万大山岩浆弧西南部呈北东东—近东西走向，即西起东兴，北东向过防城港，过钦州渐折往近东西向，至合浦再度偏往北东向，状若一"S"形弧构造带，其形态变化与印支期区内北东东—北东区域性断裂左旋走滑-逆冲活动有关。

加里东期断裂以那丁断裂为代表，位于钦州那丁、那思一带，总体近东西走向，往西过钦州市东场由北东东向渐渐转为南西向，与北东向防城-钦州断裂近平行展布，往东于浦北泉水镇附近被印支期岩体侵吞，长约300km，断层面倾向北或北北西，倾角46°～80°，切过那丽背斜南翼，使背斜核部的连滩组一段、二段覆于南翼的连滩组二段至下泥盆统钦州组之上，往南西钦州大番坡逆冲于下侏罗统大岭组砂泥岩之上。

印支期—燕山期，防城那梭—灵山旧州一带，卷入变形地层为晚古生界—下三叠统，以碎屑岩、硅质岩建造为主，形成一系列紧闭线状斜歪倒转褶皱。轴向北东—北东东，岩层倾角40°～80°，局部近直立，轴面倾向南东、南南东，由于伴生的同走向逆断层被切割及同期岩体侵入，多数形态不完整。沿平旺—小董以东—旧洲一线发育旧洲背斜，背斜核部主要由中、上志留统和下泥盆统组成；该线北西、南东两侧伴生大直向斜和那梭向斜，分别沿峒中—小董断裂和防城-灵山断裂分布，向斜核部最新地层为下三叠统。

印支期—燕山期发育韧-脆性逆冲断裂，致使上古生界整体发生倒转，并与奥陶系—志留系一起被改造成条带状断块。带内自北西往南东发育有凭祥-大黎、峒中-小董、防城-灵山-藤县、博白-梧州和陆川-岑溪等主干断裂,其两侧与之平行或近平行的次级断裂常成带成束发育,走向以北东、北东东为主,局部近东西向,除博白-梧州断裂带以北西、北北西倾为主外,其余均以南东、南南东倾向为主,倾角30°～82°。多方向逆断裂相互叠接交织,构成一总体北东东向展布、往北东收敛、南西撒开的楔形巨型冲断带,在构造组合样式上具背冲-对冲式叠瓦状特点。

中—新生代,区内十万大山向斜盆地形成,表现为一系列复式上叠型雁列向斜,总体呈北东东向,东端延至横县南丹-昆仑关断裂,往西延入越南,长240km,宽40～60km,由燕山期十万大山向斜和古近纪宁明-上思向斜组成。

2.2.2.4 桂北地区

区域内四堡期构造以近东西向复式倒转背斜——三防-元宝山复背斜为主体,由四堡群及层状、似层状枕状基性—超基性熔岩、科马提岩及侵入岩组成。背斜核部、北翼被四堡期岩体侵入占据,劈理极为发育。加里东期,在引张伸展滑脱运动作用下,该区发育一系列伸展型褶皱;九万大山—越城岭一带,逆断层常与褶皱紧密伴生,具平移性质,以脆性变形为主,兼韧性特征。

印支期,以南丹-宜州-柳城断裂带及其两侧同走向褶皱共同组成的总体近东西向弧状断褶带为边界,其北部海西—印支期构造层总体环绕前泥盆纪四堡期穹隆展布,褶皱与同走向断裂均往北呈北北东向撒开,自四堡期穹隆东、西两侧总体往南边界宜州段汇敛,状若北北东向正花状构造。到燕山期,近南北向弧状冲断带主要发育于印支期穹隆之间印支构造层之中,平行或小角度斜切印支期长轴状背、向斜,可划分出桂林-阳朔、栗木-马江和富川-沙田3个明显的冲断带。

2.2.2.5 桂东地区

新元古代早期四堡运动导致桂东—桂东南云开地区强烈褶皱,常发育紧闭—同斜倒转褶皱,早期以伸展褶皱为主,晚期以挤压褶皱为主。加里东期桂东地区演变为中常褶皱变形区,被晚古生代盖层地层覆盖,其形迹零星、断续。区内加里东期基底及其构造形迹出露不完整,逆冲断裂常发育于加里东期紧闭褶皱翼部、轴部,具逆冲叠瓦状特征,局部呈背冲或对冲构造样式,常构成宽数千米至数十千米逆冲断裂带。

印支期,大瑶山、莲花地区主体表现为一近东西向巨型构造穹隆,核部为加里东期褶皱基底,围翼为晚古生代盖层,往南西莲花一带表现为一北东向长垣状鼻状背斜,穹隆边缘伴生褶皱发育,多为开阔向斜,以西部、北部、西南边缘发育较为明显,规模较大,部分具分支现象,且与断层关系密切,形态多数不完整。区内断裂以大瑶山东部朝八-武林、陈塘、沙街-平福、官罗-胜安等断层为主干断裂,两侧发育一系列平行或近平行的次级或伴生断层。

根据重磁异常的分区特征及重磁异常的线性展布规律,全区共解释推断出主要断裂构造72条,其中Ⅰ级断裂2条、Ⅱ级断裂11条、Ⅲ级断裂59条,如大新-忻城-三江断裂带(Ⅰ-31)、凭祥-信都断裂带(Ⅰ-49)等,它们构成了广西主干断裂格架(图2.2.3)。从展布方向特征大致可分为4组,以北东向、北西向断裂最为发育,次为北北东向断裂、东西向断裂构造(多为隐伏构造),在重磁异常特征上主要表现为异常变异带。断裂构造的展布具有一定的分区性,桂西以北西向构造为主,桂东以北东向构造为主,桂北则主要为北北东向构造,而东西向断裂多为隐伏构造。在右江盆地内北西向深大断裂较为发育,呈多组平行排列,将盆地切割成北西向排列的复式隆坳带状地块;在桂中坳陷内,构造活动较平稳,深大断裂不发育;在十万大山盆地、合浦盆地等断陷盆地周边,断裂构造发育,对盆地边界有明显的控制作用。

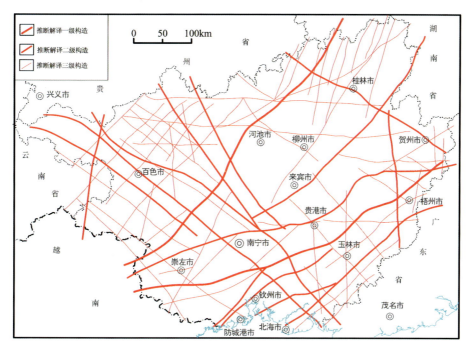

图 2.2.3　广西推断断裂分布示意图

2.2.3　广西区域岩浆岩特征

广西岩浆活动频繁,岩浆岩分布广泛,主要发育在桂东南、桂东、桂东北、桂北地区,桂西南、桂西仅小面积出露。按岩浆岩形成时代,广西由老至新可划分为四堡期、雪峰期、加里东期、海西期、印支期、燕山期、喜马拉雅山期共7期(表2.2.2)。岩浆活动与板块构造活动密切相关。

自中元古代至第四纪地质时期内,除寒武纪、第四纪外,各时期均有不同岩类的火山喷发活动。中元古代至晚古生代以基性岩为主,中生代多为酸性岩,新生代为基性岩。其中以四堡时期、丹洲时期的基性岩浆活动和三叠纪、晚白垩世的酸性喷发活动较为强烈。除晚白垩世火山岩仅见于桂东南外,其他各时代火山岩多集中分布于桂北、桂西、桂西南地区。中三叠世以前均为海相火山喷发活动,晚三叠世以后转变为陆相。

据物探重磁综合信息反映,广西区内共推断隐伏—半隐伏岩浆岩体123个,其中酸性岩体91个,中基性岩体32个;圈定深部岩浆岩基带31处,划分岩浆岩带7条(图2.2.4)。区内岩浆岩明显受深大断裂控制并按不同地质构造分区成群分布,桂西地区岩浆岩带主要以北西向展布为特征,构成隆林-昆仑关(Ⅱ)、那坡-西大明山岩2条岩浆岩带(Ⅲ),其中组成岩体主要为隐伏岩体,岩体边界不十分清晰,重磁异常较弱,推断隐伏岩体顶面埋深多在3km以下;桂东地区岩浆岩带主要以北东向展布为特征,构成九万大山-越城岭(Ⅰ)、西大明山-大瑶山(Ⅳ)、十万大山-大容山(Ⅴ)、云开大山(Ⅵ)、桂东北(Ⅶ)等多条岩浆岩带,带内岩体部分已出露,岩体边界清晰,推断隐伏岩体顶面埋深多为1km。

2.2.3.1　北东向岩浆岩带

(1)九万大山-越城岭岩浆岩带(Ⅰ)。该岩带分布于桂北地区,南界受河池-融安-全州断裂控制,呈北东东向展布,区内长度大于400km,向北东延入湖南省内。在布格重力异常上表现为重力梯级带,镶嵌

表 2.2.2　广西岩浆岩期序及年代格架划分表

地质时代			构造旋回	岩浆活动期	构造运动	代表岩体或火山岩
代	纪	世				
新生代	第四纪	全新世	喜马拉雅旋回	喜马拉雅期	喜马拉雅运动Ⅱ	
		更新世				涠洲岛碱性玄武岩
	新近纪	上新世				合浦新圩橄榄玄武岩
		中新世			喜马拉雅运动Ⅰ	
		渐新世				
	古近纪	始新世				夏宜、马练、马山苦橄玢岩
		古新世			燕山运动Ⅲ	
中生代	白垩纪	晚世				大厂、芒场、昆仑关、英桥马其岗
		早世	燕山旋回	燕山期	燕山运动Ⅱ	柏枒、大黎、陆川、米场、龙头山
	侏罗纪	晚世			燕山运动Ⅰ	花山、姑婆山
		中世				马山、南渡、西山
		早世				
	三叠纪	晚世			印支运动	回龙、五团、豆乍山、伏波山、栗木
		中世	印支旋回	印支期		旧州、东胜、大寺、台马
		早世				大容山、六万大山
晚古生代	二叠纪	晚世			海西运动Ⅱ	旺冲、六陈
		中世				四大寨组基性火山岩
		早世	海西旋回	海西期	海西运动Ⅰ	
	石炭纪	晚世				南丹组基性火山岩
		早世				
	泥盆纪	晚世				
		中世				塘丁组玄武岩
		早世			加里东运动Ⅲ（广西运动）	
早古生代	志留纪	顶世	加里东旋回	加里东期		猫儿山、黎村、钦甲
		晚世				大宁、海洋山
		中世			加里东运动Ⅱ（北流运动）	白板连滩组火山角砾岩、社山
		早世				古龙、大村
	奥陶纪	晚世				东冲组基性火山岩
		中世				
		早世			加里东运动Ⅰ（郁南运动）	
	寒武纪	顶世				
		晚世				
		中世				
		早世				

续表 2.2.2

地质时代			造旋回	岩浆活动期	构造运动	代表岩体或火山岩
代	纪	世				
新元古代	震旦纪	晚世	雪峰旋回	雪峰期	富禄运动	
		早世				
	南华纪	晚世				
		中世				
		早世				
	青白口纪	顶世	四堡旋回	四堡期	四堡运动	三门街组基性熔岩、鹰扬关组细碧岩、三防、元宝山、平英
		晚世				本洞、洞马
		中世				古桑
		早世				岑溪水文南花岗闪长岩
中元古代		晚期				石窝八相田斜长角闪岩
		早期			吕梁运动	

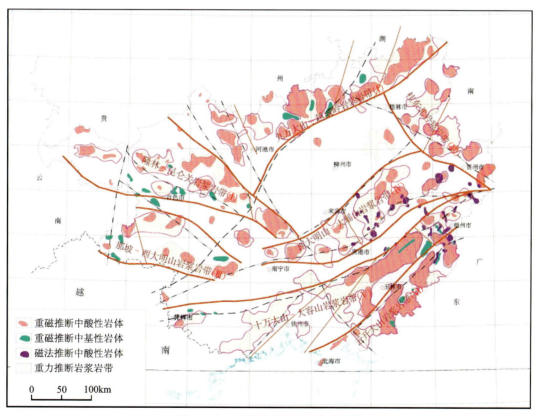

图 2.2.4 广西重磁推断岩浆岩带图

了多个局部重力低异常,经异常分离后可见多个圈闭完整的重力低,共圈定了 5 个岩浆岩基,16 个酸性岩体。据地质资料,该带北东段已出露越城岭、猫儿山、元宝山、三防(摩天岭)等大型花岗岩体,岩浆活动中心位于摩天岭东南(三防岩体)和资源(猫儿山)附近,分别向北东-南西方向侵位;南西段已出露笼箱盖岩体(为浅埋岩体),在芒场、五圩均不隐伏岩体。这些岩体随着深度的增加有在深部相连的特征,总体反映深部存在巨大的北东向花岗岩基带。此外,该带内还推断了4个隐伏基性岩体,在地表多有基性—超基性岩脉出露。

(2)西大明山-大瑶山岩浆岩带(Ⅳ)。该岩带主要分布于桂中地区,受凭祥-贺县深大断裂控制,呈北东东向展布,区内长度大于500km,向东延入广东省内。在布格重力异常上表现为重力梯级带,近等距的镶嵌了多个短轴状局部重力低异常,共圈定了16个隐伏—半隐伏岩体,其典型特征是这些岩体多具有磁性,表现在宽大岩体周围或上方分布有环形局部磁异常或宽大的正负相伴的磁异常。据地质资料,该带西南段已出露西大明山(为浅埋岩体)、昆仑关、大平天山、西山、金井等花岗岩体;北东段地表出露了许多的闪长岩脉。据重磁推断这些岩体(脉)随着深度增加有在深部相连的特征,总体反映了深部存在着巨大的北东东向花岗岩基带,其主活动中心位于大瑶山隆起平南马练附近。

(3)十万大山-大容山岩浆岩带(Ⅴ)。该岩带分布于桂南、桂东南地区,受凭祥-信都深大断裂控制,呈北东向展布,为广泛出露的花岗岩带。带内岩体主要由海西期、印支期花岗岩体组成,如十万大山、大容山、六陈等花岗岩体(基)。在布格重力异常上表现为重力低异常带,异常连续性好,反映花岗岩基带宽大,整条岩带均属岩浆活动中心,下延有限。在北东段,深部岩浆活动中心已与云开大山岩浆岩带合并。后期岩浆活动主要为大量的中基性岩脉侵入。

(4)云开大山岩浆岩带(Ⅵ)。该岩带展布于桂东南地区,受合浦-苍梧深大断裂控制,呈北东向展布。地表广泛出露晋宁期混合岩、混合花岗岩及中生代侵入花岗岩;在布格重力异常上表现为宽大的重力低异常带,异常连续性好,整体反映了深部存在着巨大的花岗岩基带,且岩基下延深度较大,岩浆活动中心位于陆川县一带。此外,在岩带北段还推断了多个中基性隐伏岩体。

2.2.3.2 北西向岩浆岩带

(1)桂东北岩浆岩带(Ⅶ)。该岩带分布于全州—灌阳—富川—贺州一带,受贺县-富禄深大断裂控制,呈北西向展布。在布格重力异常上表现为多个重力低成弧形排列,经异常分离后可见多个圈闭完整的重力低,共圈定了12个酸性岩体。据地质资料,该带已出露都庞岭、海洋山、花山、姑婆山、银顶山等大型花岗岩体,岩浆活动中心位于广东省内,由北东向南西侵位。这些岩体随着深度的增加有在深部相连的特征,总体反映深部存在着巨大的北西向花岗岩基带。

(2)隆林-昆仑关岩浆岩带(Ⅱ)。该岩带分布于隆林—凌云—巴马—马山—宾阳一带,受北西向灵山-田林深大断裂控制,呈北西向展布。在布格重力异常上表现为大片的重力低异常,经异常分离后可见多条北西向展布的重力低、重力高异常带平行排列,共圈定了20个酸性岩体(重力低异常带)和9个基性岩体。该岩带主要由隐伏岩伏岩体构成,地表仅在巴马、凌云、逻楼、大明山等地出露一些浅成的花岗斑岩脉、石英斑岩脉或小岩株,有2个岩浆活动中心,分别位于凌云和马山一带。这些岩体(脉)随着深度的增加有在深部相连的特征,总体反映深部存在着巨大的北西向花岗岩基带。

(3)那坡-西大明山岩浆岩带(Ⅲ)。该岩带主要分布于那坡—靖西—大新—西大明山一带,受北西向那坡-防城深大断裂控制。在布格重力异常上表现为大片的重力低异常,经异常分离后可见镶嵌多个短轴状的重力低,推断为隐伏的花岗岩体,并且这些岩体随着深度增加有在深部相连的特征,整体反映了深部存在着巨大的花岗岩基带。岩浆活动中心位于靖西附近,由南西向北西侵位。此外,在岩带内还推断了6个基性隐伏岩体。

综上所述,广西重磁异常解释推断岩浆岩体在东部大多会出露地表,西部则主要是隐伏岩体,隐伏岩体顶面埋深多在3km以下,有由西向东逐步变浅的变化特征。右江盆地区内岩浆岩较为发育,隐伏岩体埋深较大;桂中坳陷内岩浆活动较弱,极少有推断隐伏岩体;十万大山盆地、合浦盆地等均为断陷盆地,岩浆岩体主要沿盆地周边断裂构造发育。

2.2.4 区域构造演化

广西地质发展可划分为中元古代末、早古生代、晚古生代、中生代和新生代5个大的发展阶段,主要涉及四堡期古亚洲洋、丹洲期—印支期特提斯洋和燕山期滨西太平洋3个各具特征的构造动力体系。其中四堡期古亚洲洋在区内及邻区表现为华南洋,特提斯洋包括丹洲期—加里东期华南洋(原特提斯洋的一部分)、海西期—印支斯的古特提斯洋,后者在桂西地区表现强烈。

(1)中元古代末。中元古代末—新元古代初,广西发生强烈的四堡运动,桂北地区形成最早的陆壳"雏形",桂东南地区微陆块会聚。该运动在九万大山地区造成一系列近东西向紧密倒转褶皱。丹洲雪峰运动(分两幕),仅具"造陆"性质,桂北地区局部曾短暂暴露,形成南华系与丹洲群、南华系内部富禄组与长安组之间的平行不整合面。震旦纪扬子地区经晋宁运动和澄江运动以后形成地台,其南缘为海域(较深水斜坡-盆地环境)。

(2)早古生代。寒武纪末期发生郁南运动,研究区部分地区上升,海域范围缩小,沉积环境发生较大改变,部分隆起形成一系列北东—南西向平行相间的隆起带(背斜)和坳陷带(向斜)。奥陶纪末,北流运动影响全区,地壳再度抬升,海域进一步缩小。该运动在桂东南地区表现较强,它使云开和西大明山-大瑶山隆起强烈上升,其间的钦州-玉林坳陷剧烈深陷,坳陷带两侧产生两条北东向断裂。志留纪末,强烈的广西运动在研究区乃至整个华南地区造成空前规模的褶皱、断裂、岩浆活动、区域变质与成矿作用,使除南部钦州、玉林一带外的广大地区地壳普遍上升,海水退出。

(3)晚古生代。广西运动后,除南部钦州、玉林一带仍为地槽,其余广大地区均转化为准地台并与扬子准地台连成一体。泥盆纪初,广大地区地壳升起成陆,经过一段时间的风化剥蚀后,全区地势北高南低,东、西高中部低。泥盆纪海侵由南往北,同时向东、西方向不断推进,区域经历强烈伸展与扩张活动后。随着海侵范围不断扩大,桂中坳陷中部和西部地区台沟和台地相互交织的地貌景观逐步显现,桂东南钦州—玉林一带强烈坳陷形成坳拉谷。晚泥盆世,断裂活动逐渐减弱,海水总体变浅,桂中坳陷处于台盆相对发育期,桂东南钦州-玉林仍为深水盆地沉积。石炭纪末,桂西北地区经黔桂运动局部隆起和海退,产生风化剥蚀,造成石炭系与上覆二叠系平行不整合接触。早二叠世海侵扩大,上述隆起地区复又被海水淹没,与桂西、桂中等地的沉积环境渐趋一致。

(4)中生代。中生代是研究区地质演化发生重大变革的时期,印支运动造成区域强烈挤压,使得地壳抬升,海水退出,从此结束了本区海相沉积历史,开创了中、新生代陆相盆地沉积新纪元。中三叠世末至晚三叠世早期,印支运动发展至高潮,三叠纪和晚古生代地层发生强烈褶皱、断裂,并伴随大规模岩浆侵入活动,形成一系列北西向、北东向、南北向和东西向褶皱带、断裂带和岩浆岩带,奠定了研究区的基本构造格架。印支运动以后,研究区进入了大陆边缘活动带陆相盆地发展的新阶段,区域构造的形成和发展,是太平洋板块和印度板块联合交替对中国大陆俯冲的结果,大部分盆地呈北东向或东西向断续分布。侏罗纪时期,在燕山运动第一幕影响下,地层发生褶皱和断裂,东、西部分别形成两个不同的地貌单元:西部为切割不深的高原,缺失沉积;东部地势起伏不平,块断升降运动剧烈,地貌反差大,因而在桂东南和桂南地区形成一系列北东向平行相间的块断山脉和断陷盆地。大多数盆地两侧不对称,一般东南侧持续上升地势高,西北侧长期沉降地势低平缓。早白垩世末,燕山运动第二幕波及全区,产生大规模的断裂和褶皱及岩浆侵入。北东向、北西向区域性大断裂对晚白垩世盆地的形成和分布有着明显的控制作用。白垩纪末期,燕山运动第三幕影响全区,导致普遍的地壳抬升和极为强烈的块断运动,使晚白垩世地层产生宽展型褶皱。博白-岁溪、灵山-藤县及南丹-昆仑关等北东向、北西向和部分东西向区域性深大断裂再次发生剧烈活动。在这些断裂带及其交接复合部位,形成一些直线状、折线状和交线状古近纪前的盆地基底构造。

(5)新生代。新生代逐渐处于相对平静时期,仅北部湾有火山活动。在喜马拉雅运动影响下,地壳由多次升降变为总体抬升,南部北部湾地区开始下沉,从而奠定了本区现代地形地貌的轮廓。早始新世末期,发生喜马拉雅运动第一幕,地壳一度上升之后又复下沉,导致百色盆地、南宁盆地晚始新世与早始新世之间的沉积间断,形成不整合接触关系。始新世中期或晚期,各盆地均处于稳定的沉降阶段。晚始新世末,喜马拉雅运动第二幕影响百色、南宁等局部地区,盆地曾一度上升,经短暂的侵蚀后又复下沉,造成局部沉积间断。与此同时,来宾大断裂活动性增强,沿断裂带在来宾凤凰至柳州一带发育成新的小型断陷或坳陷盆地,沉积一套颇为特殊的含锰碎屑岩建造。古近纪末,喜马拉雅运动第三幕在区内影响较剧烈,陆区地壳普遍抬升,湖盆干涸结束沉积,同时产生微弱褶皱,并导致北东向、北西向和部分东西向区域性断裂产生继承性活动以及小规模的基性—超基性岩浆侵入。新近纪末期,喜马拉雅运动第四幕使全区地壳大幅度上升,北部湾边缘发生海退,在涠洲岛、斜阳岛与合浦县新圩等地发生3次火山喷溢活动,形成基性火山岩建造。

2.3 区域地层及富有机质泥页岩层系

2.3.1 区域地层

广西属羌塘-扬子-华南地层大区中的扬子地层区和华南地层区,大部分属于扬子地层区,仅北海—梧州—贺州以东的地区属华南地层区。三级地层分区为右江、桂北、桂湘赣、钦州、云开5个地层分区(图2.3.1)。广西出露地层自古元古宇至第四系。地层发育较齐全,层序完整,出露良好,沉积类型繁多,变化殊异,接触界线清楚,生物群落丰富,化石保存完好。其中寒武系、泥盆系、石炭系、二叠系、三叠系分布广泛、出露良好,是广西重要的含矿层位,尤其以泥盆系得天独厚,是华南地区典型地层剖面。《广西壮族自治区区域地质志》中使用130多个地层单位(表2.3.1),建立了比较完整的广西地层序列。

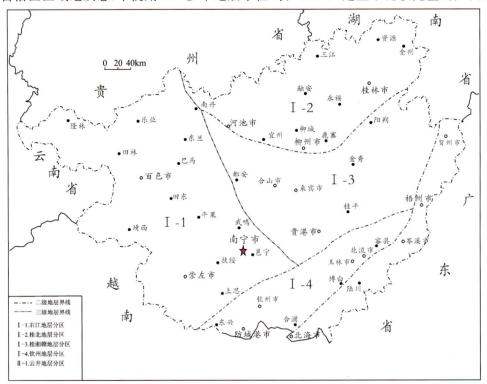

图 2.3.1 广西古生代地层分区略图

表 2.3.1　广西地层简表

年代地层			岩石地层							
新生界	第四系	全新统	桂平组		临桂组	迁江组		现代海积		
		更新统	望高组			新兴组	江平组	湖光岩组		
			白沙组			太平组	北海组	石峁岭组		
			浔江组			柳城组		湛江组		
	新近系	上新统						南康组	二子塘组	
		中新统				宁明组				
	古近系	渐新统	建都岭组		北湖组		大闸组	邕宁群		
			伏平组		里彩组					
		始新统	百岗组		邕宁群 南湖组					
			那读组		凤凰山组					
		古新统	洞均组							
中生界	白垩系	上统	六呷组		瓦窑村组			罗文组	白石山组	
									西峒组	
		下统					永福群		双鱼嘴组	
									大坡组	
			新隆组						新隆组	
	侏罗系	上统	崇力组			东兴组			石梯组	
		中统	那荡组			石梯组		西湾群	大岭组	
		下统	百姓组			那周尾组			天堂组	
			汪门组							
	三叠系	上统	扶隆坳组							
			平垌组			黑苗湾组				
		中统	板八组		兰木组	垄头组				
				板纳组	百逢组	坡段组	板纳组			
		下统	北泗组	罗楼组	石炮组	安顺组	北泗组	陈刘组		
			马脚岭组			大冶组	马脚岭组			
	二叠系	平乐统	合山组	礁灰岩	领好组	大隆组		彭久组	龙潭组	
						合山组	龙潭组	合山组		
		阳新统	茅口组		四大寨组	茅口组	孤峰组	茅口组	茅口组	
			栖霞组			栖霞组		栖霞组		
	石炭系	船山统	马平组		南丹组	马平组	壶天组	南丹组	马平组	板城组
		上统	黄龙组			黄龙组		黄龙组	黄龙组	
			大埔组			大埔组				
		下统	都安组	巴平组		罗城组	巴平组		寺门组	
						寺门组		石夹组	黄金组	
			隆安组	鹿寨组		黄金组	鹿寨组		鹿寨组	
						英塘组			英塘组	
						尧云岭组	船埠头组		尧云岭组	

续表 2.3.1

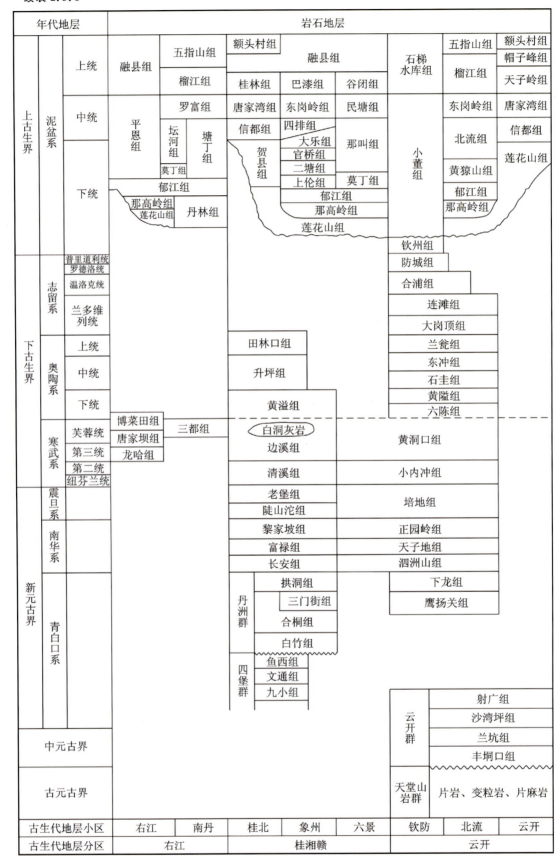

2.3.1.1 古元古界

天堂山岩群，是广西出露最老的地层，主要分布于博白县三滩、陆川县大桥、北流市隆盛、岑溪市马路—南渡等地（未见底）；局部与混合花岗岩呈过渡关系。岩性为黑云二长片麻岩、黑云斜长片麻岩、黑云变粒岩、黑云斜变粒岩、长石石英岩、长石黑云（石英）片岩、浅色变粒岩及少量石榴辉石岩、透辉石岩等岩石。岩石变质程度较高，黑云母呈粗大鳞片状，含十字石、石榴石、夕线石、堇青石等特征变质矿物，多已局部混合岩化，沿面理常见长英质脉体贯入，并发育顺层流变褶皱。以占优势的岩石划分为片麻岩、变粒岩、片岩三个岩石地层单位，三者相互叠覆关系不明。分别与上覆云开群呈滑脱韧性剪切带接触，以变质程度较高区别于云开群。

2.3.1.2 中—新元古界

中—新元古界主要分布于云开地区，称云开群，为一套浅变质岩系夹变质火山岩，局部夹铁、磷矿层；其变质程度较低，多为绿片岩相，少数为低角闪岩相，云母呈细鳞片状，局部有同构造分泌的石英脉贯入，与天堂山岩群有明显差异。根据岩石组合，该地层可分为丰垌口组、兰坑组、沙湾坪组和射广组。丰垌口组由灰色、浅紫红色绢云母千枚岩、绢云母石英千枚岩、长石云母石英片岩、含碳千枚岩夹云母片岩组成，沿片理面内有分泌石英脉充填，与下伏天堂山岩群呈滑脱韧性剪切带接触。兰坑组由灰褐色、黄褐色、紫红色云母石英片岩、石英云母片岩、长石二云片岩、长石云母石英片岩、绢云母千枚岩组成，夹少量磷灰石片岩、含碳云母片岩、条带状磁铁矿层及大理岩、钙质泥岩等。沙湾坪组主要岩性为黄灰色、黄褐色、紫红色云母石英片岩、云母石英片岩、长石云母石英岩、微粒石英岩、绢云千枚岩夹薄层硅质岩、斜长角闪岩等。射广组岩性为浅灰色、灰黄色薄—中层石英岩、长石石英岩与深灰色千枚岩、石英云母片岩互层或互为夹层。下部和上部石英岩较多，中部千枚岩较多，中上部有一套纯净的石英岩。

2.3.1.3 新元古界

新元古界主要分布于桂北、桂东和桂东南地区，自下而上分为青白口系（四堡群、丹洲群）、南华系、震旦系。

(1) 青白口系：下部为四堡群，由轻变质砂泥岩及多层超基性—基性火山岩组成（未见底部）。根据岩石组合，该地层可分为九小组、文通组和鱼西组。九小组岩性为灰绿色变质砂岩、变质长石石英砂岩、变质泥质粉砂岩、千枚岩、板岩夹层状、似层状基性—超基性岩（未见底）。文通组岩性为灰绿色变质细砂岩、变质泥质粉砂岩、粉砂岩夹基性熔岩、凝灰岩、科马提岩。鱼西组由变质泥质粉砂岩、板岩、绢云母千枚岩夹变质细砂岩组成，局部夹中酸性火山喷发岩。青白口系上部丹洲群主要分布于桂北、桂东地区。

(2) 南华系：主要分布于桂北、桂东地区，在桂中的金秀、昭平、蒙山、藤县等地也有零星出露；在桂北可分为长安组、富禄组、黎家坡组，与下伏的拱洞组、上覆震旦系呈整合接触。南华系在桂东及桂中地区的岩石组合可分为泗洲山组、天子地组和正园岭组，底部与下龙组整合接触，顶部与上覆的震旦系呈整合接触。岩性主要为砂岩、长石石英砂岩、含砾砂泥岩、含砾砂岩、含砾泥岩、岩屑质砂岩、泥岩等。

(3) 震旦系：分布于桂北、桂东和桂中地区等地；桂北地区震旦系与下伏黎家坡组、上覆寒武系整合接触，自下而上可分为陡山沱组、老堡组；桂东和桂中地区震旦系仅有培地组，与下伏正园岭组、上覆寒武系整合接触。陡山沱组岩性为深灰色、黑色页岩、碳质页岩、硅质页岩夹白云岩透镜体。老堡组岩性为灰白色、灰黑色薄—中厚层硅质岩，局部夹少量碳质页岩、碳质硅质页岩，顶部夹含磷层。培地组岩性为灰绿色厚层长石石英杂砂岩、页岩、硅质岩。

2.3.1.4 下古生界

下古生界主要出露于桂北、桂东北、桂东和桂东南,桂西及桂西南亦有零星分布,自下而上可分为寒武系、奥陶系、志留系。在桂北、桂东北和桂中地区,与下伏震旦系整合接触,上部与泥盆系呈角度不整合接触;在桂东南和桂西南地区,下古生界未见底,上部与泥盆系呈角度不整合接触;在桂南地区的玉林—钦州一带下古生界未见底,顶部与上覆泥盆系为整合接触。

(1)寒武系:主要分布于桂北、桂东北、桂东和桂中南,桂西及桂西南地区有零星分布;根据岩石组合和古生物特征可分为桂东—桂中南地层分区,为深水槽盆相复理石建造,为小内冲组、黄洞口组;桂北地层分区,为深水陆棚,以复理石建造为主夹碳酸盐岩,分为清溪组、边溪组、白洞灰岩;桂西南(靖西)地层分区,为较深水陆棚碎屑岩夹较多碳酸盐岩,称三都组;桂西地层分区,为台地相碳酸盐岩,为龙哈组、唐家坝组、博莱田组。小内冲组岩性为灰绿色、黄绿色中厚层砂岩、长石石英砂岩与砂质页岩、页岩互层,局部夹碳质页岩。黄洞口组岩性为灰绿色、黄绿色中厚层不等粒砂岩、长石石英砂岩、粉砂岩与页岩、粉砂质页岩呈不等厚互层。清溪组岩石组合为黑色碳质页岩、硅质页岩、页岩夹少量砂岩、灰岩及白云质灰岩,自北向南砂岩、硅质岩增多,页岩、碳质页岩及灰岩减少。边溪组以灰绿色厚层不等粒长石石英砂岩、细粒杂砂岩为主,夹粉砂岩、页岩、泥灰岩、灰岩、钙质泥岩。白洞灰岩(原称白洞组,为奥陶系底部)岩性以灰岩为主夹钙质页岩及白云岩,为特殊夹层(非正式地层单位)。三都组岩性下部(未见底)以泥质灰岩、条带灰岩为主,中部以页岩、粉砂质页岩为主夹条带状灰岩,上部泥质灰岩、灰岩与页岩粉砂质页岩相间组成(未见顶)。龙哈组岩性为深灰色、灰色中厚层白云岩、泥晶白云岩夹粉砂岩、泥晶灰岩、钙质白云岩及少量细砂岩(未见底)。唐家坝组岩性为灰色、深灰色薄层泥质条带灰岩夹厚层状白云质灰岩、粉砂质泥岩。博莱田组岩性下、中部为浅灰色、灰绿色、灰紫色砂质泥岩、泥质粉砂岩夹少量深灰色泥质灰岩、灰岩,上部为灰白色、浅灰色厚层灰岩、灰色白云岩、白云质灰岩夹板岩。

(2)奥陶系:主要分布于桂东北龙胜、兴安、全州、灌阳、恭城一带,桂东南的桂平、平南、苍梧、岑溪、北流等地,桂中的大明山地区有零星分布;底部与寒武系呈整合(局部呈平行不整合?)接触,上部与志留系整合(局部呈平行不整合)接触。桂东北地区发育较全,分为黄隘组、升坪组、田林口;黄隘组岩性为灰绿色富含笔石的砂岩、页岩互层,部分地区夹长石石英砂岩、碳酸盐岩。升坪组以灰黑色碳质页岩、页岩为主夹少量砂岩,局部夹放射虫硅质岩。田林口组岩性为灰绿色中厚层细砂岩、长石石英砂岩、岩屑砂岩、不等粒砂岩与页岩互层。桂东南地区奥陶系可分为六陈组、黄隘组、石圭组、东冲组、兰瓮组。六陈组岩性为浅紫红色、灰白色砂岩与页岩互层,局部夹长石石英砂岩、泥质细砂岩、碳质页岩。黄隘组在桂东南地区的岩石组特征与桂东北地区基本相似。石圭组岩性为深灰色厚层大理岩化灰岩与钙质泥岩互层或互为夹层。东冲组岩性为绢云石英千枚岩、石英绢云千枚岩夹变质细砂岩、千枚状粉砂岩,局部夹菱铁矿层和似层状次生锰铁矿。兰瓮组岩性为灰白色、浅肉红色石英砂岩、含砾石英砂岩、细砂岩夹粉砂岩、泥质粉砂岩、页岩及砂质页岩。

(3)志留系:分布于峒中—小董—容县—梧州一线之东南,底部为一套砂砾岩与下伏兰瓮组呈平行不整合接触,往上为砂页岩互层或互为夹层,以钦州至玉林一带较发育,笔石丰富。该地层自下往上可分为大岗顶组、连滩组、合浦组、防城组;顶部与上古生界泥盆系呈整合接触。大岗顶组岩性为灰—灰白色厚层块状砾岩、砂砾岩、含砾砂岩夹砂岩、页岩,局部夹透镜状菱铁矿。连滩组岩性为黄白—灰白色细砂岩、岩屑砂岩、粉砂岩与页岩互层,顶部夹泥灰岩。合浦组底部为石英砂岩,往上为泥质粉砂岩、粉砂质泥岩与页岩互层,夹石英砂岩、碳质页岩及少量菱铁矿层。防城组岩性为灰白—灰黑色页岩、粉砂质页岩与中薄层细砂岩互层。

2.3.1.5 上古生界

上古生界遍布广西,除玉林—钦州一带的上古生界底部与下古生界顶部呈整合接触外,其他地区均以角度不整合与前泥盆纪地层接触;在桂西地区顶部与中生界底部呈整合接触,部分地区与中生界或新生界角度不整合接触,自下而上可分为泥盆系、石炭系和二叠系。

(1)泥盆系。泥盆系发育完整、分布广泛,岩相变化复杂,化石丰富,可分为右江地层分区、桂湘赣地层分区、桂北地层分区、钦州地层分区、桂东南地层分区5个地层分区和若干个地层小区。该地层以海陆过渡相、滨海相陆源碎屑岩和台地相碳酸盐岩沉积为主,底部为砾岩角度不整合超覆于前泥盆纪地层之上(钦州地区为整合接触);但各地区仍有较大差异。

钦州地层分区自下而上可分为钦州组、小董组、石梯水库组。钦州组的岩性为浅灰—黑灰色千枚状页岩夹粉砂岩,局部夹含锰、含磷泥页岩,底部为浅灰色石英砂岩。小董组岩石组合以浅灰色为主夹黑灰色泥岩、泥质粉砂岩夹砂岩凸镜体或含碳酸锰(铁)泥岩。石梯水库组以灰色中薄层硅质岩为主夹硅质泥岩及泥岩。

右江地层分区可分为桂西北地层小区和桂西南地层小区。

①桂西北南丹地区泥盆系(未见底),主要为滨海相至台沟相的泥质粉砂岩夹砂岩、泥质岩、硅质岩;可分为丹林组、郁江组、塘丁组、罗富组、榴江组和五指山组。丹林组(未见底)岩性为灰白色中厚层砂岩夹少量泥岩;郁江组为灰色中厚层细—粉砂岩夹泥质粉砂岩及泥岩;塘丁组岩性为黑灰—灰色中薄层泥岩夹粉砂质泥岩、局部夹钙质泥岩或泥灰岩;罗富组岩性为深灰—灰黑色中薄层泥岩为主夹泥灰岩、钙质泥岩及少量磷结核,底部为深灰色石英砂岩;榴江组为浅灰—灰黑色中薄层硅质岩夹硅质泥岩、粉砂质泥岩、含锰泥岩;五指山组岩石组合为浅灰—浅褐色中厚层扁豆状灰岩、泥质条带灰岩、薄层泥晶灰岩等。桂西南地区的横县六景—宾阳黎塘一带泥盆系以陆相、海陆过渡相、局限(半局限)台地相、开阔台地和台地斜坡沉积,自下而上可分为莲花山组、那高岭组、郁江组、莫丁组、那叫组、民塘组、谷闭组、融县组。莲花山组岩性为紫红色夹灰白色砾岩、含砾砂岩、砂岩、粉砂岩、泥岩夹少量疙瘩状含泥晶灰岩、钙质泥岩和含砂质云灰岩;那高岭组岩性为灰绿色薄层泥岩、粉砂质泥岩夹深灰色中层泥灰岩及含磷结核钙质泥质粉砂岩;郁江组岩石组合为下部灰绿—灰黄色泥质粉砂岩、细砂岩夹磷结核砂质泥岩,中部灰绿—灰黄色粉砂质泥岩夹泥质灰岩含泥生物灰岩凸镜体,上部为灰—黄灰色含泥生物灰岩夹泥岩及泥灰岩;莫丁组岩性为深灰—灰黑色薄—中层硅质条带灰云岩、白云岩;那叫组为灰—深灰色中层夹厚层、薄层生物屑白云岩、细晶白云岩、纹层白云岩;民塘组岩性为灰色薄—厚层生物砂屑灰岩、粉晶砂屑生物砾屑灰岩、生物屑灰岩、微晶颗粒灰岩夹含硅质团块灰岩;谷闭组岩性为灰—深灰色中薄层夹厚层生物屑灰岩、砂屑灰岩夹含硅质团块灰岩及扁豆(条带)状灰岩;融县组岩性为浅灰色中厚层球粒—砂屑灰岩、藻砂屑灰岩、鲕粒灰岩夹蓝藻微晶灰岩、砾屑灰岩及白云岩。②桂西南那坡县附近下泥盆统上部至中泥盆统岩石组合为深灰—灰黑色夹硅质条带的薄层灰岩、泥质灰岩和白云质灰岩,为平恩组。南宁市邕宁—扶绥一带下泥盆统上部至中泥盆统下部岩石组合为黑色薄层石英硅质夹黑色薄层含生物屑石英硅质,为坛河组。

桂东南地层分区的合浦—博白一带泥盆系以陆相、海陆过渡相、开阔台地相沉积为主,自下而上可分为莲花山组、信都组、唐家湾组、天子岭组、帽子峰组、额头村组。该地区下泥盆统为莲花山组,岩石组合以杂色砂岩为主夹灰色砾岩;中泥盆统的岩石组合与桂中、桂东地区基本相同,使用信都组、东岗岭组;上泥盆统下部分天子岭组、帽子峰组,天子岭组岩石组合为灰色薄—厚层微晶灰岩、条带灰岩夹页岩及白云质灰岩;帽子峰组岩石组合为灰色、灰绿色、灰黑色粉砂岩与页岩互层,并夹细砂岩、薄层泥质岩、白云质灰岩。上泥盆统上部为额头村组。

桂湘赣地层分区分为桂中地层小区和桂东地层小区。①桂中地层小区泥盆系以陆相、海陆过渡相、台地相、开阔台地和台地斜坡沉积，自下而上可分为莲花山组、那高岭组、郁江组、上伦组、二塘组、官桥组、大乐组、四排组、东岗岭组、巴漆组、融县组。莲花山组、那高岭组、郁江组的岩石组合与横县六景地区基本相同。上伦组以灰色—深灰色中厚层白云岩为主，夹少量泥晶灰岩及含藻团粒介壳白云质灰岩。二塘组岩性为灰—灰黑色薄层泥灰岩、泥质灰岩夹泥岩、白云质灰岩。官桥白云岩岩性为灰—浅灰色中厚层泥晶白云岩、粉晶-细晶白云岩、藻纹层白云岩夹白云质灰岩及钙质泥岩。大乐组岩石组合为灰—深灰色中层夹厚层灰岩、泥质灰岩及少量泥岩、含硅质团块灰岩。四排组岩性为灰绿—黄色页岩夹泥灰岩及燧石条带（或结核）灰岩。东岗岭组岩性为灰—深灰色薄—中层灰岩、泥质灰岩、泥灰岩夹藻鲕灰岩、泥岩及生物碎屑灰岩。巴漆组岩性为深灰色薄层灰岩夹硅质岩或燧石条带。融县组岩性为灰白—灰色厚层鲕粒灰岩夹薄层燧石条带及含砂质细晶灰岩。②桂东南的北流市大风门—桂平市社步一带泥盆系以海陆过渡相、滨海相砾岩碎屑岩和台地相碳酸盐岩沉积为主，自下而上可分为莲花山组、那高岭组、郁江组、黄猄山组、北流组、东岗岭组、莲花山组、那高岭组、郁江组的岩石组合及古生物群特征与横县六景地区基本相同。黄猄山组岩性为灰—深灰色白云岩夹白云质灰岩、纹层状白云岩及生物碎屑白云岩。北流组岩石组合下部为浅灰—深灰色生物灰岩、生物碎屑灰岩夹白云岩、白云质灰岩及数层钙质砂岩，上部为灰—灰黑色生物碎屑灰岩、生物灰岩夹白云质灰岩、层孔虫灰岩、珊瑚灰岩、凝块石灰岩、藻屑灰岩、砂屑（砾屑）灰岩及细粒石英砂岩。东岗岭组为浅灰—深灰色微晶生物碎灰岩夹白云质灰岩、白云岩含藻珊瑚层孔虫礁灰岩及砂（砾）屑岩。融县组岩性浅灰—灰色含生物碎灰岩夹白云质灰岩、含砂（砾）屑白云质灰岩。③桂东地区泥盆系以海陆过渡相、滨海相陆源碎屑岩和台地相碳酸盐岩沉积为主，自下而上可分为莲花山组、贺县组、信都组、唐家湾组、桂林组、融县组、额头村组，莲花山组岩石组合特征与横县的六景地区基本相同。贺县组的岩性为紫红—黄白色页岩夹泥质粉砂岩、砂质泥岩、杂砂岩及泥质白云岩。信都组为灰—灰白色细砂岩、页岩夹粉砂岩及鲕状赤铁矿。唐家湾组岩性为深灰—灰黑色中厚层白云质层孔虫灰岩、层孔虫白云岩、生物屑灰岩夹微晶灰及粗晶白云岩。桂林组岩性为深灰—灰黑色中厚层层孔虫泥晶灰岩、泥晶灰岩夹粒屑（砂屑、砾屑）灰岩、白云岩、纹层灰岩、凝块石灰岩及钙质页岩。融县组岩性浅灰—灰色含生物碎灰岩夹白云质灰岩、含砂（砾）屑白云质灰岩。额头村组岩性为灰—深灰色中厚层生物碎屑灰岩夹核形石灰岩及微晶（砂屑）灰岩。

桂北地区自中泥盆世开始接受沉积，以海陆过渡相、滨海相陆源碎屑岩和台地相碳酸盐岩沉积为主，自下而上分为信都组、唐家湾组、桂林组、融县组、额头村组。信都组岩石组合以紫红—灰色砂岩夹含砾砂岩、泥岩、含铁粉砂岩。唐家湾组岩性为深灰—灰黑色中厚层白云质层孔虫灰岩、层孔虫白云岩、生物碎屑灰岩夹微晶灰岩及粗晶白云岩。桂林组岩性为深灰—灰黑色中厚层层孔虫泥晶灰岩、泥晶灰岩夹粒屑（砂屑、砾屑）灰岩、白云岩、纹层灰岩、凝块石灰岩及钙质页岩。桂北地区上泥盆统为融县组，中部岩石组合以深灰色厚层灰岩为主夹鲕粒灰岩、泥灰岩、泥质灰岩及白云质灰岩。额头村组岩石组合及古生物特征与桂东地区基本相同。

(2) 石炭系。石炭系以台地相碳酸盐岩沉积为主，仅钦州市的小董、板城至灵山县太平一带为深水盆地相（硅质、泥质岩）沉积，大致可分为桂东北、桂西—桂中、桂东南（钦州）3个地层分区。

桂东北地层分区自下而上可分为尧云岭组、船埠头组、鹿寨组、英塘组、黄金组、寺门组、罗城组、大埔组、黄龙组、马平组、壶天组。尧云岭组岩石组合以灰—深灰色中厚层灰岩、含泥质灰岩、生物屑灰岩，含硅质团块和大量海百合茎。鹿寨组岩石组合为灰—灰黑色薄层泥岩、硅质泥岩、硅质岩、页岩、碳质页岩为主，夹灰—深灰色砂屑灰岩、生物碎屑灰岩，部分夹石英砂岩、粉砂岩等。英塘组岩石组合：上部主要为深灰—灰黑色中厚层灰岩、含燧团块石灰岩及泥质灰岩、泥灰岩，少量白云质灰岩；下部岩性大部分为灰黑色泥岩、页岩、碳质页岩、细砂岩，局部夹石英砂岩或灰岩凸镜体。黄金组岩石组合为灰—深灰色中—厚层细晶、粉晶生物屑灰岩夹泥质灰岩、泥岩及少量砂岩、硅质灰岩。寺门组岩石组合为灰黑色薄层泥岩、页岩、碳质页岩夹硅质页岩、粉砂质页岩、石英细砂岩，含煤层。罗城组岩石组合为深灰—灰黑色中层灰岩、泥质灰岩、泥灰岩夹薄层页岩、硅质灰岩等。大埔组岩石组合为灰白—灰黑色厚层块状白云岩夹白云质灰岩，局部含燧石团块或夹硅质页岩。黄龙组岩石组合为灰—浅灰色中—厚层状生物屑灰岩、生物屑泥晶灰岩、白云质灰岩、白云岩。马平组岩石组合为灰白色中厚层泥晶灰岩、微晶灰岩、生物屑灰岩、白云质灰岩。壶天组岩石组合主要为灰—浅灰色中—厚层细—中晶白云岩夹少量白云质灰岩及灰岩。

桂中—桂西地层分区石炭系自下而上分为隆安组、都安组、大埔组、黄龙组、马平组。隆安组岩石组合以上部深灰色中厚层生物屑灰岩及粉晶灰岩为主，中部深灰—灰黑色粉晶灰岩及棘屑灰岩，或夹白云质灰岩及白云岩。都安组岩石组合主要为灰—浅灰色厚层块状灰岩、生物屑灰岩夹白云质灰岩及白云岩，局部地区含燧石团块。桂西、桂中地区的大埔组、黄龙组、马平组的岩石组合特征及古生物群面貌与桂东北地区基本相同。

桂东南（钦州）地层分区分为钦州地层小区和合浦地层小区。①钦州地层小区石炭系以深水相沉积为特征，自下而上可分为石夹组、板城组（上部延至中二叠统顶部）。石夹组岩石组合为灰黄—灰黑色薄层硅质岩、泥质硅质岩、硅质页岩夹含锰硅质岩。板城组岩石组合为灰黄—褐灰色薄层硅质岩、泥质硅质岩、硅质页岩、泥岩，局部夹含锰硅质岩、粉砂岩、粉砂质泥岩。②合浦地层小区石炭系自下而上可分为尧云岭组、英塘组、黄金组、寺门组、罗城组，其岩石组合及古生物群特征与桂东北地区基本相同。

（3）二叠系。二叠系可分为陆地边缘相、碳酸盐岩台地相、台缘礁滩相、陆棚-斜坡相、盆地相等以碳酸盐岩台地相为主，其中，底部与上石炭统整合接触，顶部与下三叠统整合接触。

陆地边缘相区二叠系自下而上可分为壶天组、栖霞组、孤峰组、龙潭组、大隆组。碳酸盐岩台地相区二叠系可分为马平组、栖霞组、茅口组、合山组。台缘礁滩相区以生物礁（滩）发育为特征，礁岩类型有包覆骨架岩、黏结骨架岩、包覆障积黏结岩、包覆黏结岩或黏结岩。陆棚-斜坡相区二叠系自下而上可分为南丹组、四大寨组、领好组。盆地相区二叠系自下而上可分为板城组、彭久组、大隆组。

2.3.1.6 中生界

中生界主要分布于桂西及桂西南地区，桂东北、桂北、桂中和桂东南皆有零星出露。下—中三叠统为海相沉积，上三叠统为海相和海陆交互相沉积；侏罗系为海陆交互相和断陷盆地沉积，白垩系为断陷盆地沉积；除桂西及桂西南地区下三叠统与上二叠统整合接触外，其余地区中生界与下伏地层（或岩体）呈角度不整合接触，与上覆新生界均为角度不整合接触。

（1）三叠系：主要分布于桂西、桂西南及桂西北地区，桂中地区亦有小面积出露；岩性复杂，沉积相类型多样，并有中基性、中酸性火山活动；大致以罗城—鹿寨—武宣—钦州一线为界，东侧未出露三叠系，为基本缺失区；西侧根据岩石组合及古生物特征可分为钦州地层分区、桂湘赣（桂中）地层分区、右江地层分区。

（2）侏罗系：主要分布于桂东、桂东南及桂南地区，属断陷盆地沉积，可分为桂东、桂东南、桂南3个沉积盆地，由于各沉积盆地受物质来源、基底地形差异的影响，岩性组合及厚度变化较大。

桂南十万大山盆地分布面积最大，南翼与下伏扶隆坳组连续沉积，北翼角度不整合于前侏罗系之上，自下而上可分为汪门组、百姓组、那荡组、紫力组。桂东南盆地分布于防城港东兴、企沙、钦州市郊—灵山县三隆一带，自下而上可分为那周尾组、石梯组、东兴组。桂东地区侏罗系自下而上可分为天堂组、大岭组、石梯组。

（3）白垩系：主要分布于桂东南及桂南地区，在桂东北、桂西和桂中仅零星分布，皆为断陷盆地沉积。桂东南及桂南地区自下而上可分为新隆组、大坡组、双鱼嘴组、西垌组、罗文组、白石山组。岩性主要有紫红色、浅灰色厚层块状砾岩、含砾砂岩、砾状长石砂岩、黄绿色泥质粉砂岩、灰绿色凝灰岩、凝灰质砂岩、凝灰角砾岩、凝灰熔岩等。

2.3.1.7 新生界

新生界主要分布于桂南沿海、桂东南及各主要河流两岸,有陆相和海相沉积,自下而上可分为古近系、新近系和第四系。

(1)古近系:零星分布于桂东南、桂南及右江沿岸,以断陷盆地沉积的碎屑岩为主,有时夹少许碳酸盐岩,可分为百色盆地、南宁盆地、宁明盆地和其他盆地。百色盆地自下而上可分为洞均组、那读组、百岗组、伏平组、建都岭组。南宁盆地古近系自下而上可分为凤凰山组、南湖组、里彩组、北湖组。宁明盆地分布于宁明—上思一带,古近系下部与下伏侏罗系或下三叠统角度不整合接触,上部与上覆宁明组整合接触,为大闸组;合浦县、博白县、藤县等地的古近系分布面积较小,统称邕宁群。岩性主要有灰—浅灰色砾状灰岩、角砾状灰岩、钙质砾岩、泥灰岩、细砾岩、细砂岩、粉砂岩、灰褐色泥岩、钙质泥岩等。

(2)新近系:主要分布于北海市的南康镇—山口镇一带,宁明县城、桂平市蒙圩镇亦有零星出露,除宁明盆地的新近系与古近系为连续沉积外,其余各地均为角度不整合于前新近纪地层之上。南康镇—山口镇一带的新近系为南康组,岩性为灰绿、灰白色黏土岩、砂岩、粉砂岩、砂砾岩夹数层褐煤及油页岩。宁明县城的新近系称宁明组,岩性为灰白、灰黄色中厚层粉砂岩夹泥岩、含砾粗砂岩或砾岩透镜体。桂平市蒙圩镇附近的新近系称二子塘组;岩性下部为灰黄色砾岩,中部为棕黄色含砾砂岩,上部为浅灰色粉砂质黏土岩,顶部为呈硬壳状的铁锰质层。

(3)第四系:分布广泛而零散,可分为陆相和海相。陆相由老到新可分为浔江组、白沙组、望高组、桂平组。岩性主要为砾石层、黏土层。海相沉积主要分布于合浦、钦州、北海、东兴一带海滨,涠洲岛沿岸也有小面积出露,可分为湛江组、北海组、江平组、现代海积层和火山堆积的石崩岭组、湖光岩组。

2.3.2 富有机质泥页岩层系

广西区内富有机质泥页岩厚度大、平面展布较为连续的层位有中下泥盆统塘丁组、中泥盆统罗富组、下石炭统鹿寨组(图2.3.2),研究程度高,页岩气潜力大;其他层系如下三叠统石炮组、上二叠统大隆组、上泥盆统榴江组、下寒武统清溪组、中奥陶统升坪组、下志留统连滩组的富有机质泥页岩局部地区发育,研究程度相对较低,现将上述富有机质泥页岩特征分述如下。

(1)中下泥盆统塘丁组($D_{1-2}t$):塘丁组在不同地区富有机质泥页岩的厚度变化较大,在吾隘至同贡一带,塘丁组以黑色薄层状泥岩、含碳泥岩、碳质泥岩为主,夹少量泥灰岩或透镜体,黄铁矿化发育,竹节石、菊石化石丰富,黑色泥岩的连续沉积厚度在100m以上,在车河地区泥岩具轻微变质。罗富地区为一套薄层泥岩、生物泥岩;向北至黄江、芒场一带砂岩显著增多;向南至河池市北香、五圩一带,为灰—灰黑色薄层条带状含灰质泥岩、粉砂质泥岩夹钙质粉砂岩、泥质生物屑灰岩透镜体。在百色阳圩、田林一带,塘丁组下部以灰黑色泥岩、生物泥岩、碳质泥岩、粉砂质泥岩为主,夹硅质岩、粉砂岩、沉凝灰岩,有机碳含量(TOC)平均为0.59%;上部为灰色、深灰色硅质岩夹粉砂岩、沉凝灰岩、生物泥岩。其中富有机质泥页岩多分布于下部,多污手,连续沉积厚度大,厚74~120m。上林县大丰—巷贤一带为灰黑色薄—中层含硅碳质泥岩,夹薄层硅质岩及泥晶灰岩,厚282m,TOC范围为0.36%~17.35%,平均为10.75%。泥岩自下而上,颜色由灰黑色逐渐变为浅灰色,单层厚度从薄—微层状逐渐变为中层状。

(2)中泥盆统罗富组(D_2l):罗富组富有机质泥页岩较为发育,沉积厚度大,不同地区岩性略有变化。南丹罗富一带,以黑色薄层水平纹层泥岩、竹节石泥岩为主,夹泥灰岩及少量钙质粉砂岩,黑色泥岩、碳质泥岩多发育于上部,厚度5.11~115.00m,TOC范围为0.34%~8.91%,平均为4.44%;向北至黄江、邦里一带,仍以薄层泥岩、钙质泥岩为主,夹泥灰岩和少量砂质灰岩,但含较多粉砂质或钙质泥岩,发

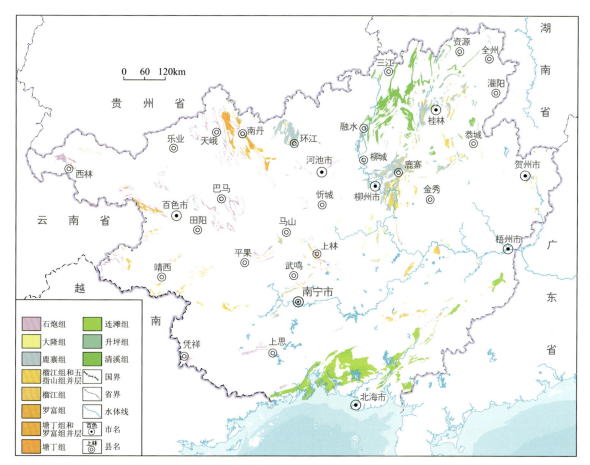

图 2.3.2　广西富有机质泥页岩发育层位分布图

育 4 套黑色泥岩、钙质泥岩夹粉砂岩、泥灰岩,连续沉积厚度均大于 15m,最大沉积厚度 66.99m。往东至车河一带,微晶灰岩、泥灰岩夹层增多、增厚,为灰黑色钙质泥岩与深灰—灰黑色泥灰岩互层,泥页岩厚度达 500m,向东泥页岩厚度逐渐减薄至消失;往东南至河池北香、五圩一带为薄—厚层泥灰岩夹钙质泥岩或钙质泥岩夹泥灰岩、泥岩。

百色田林一带,上部泥灰岩、微晶灰岩增多,属浅海陆棚相沉积。罗富组中下部发育多套厚度较大的富有机质泥页岩,连续沉积厚度 31.85～122.69m。向西至隆林县沙梨乡一带,罗富组仍以灰黑色薄层状泥岩、粉砂质泥岩,灰黑色中薄层状含碳泥岩为主,厚 154.54m。富有机质泥页岩在该组主要发育于中下部和顶部,连续沉积厚度 19.60～82.00m。向南西至阳圩一带,罗富组普遍发育富有机质泥页岩、碳质泥岩,较为污手,连续沉积厚度为 10～45m,TOC 大于 1.0%。

大明山背斜北东翼上林—宾阳一带为灰色薄层硅质岩,含泥硅质岩夹少量硅质泥岩,泥岩含量少,多为夹层出现且厚度较薄。而背斜南西翼马头百硕一带下部深灰—灰黑色薄层含生物碎屑粉晶灰岩与灰黑色薄层泥岩互层;中部灰色微—薄层石英硅质岩;上部灰黑色薄层泥岩,具水平层理。

在武鸣区天井岭—板苏一带,由石英硅质岩、含硅泥岩、含硅粉砂质泥岩组成,含锰质,上部以石英硅质岩为主。富有机质泥页岩主要发育于该组的中下部,为铁、锰质泥岩、含硅泥岩,厚度大于 99m。往南至南宁五合、五象岭一带,为黑色薄层泥岩夹黑色薄层泥质灰岩。

(3) 下石炭统鹿寨组($C_1 lz$):鹿寨组富有机质泥页岩样品非常污手,具有较高的有机质丰度。鹿寨往南至柳州一带,鹿寨组分为 3 部分:下部为灰黑色薄层硅质岩、硅质泥岩及泥岩及泥岩互层,底部夹一层扁豆状灰岩;中部为深灰—灰黑色中—厚层硅质条带粉晶灰岩及少量云质灰岩;上部为灰白—浅灰色中—厚层细—中粒石英砂岩,岩屑石英砂岩夹灰绿色、黑灰色薄层泥岩、粉砂岩和少量灰岩,中下部

TOC为0.83%～10.08%,平均值为3.16%,富有机质泥页岩TOC主体分布大于2.0%。柳州往南至象州—武宣一带,为硅质岩夹泥岩、硅质泥岩。三里一带下部含锰土层,上部夹砂岩,厚度大于213m,TOC平均值为3.74%,有机质类型属于Ⅱ$_1$-Ⅱ$_2$型,有机质热演化程度(R_o)范围为3.0%～3.13%,平均为3.075%。鹿寨县往北至桂林附近,岩相分异较大。定江一带分为3部分:下部为灰色薄层硅质岩、硅质页岩、页岩夹灰岩及少量粉砂质页岩,厚87m;中部为黑色页岩夹粉砂质页岩、钙质页岩、泥灰岩,厚68m;上部为灰色硅质岩夹黑色页岩,厚大于71m。古坪一带无五指山组扁豆状灰岩,鹿寨组直接整合于榴江组硅质岩之上。在全州县绍水金堂一带鹿寨组以灰黑色页岩为主,含星散状黄铁矿。底部夹灰色含粉砂泥质灰岩,厚144m。在贺州市莲塘,鹿寨组覆于五指山组扁豆状灰岩之上,下部为灰岩夹硅质灰岩,上部为硅质岩夹硅质泥岩,底部含蜓类化石,厚度大于386m。

鹿寨县往西至环江水源一带,分为3段。下段为紫灰色、紫红色中薄层状粉石英砂岩,黄灰—灰黄色薄层泥岩、粉砂质泥岩、石英硅质岩、页岩,夹少量薄层灰岩、生物泥灰岩、薄层粉石英砂岩及其透镜体或含铁质硅质粉砂质透镜体,发育斜层理,厚293～470.92m。中段为深灰—灰黑色含碳质泥岩、灰—灰黄色薄层泥岩,夹粉砂质泥岩及少量泥质粉砂岩、细砂岩,发育波痕,水平层理较发育,厚293.46m。上段为灰色、深灰色薄层泥岩、粉砂质泥岩、泥质粉砂岩,普遍夹薄层细砂岩,含硅质粉砂质透镜体,泥灰岩透镜体,灰岩透镜体自下而上增多,厚270.52m,TOC为0.61%～3.96%,平均为2.20%。

柳州往西至忻城、宜州一带,鹿寨组仍以硅质岩夹泥岩为主,厚度变薄,多小于300m。在南丹、河池一带,以深灰—灰黑色薄层泥岩为主,下部夹硅质岩、硅质泥岩;中上部夹薄—中层硅质条带粒屑灰岩。在南丹县巴定、黄江一带可分为上、下两段,下段为泥岩夹硅质岩,底部为疙瘩状灰岩,产较多菊石及牙形刺化石;上段为泥岩,或泥岩与灰岩互层,含腕足类、菊石等化石。在六寨及巴平一带相变为灰岩及泥岩。在南丹黄娥剖面,鹿寨组可分3部分:下部以灰色、深灰色、灰黑色薄层泥岩、硅质泥岩、硅质页岩、碳质页岩夹粉砂岩、薄中层状细砂岩为主,泥岩、碳质泥岩水平层理、水平纹层发育,粉砂岩具水平层理、微斜层理,细砂岩具平行层理;中部为灰—深灰色中厚层状砂屑灰岩、生物屑灰岩夹薄层状泥灰岩、硅质泥岩、页岩、泥岩、粉砂岩等,砂屑灰岩具微斜层理、水平层理,泥岩、粉砂岩具水平层理;上部深灰色薄中层状泥岩、粉砂质泥岩夹薄层状粉砂岩、厚层块状含砾不等粒石英砂岩、细粒石英砂岩,细砂岩具平行层理、正粒序层理,厚397m。北香往东至红沙一带该组为深灰色、灰黑色薄层状泥岩,生物稀少,厚度变小,仅50m。天峨台地东南侧的砦牙及云榜一带,下部为灰黑色薄层含黄铁矿含碳质泥岩、泥岩夹含钙质粉砂岩、含粉砂质泥岩及砂屑—粉屑微晶灰岩、泥质微晶灰岩、微晶灰岩;上部为灰黑色薄层状(含碳)泥岩夹硅质岩、含粉屑微晶灰岩、局部含锰质。局部具交错层理、水平层理,砂屑微晶灰岩和粉砂岩具正粒序层理,厚度大于148m。

在上林、马山一带,鹿寨组岩性以硅质岩、硅质泥岩为主夹少量灰岩。其中上林县西燕鹿寨组下部为硅质页岩、碳质页岩,夹少量灰岩;中部为灰岩夹少量硅质岩;上部为硅质岩夹少量灰岩,总厚度926m。在马山县乔利,鹿寨组以硅质岩为主,夹两层含碳较高的页岩,厚度588m。

在平果、武鸣、百色一带,鹿寨组为灰黑色薄—中层状硅质岩、硅质泥岩、泥质硅质岩夹薄层状泥岩、含锰硅质岩、(含)锰泥岩,少量薄层状砂屑灰岩透镜体,硅质岩具水平层理,厚度192～326m。在大新、靖西等地,鹿寨组主要为硅质岩、硅质泥岩和泥岩。在天等、扶绥和邕宁一带,鹿寨组主要为硅质岩夹硅质灰岩,泥岩较少,厚度普遍比桂东北区小。在田林县八渡地区,鹿寨组出露不全,岩性主要为灰黑色薄层泥岩、含锰泥岩、硅质岩夹少量粉砂质泥岩、泥灰岩,有大量海底火山喷出岩,厚109m。在隆林县隆或,鹿寨组平行不整合覆于融县组白云质灰岩之上,岩性为紫红色、灰白色、灰黄色薄—中层硅质泥岩、硅质岩夹硅质粉砂岩和少量石英砂岩、灰岩透镜体,厚仅34m。

(4)其他层系(清溪组、升坪组、连滩组、榴江组、大隆组、石炮组),具体如下:清溪组($\in q$)有机质页岩主要分布在桂东北一带,总体厚度呈现出北厚南薄、西厚东薄的特点。在三江一带,清溪组共发育6套泥页岩,最大连续厚度达119.80m,最小连续厚度为7.04m,有3个页岩段连续厚度超15m;在柳州融水一带,清溪组三段共发育12套泥页岩段,最大连续厚度达91.72m,最小连续厚度为5m。在全州一带,清溪组泥岩具轻微弱变质,质地坚硬,成熟度较高。该组发育3套黑色泥岩段,最大连续厚度达95.90m,最小连续厚度为63.20m,TOC为0.58%～1.89%,平均为1.11%。

升坪组($O_{2-3}s$)有机质页岩主要分布在桂东北一带,自北西至南东,硅质岩厚度减小,碳质泥岩厚度增大。升坪组岩性大致可分为3段:下段以富含笔石的碳质泥岩为主,夹少量砂岩、泥岩;中段为泥岩夹砂岩;上段为碳质泥岩夹少量泥岩、砂岩。富有机质泥页岩主要发育于上、下两段:下段碳质泥岩连续厚度121.68m,上段碳质泥岩连续厚度230.72m。地层厚度变化较大,总厚度200～700m,兴安一带约700m,向东至全州一带约200m,恭城、灌阳一带厚度更小,局部仅80余米,其中富有机质泥页岩厚度120～330m。

连滩组(S_1l)在横向上岩层厚度变化较大,由北东往南西厚度变大,砂质岩增多,泥质减少。整体上,黑色泥页岩多以夹层分布于砂岩中,但因连滩组厚度较大(灵山、合浦一带岩层厚5078m,钦州市、防城港市一带为岩屑砂岩与页岩互层,厚3295～4725m),其所夹黑色泥页岩连续厚度往往也大于15m,是发育页岩气的潜力层位,TOC为0.01%～1.95%,平均为1.11%。

榴江组(D_3l)富有机质泥页岩主要沿着宜山断凹从南丹—河池—柳州鹿寨—桂林一带呈带状分布,多为夹层发育于硅质岩、含泥硅质岩之间,各层段均有分布,主要为含锰泥岩、硅质泥岩、碳质泥岩。该组富有机质泥页岩厚度在横向上变化较大,总体上自西至东由厚变薄,再变厚。在南丹地区榴江组厚度大,在50～270m之间,TOC为1.93%～2.49%,平均为2.21%,有机质类型为Ⅰ型,镜质体反射率(R_o)范围为3.45%～4.31%,平均为3.88%,属于过成熟演化阶段;在河池—宜州往东至柳州不同地区也发育厚度超过10m的含硅质碳质泥页岩;在荔浦县城东葛洞村一带,榴江组硅质碳质泥页岩夹硅质岩的地层,厚度超过100m;在桂林五通镇到定江一带、灵川—灵田一带出露地层相对稳定,富有机质泥页岩厚度平均达40m。

大隆组(P_3d)富有机质泥页岩主要分布于全州和来宾一带。在全州地区由黑色泥质钙质硅质岩夹少量泥岩、灰岩组成,厚度大于60m。在来宾市蒙村乡蓬莱滩,大隆组以灰色、深灰色薄—中层泥岩、钙质泥岩为主,夹灰色薄层泥质粉砂岩、细砂岩,TOC为0.27%～1.24%,平均为0.58%。底部为一层厚约12.68m的灰色、深灰色薄层状硅质泥岩,往上以灰色、深灰色钙质泥岩为主,泥岩连续沉积厚度大,最大达74.80m。

石炮组(T_1s)主要分布在河池九圩、百色龙川、田林以及上思县六色、新三化一带。石炮组岩性可分为两段:下段主要为泥岩、粉砂质泥岩、含锰质泥岩、凝灰质泥岩,局部地区夹硅质岩和硅质泥岩;上段为泥质灰岩、泥灰岩夹钙质泥岩或互层。石炮组富有机质泥页岩主要分布于下段,发育1～4套厚度不等的富有机质泥页岩,非常污手,连续厚度10～55m;上段也有部分富有机质泥页岩发育,但主要作为泥灰岩的夹层出现,夹层厚度较薄,轻微污手,含碳量一般,总体富有机质泥页岩厚度在20m左右。石炮组暗色泥页连续沉积厚度大,较污手,为良好的烃源岩。

3 广西地区页岩气建造期成藏地质条件

3.1 广西页岩气建造期岩相古地理

3.1.1 沉积相类型

本次研究主要对广西各时期发育黑色泥页岩的野外露头剖面、钻井剖面及岩心薄片、岩石颜色、岩石类型、沉积构造及古生物特征进行观察描述,并结合《广西壮族自治区区域地质志》与陈洪德(1988,1989,1994,2009)沉积相划分方案,沉积相类型可划分为6种类型:三角洲、碎屑滨岸、浅海陆棚、台地、台盆和海槽。这6类沉积相可进一步划分为14类亚相与26种微相(表3.1.1)。

表3.1.1 广西暗色泥岩发育时期沉积相划分方案及岩性组合对比表

相	亚相	微相	岩性组合及沉积构造
三角洲	三角洲前缘		灰白色中—厚层状石英砂岩夹灰黑色薄层状泥岩
碎屑滨岸	滨岸	前滨	浅灰色中层状细粒砂岩,见波状层理、斜层理
		临滨	灰色中—厚粉砂岩、泥质粉砂岩,见平行层理、砂纹层理
	潮坪	泥坪	深灰色、黑色泥岩夹煤线、粉砂岩,水平层理和波状层理
		混合坪	灰色细砂岩、石英砂岩等沉积为主,夹少量泥晶灰岩、钙质泥岩。多见正粒序层理、波状层理、印模等,富含生物介壳
		砂坪	灰色、浅灰色砂岩、粉砂岩、泥岩等互层沉积,多见脉状、波状、透镜状层理和复合韵律等。发育有生物遗迹
	潟湖		深灰色细粒砂岩、粉砂岩和泥岩,见水平层理
浅海陆棚	浅水-半深水陆棚	粉砂质陆棚	灰绿色、灰色泥质粉砂岩、灰泥质粉砂岩,见水平层理、冲刷面
		泥质+灰质陆棚	深灰色泥质灰岩、灰质粉砂岩、泥质灰岩,发育水平层理与生物扰动
		泥质陆棚	深灰—灰黑色泥岩夹砂岩、泥质灰岩,发育水平层理
	缓坡		深灰色钙质泥岩、泥灰岩或泥晶灰岩、泥质粉砂岩。发育水平层理
	深水陆棚	泥质陆棚	深灰色、灰黑色泥岩、碳质泥岩、粉砂质泥岩,夹少量泥灰岩或泥质灰岩,见水平层理
		灰质+泥质陆棚	深灰色、灰黑色灰质泥岩夹泥灰岩,见水平层理

续表 3.1.1

相	亚相	微相	岩性组合及沉积构造
台地	开阔台地	台内滩	灰白色亮晶生屑灰岩、砂屑灰岩,见交错层理、平行层理、波痕
		开阔海	灰色含生屑泥晶灰岩、泥晶灰岩夹泥质灰岩、灰质泥岩
		滩间海	深灰色泥晶灰岩、生屑泥晶灰岩和泥灰岩,见水平层理
	局限-半局限台地	潮坪	灰色、深灰色微晶灰岩、细粒灰质云岩、砂屑灰质云岩,见水平层理、鸟眼构造
		潟湖	深灰色生屑球粒微晶灰岩和白云岩,见水平层理
	台地边缘	浅滩	灰色、灰白色鲕粒灰岩、颗粒云质灰岩、亮晶生屑灰岩,水平层理、冲刷面
	台地前缘斜坡	上斜坡	灰色垮塌巨角砾灰岩和碎屑角砾灰岩,扁豆灰岩、泥质粉砂岩、细砂岩
		下斜坡	深灰色瘤状灰岩、生屑泥晶灰岩和泥灰岩,灰黑色含钙碳质泥岩,粒序层理及水平层理
		浊流沉积	沉积物以原地灰泥、异地的砂砾屑和生物屑以及灰黑色泥页岩为主,层理发育。局部具有典型的滑塌构造、钙屑浊流、碎屑流沉积发育。含海百合、腕足类化石等
台盆	浅水台盆	泥岩台盆	深灰色、灰色泥页岩夹钙质及泥灰岩等,泥页岩厚度比例大于90%,见水平层理
		砂质泥岩台盆	深灰色、灰色泥页岩夹砂质泥岩与泥质细砂岩,砂质岩厚度比例10%～20%
	深水台盆	泥质台盆	灰黑色、深灰色泥页岩夹碳质、硅质及钙质泥页岩,泥页岩厚度比例大于90%,见浮游生物化石
		硅质泥岩台盆	灰黑色、深灰色碳质硅质泥岩夹硅质岩,硅质岩厚度比例10%～20%,见浮游生物化石
		灰质泥岩台盆	灰黑色、深灰色灰质泥岩夹泥灰岩,泥灰岩厚度比例10%～20%,见浮游生物化石
		硅质岩台盆	灰黑色、深灰色硅质岩夹硅质泥岩、泥页岩,硅质岩厚度比例大于50%,见浮游生物化石
海槽	海槽相		深灰色、灰黑色(少许灰色)泥岩、砂质页岩、粉砂岩、硅质岩及少量岩屑质砂岩;硅质岩夹页岩、少量粉砂岩、硅质条带灰岩;硅质岩、生物碎屑硅质岩夹页岩。发育水平层理,化石以浮游生物为主,有竹节石、笔石、介形虫、菊石等

3.1.1.1 三角洲相

三角洲是海陆过渡地带河流入海盆地的河口区域,因坡度突变减缓,水流扩散,流速降低而将河流携带的砂泥沉积于此,而形成顶尖向陆的似三角形沉积。它包括了三角洲(陆上、水下)平原、三角洲前缘、前三角洲等亚相。该地段主要发育于早石炭世杜内期鹿寨组与中晚期寺门组,根据野外地质调查以及岩性组合特征分析认为总体上以三角洲前缘沉积为主。

三角洲前缘沉积作用活跃,是三角州沉积的主体。沉积物以细砂、粉砂为主,砂质纯净,分选性好,厚度大。交错层理、浪痕常见,化石稀少,可见植物碎片。深灰色薄中层状泥岩、粉砂质泥岩夹薄层状粉砂岩、厚层块状含砾不等粒石英砂岩,细粒石英砂岩,细砂岩具平行层理、正粒序层理。泥岩具水平层理、水平纹层,粉砂岩具水平层理、微斜层理。在平面上呈扇形展布,剖面上为楔状体,往四周迅速尖灭。

南丹—环江地区一带,三角洲前缘沉积在鹿寨组早期与晚期均有一定范围的分布。

3.1.1.2 碎屑滨岸相

1)滨岸

滨岸是没有河流直接注入影响的海陆过渡环境,其陆上一侧的界线是最大风暴潮达到的高潮线,海洋一侧的界线为晴天浪基面波及的海底。滨岸亚相主要发育于下泥盆统莲花山组、那高岭组,下石炭统鹿寨组的滨岸相局限于北部江南古陆南缘及康滇古陆东侧。

2)潮坪

潮坪又称潮滩,发育在具有明显的周期性潮汐作用的、坡度较缓的海岸区带。一般来说,潮坪是由被潮道和潮沟所切割的平原组成的,它可分为潮上带、潮间带和潮下带。潮坪沉积的最大特点是平面上粒度分带性明显,愈近大陆粒度愈细,愈近海的粒度愈粗。从潮下带至潮上带粒度逐渐变细,一般为从中细砂渐变为细砂岩、粉砂岩和泥页岩。另外,潮坪沉积层理类型多样,可发育水平层理、平行层理、交错层理、波状层理、透镜状层理和复合层理等,也可发育印模、虫迹等。从岩性、组合类型、沉积构造和生物遗迹等特征,可将潮坪亚相细分为泥坪、混积坪和砂坪3个沉积微相。

(1)泥坪。泥坪又称为高潮坪,它发育在潮间坪高潮线附近的一个低能环境中,主要以泥质沉积为主。泥坪沉积主要发育灰色、深灰色泥岩,局部可夹有少量薄层砂岩、粉砂岩等。泥坪上发育水平层理或水平波状层理以及干裂、雨痕、冰雹痕、鸟眼、印模等。此外,潮坪的潮上部分即潮上坪若发育有沼泽,则泥坪处可见泥炭沉积和煤线存在。

(2)混积坪。混积坪又称中潮坪,它发育在高潮坪和低潮坪之间的中等能量环境中,主要以砂泥质沉积为主,它是泥坪和砂岩的过渡带。混积坪沉积发育主要以灰色砂岩与灰色、深灰色泥岩互层为主,也可发育粉砂岩、粉砂质泥岩等。

混积坪微相沉积环境中,近砂坪微相沉积(高能沉积环境)地区水动力条件中等偏强,能量中等,沉积物颗粒以细—中砂为主;近泥坪微相沉积(低能环境)地区水动力条件相对较弱,沉积物颗粒以细—粉砂为主,岩性组合为灰色中薄层状细砂岩与灰色、深灰色薄层泥岩不等厚厚层。混积坪上多具有脉状层理、复合层理、复合韵律层理、生物遗迹、印模等沉积构造。

(3)砂坪。砂坪又称低潮坪,它发育在低潮线附近的高能环境中,以砂质沉积为主。砂坪沉积主要发育灰—浅灰色或黄褐色中—细砂岩、石英砂岩,局部地区存在薄层泥岩夹层。砂坪上可以见到多种类型的交错层理、波痕、正粒序层理以及生物介壳等。其中,由多次涨潮造成的羽状或"人"字形的双向交错层理,能够明显指示潮坪亚相沉积。

3)潟湖

潟湖亚相是被障壁岛将海域阻隔而成的半封闭水域,为浅水低能环境,波浪作用微弱,以静水沉积为主,潮汐作用明显。在潮流作用下,可以冲开堤坝,形成潮汐通道,涨潮流将泥沙带入潟湖内沉积。潟湖亚相以细粒的砂、粉砂和粉砂质泥岩为主,以水平层理为主的复合韵律发育。

3.1.1.3 浅海陆棚相

本次研究中陆棚是指靠近古陆的滨岸与深水台盆之间区域,海水深度一般为0~200m,宽度数千米至数万千米。根据沉积物特征,陆棚可以划分为陆源碎屑陆棚和陆源碎屑-碳酸盐岩混合陆棚。在南盘江-桂中坳陷北缘,受北部江南古陆分布和南翼碳酸盐岩台地的影响,古陆前缘的中泥盆统—下石炭统发育一定规模的混积陆棚。混积陆棚其无论平面展布还是垂向演化,均发育于陆源碎屑滨浅海沉积相区向台地过渡的位置,常具有海侵层序的特征,且具有从陆向海、自下而上,砂泥质递减、碳酸盐组分增加的趋势,上部偶夹点生屑滩沉积。这揭示了盆地沉降和碎屑补给与同沉积断裂活动具有脉动性。随盆地沉降而发生的海侵扩大和古陆间歇退缩、夷平作用是导致陆屑供给递减,陆棚沉积由混水泥质、砂质、灰质混合沉积向清水碳酸盐岩沉积。

按照水动力环境,陆棚可进一步划分为内陆棚亚相和外陆棚亚相。内陆棚亚相位于正常浪基面与风暴浪基面之间,又称为浅水陆棚,岩性主要为灰—深灰色泥质粉砂岩、钙质页岩夹泥质砂岩、生屑灰岩及含生屑泥晶灰岩,含丰富的底栖生物和遗迹化石。外陆棚处于风暴浪基面之下,陆棚相与斜坡相的坡折带之上,又称为深水陆棚,岩性主要为灰黑色碳质泥岩夹深灰色泥晶灰岩、泥灰岩,深灰色中—薄层钙质泥岩,主要发育水平层理。

3.1.1.4 台地相

碳酸盐岩台地是南盘江-桂中坳陷北缘最具有特色、分布最广泛的沉积相带之一。大量研究成果显示,在不同的地理位置和环境条件下,碳酸盐岩台地具有不同的台地类型。顾家裕等(2009)根据地理位置、坡度、封闭性和镶边性,将碳酸盐岩台地分为陆架台地和孤立台地两大类10亚类。广西地区中泥盆统—下石炭统以及下三叠统发育镶边台地(连陆台地)和孤立台地。根据沉积水体深度和水体联通性,镶边台地与孤立台地可进一步划分为开阔台地、局限-半局限台地、台地边缘和台地前缘斜坡4种亚相。

1)开阔台地

开阔台地是位于台地边缘与局限台地之间的开阔浅水环境,水深几米至几十米,水体循环中等,氧气与盐度正常,海水与外海畅通,海水循环能量中等,适宜于各种生物生长,以广盐度生物为主。开阔台地与局限-半局限台地相比,生物分异度增加数量相对较为丰富;与面临广海的陆棚相比,则生物分异度降低且数量也相对较低,生物主要以蜓、有孔虫、藻类、腕足类、棘皮、头足类为主,基本上为固着底栖生态类型。根据水体能量和沉积特征,开阔台地可进一步划分为台内高能滩、台内低能滩、滩间海和开阔海微相。

开阔台地沉积作用主要发生在浪基面之下,可受到波浪和风暴浪的改造。南盘江-桂中坳陷北缘中泥盆统—下石炭统发育开阔台地的层位较多,分布范围广,岩石类型多样,包括浅灰色厚层块状生屑灰岩、泥粒灰岩、微—细灰岩、亮晶砂屑灰岩、颗粒灰岩及少量深色泥质灰岩、泥质条带灰岩、含燧石灰岩、泥质岩、白云质灰岩、藻球粒灰岩,可见水平层理、波状层理及小型交错层理。

开阔台地的演化与构造活动、海平面变化及沉积率密切有关。一般出现两种序列:①由下向上从泥晶灰岩、粉屑灰岩、含生物屑灰岩→泥晶颗粒灰岩→亮晶颗粒灰岩的向上变粗的序列,即从潮下低能到潮下或潮间高能环境;②向上变浅层序是由潮下含生物屑泥晶灰岩或生物礁向上变为砂屑或球粒泥晶灰岩,最后变为潮上碳酸盐泥坪。当海平面上升或构造沉降超过碳酸盐堆积速率时,浅海台地和生物礁被水淹没,由底栖生物控制的碳酸盐沉积过程即终止。在相对海平面下降期间,碳酸盐的沉积速率大于海平面的上升速率,开阔台地逐渐变为台地边缘滩,台地顶部海泛的区域延伸减小,当海平面下降到陆棚边缘之下,碳酸盐岩沉积物的生产中断,陆上暴露的碳酸盐岩台地通常因风化侵蚀。

孤立型开阔台地在南盘江-桂中坳陷北缘的断裂带的南侧十分发育,分布层位多。孤立台地远离陆源物质的影响,通常出现各种形状、大小凸起正地形,是生物点礁、生屑滩或颗粒滩,一般以厚度较大、颗粒含量高泥晶填隙为主,岩石色浅,骨屑结构成熟度较低,能见到波状层理、浪成交错层理、底冲刷构造,台内浅滩相一般规模较小。

在水流较畅通的孤立台内洼地一般发育碳酸盐潮坪相,台内浅水碳酸盐沉积以潮间坪和潮上坪沉积物为主,总体上表现为相对低能的礁后洼地环境,因此,灰泥占有较大比例。潮间坪多发育藻纹层灰岩、粒泥灰岩及少量云质灰岩等,常表现为薄层状;而潮上坪则多发育一些钙质黏土层、淋滤的喀斯特角砾灰岩等暴露构造,如隆林德峨东岗岭组中薄层灰岩夹紫红色泥岩(杨怀宇等,2010)。

2) 局限-半局限台地

海水通常局限循环不畅、水动力较弱,因而常见潮坪和潟湖,局部出现盐沼。中泥盆统—下石炭统局限台地的潮坪岩石类型常由灰色中—厚层颗粒微晶灰岩、微晶灰岩、层纹石灰岩和白云岩组成,发育水平纹层、层纹石构造;潟湖岩石类型最具有的特征为灰—灰白色厚层枝状层孔虫微晶灰岩、生屑球粒微晶灰岩和白云岩。潟湖与潮坪组成单调的垂向韵律交替层序,盐沼为受限台地内沉积高地控制由蒸发岩相白云岩、膏岩、岩溶角砾岩组成。局限台地发育于中泥盆统独山组、东岗岭组及上泥盆统融县组和下石炭统的尧云岭组等。

3) 台地边缘

台地边缘亚相主要分布于开阔台地和斜坡之间,即台地镶边,沿台地边缘呈条带状或链状断续分布,是碳酸盐岩台地向外海扩展的重要组成部分,水深5~10m,海水循环良好,氧气充足,盐度正常。由于台缘高出台地背景,受海流作用强烈,因而其环境水动力能量较高,并表现在岩石特征、生物群组成等方面。

台地边缘亚相一般发育台地边缘浅滩或台地边缘礁微相。台地边缘浅滩岩性主要为生屑、藻鲕、核形石灰岩与含生屑灰岩互层,且颜色浅,白云化作用严重。台地边缘礁则主要发育于孤立台地的迎风外侧,以抗风浪性的骨架岩、黏结岩的为主,岩性主要因时因地而异,有黏结岩、障积岩、骨架岩及藻鲕、核形石。

4) 台地前缘斜坡

台地前缘斜坡亚相又简称台坡,是位于连陆台地或孤立台地与台间盆地或台沟之间宽窄不一的狭窄过渡区,常与台地边缘伴生。台地斜坡沉积物主要来自台地上和台地边缘,物源供给量大,沉积速率高。由于研究区台地和台间海槽间的边界为深断裂控制,台间海槽呈狭长形,这就决定了台缘斜坡的宽度相对较窄,斜坡的坡度亦相对陡峻,加上频繁的构造运动,致使斜坡地带碳酸盐重力流沉积物十分发育,并可延伸入狭长的台间海槽沉积物构成互层、夹层及混合沉积层。根据台地斜坡形态和沉积水体深度,斜坡可进一步划分为上斜坡和下斜坡。

上斜坡位于台地前缘,其坡度一般大于30°,受同生断裂拉张活动影响强烈,其特点是沉积物以跌积、滑积方式为主,即主要为台地边缘骨架岩、障积岩、颗粒灰岩、白云岩以岩崩或垮塌方式形成的巨角砾灰岩、碎屑流角砾屑灰岩和揉皱变形的滑积泥灰岩、泥晶灰岩、硅质岩、硅泥岩、角砾状灰岩、假角砾岩屑灰岩等。

下斜坡发育在坡度由陡变缓的斜坡下部,又称为斜坡脚,有较大的水深和分布范围,坡底部位水深基本上与盆地一致,很少受波浪侵蚀破坏。下斜坡沉积物以加积为主,沉积物由未被破坏的远洋陆屑浊流沉积物和块状搬运的台缘钙屑重力流的砂屑灰岩与静水环境的泥晶灰岩及灰泥丘、硅质岩等组成。浊流沉积的沉积物以原地灰泥、异地的砂砾屑和生物屑为主,岩石颜色深、层理发育,常有透镜状、似层状硅质岩出现。水平层理、粒序层理、蚀底构造、楔状层理、透镜状层理、超覆面发育,偶见平行层理、交错层理,局部具有典型的滑塌构造、同生褶曲构造,钙屑浊流、碎屑流沉积发育。生物有海百合、腕足类等广海生物,还产深水斜坡环境的牙形类、海绵骨针化石。处于波基面上下,为台前海水较深、能量低、沉积物不稳定的坡地环境。

台地前缘斜坡亚相在南盘江-桂中坳陷北缘中分布频率不高,典型的沉积角砾灰岩在研究区剖面中不是很明显,宜页1井鹿寨组岩心观察发现瘤状灰岩、砂屑灰岩、生屑角砾灰岩等斜坡亚相沉积物。

3.1.1.5 台盆相

台间盆地简称为台盆,是指大陆坡折带的斜坡或台地的前缘斜坡以下,在碳酸盐补偿面(CCD)以上的浅海-深海沉积区。台盆曾被称为微型裂陷槽(王鸿祯等,1986)、台间海槽(侯方浩等1992)、次深水盆地(曾允孚等,1995)、台沟(梅冥相等,2003)、裂陷槽盆(王尚彦等,2006)、裂陷槽(陈相霖等,2020)等。台盆通常发育于被动陆缘背景或克拉通活动边缘盆地内,地理位置上位于活动型或碎裂型碳酸盐台地内或陆棚中,环境水深处于陆棚与深水海盆之间,或相当于大陆斜坡的水深(田景春等,2007)。侯方浩等(1992)在研究我国南方晚古生代深水沉积环境时,指出广西钦州—贺县台间残留海槽为继承性深水台间海槽,并且将泥盆纪以来的台间海槽划分为较深水台间海槽、较浅水台间海槽、较浅水静水台间海槽。

在南盘江-桂中坳陷北缘,台间盆地主要分布在连陆台地与孤立台地之间、孤立台地或孤台之间深水沉积区域,是优质泥页岩发育有利相带。在中泥盆统—下石炭统中,台盆主要发育于鹿寨组、石炮组。台盆沉积环境与滨岸、陆棚和碳酸盐台地相比,不仅沉积水体更深、水体能量更弱,物源也相对单一。值得注意的是,在不同地理背景或台盆沉积演化阶段,沉积水体深度变化较大,沉积物的性质也存在较大差异。按照沉积水体深度,台盆相可分为浅水台间盆地亚相和深水台间盆地亚相。

1)浅水台盆亚相

本书参考前人研究成果,将海底位于风暴浪基面之下,水体停滞缺氧,水深浅于200m的台盆沉积环境称为浅水台盆亚相。浅水台盆亚相是台地前缘斜坡与深水台盆亚相之间的过渡环境,一般与外陆棚的水体环境相似,又可称为台棚(曾允孚等,1992;杨怀宇等,2010)。

浅水台盆与外陆棚相比,受特大风暴浪的影响更小一些,沉积水体较停滞,沉积物来自悬浮灰泥、陆源泥及少量等深流的粉—细砂。此外,间互有间歇性浊流和下斜坡的砂屑灰岩。浅水台盆沉积物颜色以深灰色和灰色为主,灰黑色其次。岩相以灰色、深灰色及灰黑色钙质泥页岩、泥灰岩占优势,夹低密度钙屑浊积岩、泥质条带状灰岩及硅质灰岩和少量粉砂质泥岩,间或含薄层泥质细粉砂岩与锰质泥岩,发育水平及块状层理韵律层理等,偶见沙纹层理及薄壳小双壳类。

浅水台盆亚相总体上以泥页岩为主,夹有一定数量的灰岩、泥灰岩、钙质泥页岩和粉细砂岩及硅质岩。按照岩相差异,可以进一步划分为泥质岩盆(泥页岩厚度比例在90%以上)、含灰质泥岩盆(灰岩厚度比例为10%~20%)、灰质泥岩盆(灰岩厚度比例为20%~40%)、砂质泥岩盆(粉—细砂岩厚度比例为10%~20%)、灰质岩盆(灰质岩厚度比例为50%~70%)等微相。

2)深水台盆亚相

深水台盆的水体深度位于浅水台盆以下,水体深度在200~500m之间,一般在碳酸盐补偿面(CCD)以上的停滞还原环境,但是钦防残余海槽的水体深度比较大,在不同地质时期有可能超过碳酸盐补偿面。深水台盆的水体基本不受特大风暴浪的影响,一般因间隙性浊流注入而充氧,为欠补偿—补偿沉积,具有等深流作用,以化学沉淀的二氧化硅、悬浮泥、陆源粉砂、硅质、灰质海绵骨针以及放射虫、竹节石、钙球等浮游生物为主,间歇性来自台地浅滩的内碎屑和生物碎屑。

深水台盆沉积物颜色以灰黑色为主,深灰色其次,岩相以中—薄层状硅质岩、硅质泥页岩类为主,次为碳质泥页岩,夹薄层凝灰岩、沉凝灰岩,除常含放射虫、硅质海绵骨针、竹节石钙球等浮泳生物外,还含有孔虫、介形虫、薄壳小腕足类及来自台缘的浅水生物和生屑。

按照岩相差异,深水台盆亚相可以进一步划分为泥质岩盆、含灰质泥盆、含硅质泥盆、硅质岩盆等微相。宜页1井鹿寨组二段下部发育深灰黑色薄层泥页岩夹薄层碳质泥岩、硅质泥岩,分别属于泥质深水台盆沉积和含硅质泥盆深水台盆沉积。

3.1.1.6 海槽相

海槽是海盆中斜坡以下地形较为平缓的半深海-深海地区,是深水盆地区。此相海水较深,沉积界面在碳酸盐补偿深度附近或之下,沉积环境安静、低能。

3.1.2 不同时期沉积相

3.1.2.1 早寒武世

广西区内寒武纪时期,继承了震旦纪构造古地理格局,九万大山、云开大山为剥蚀、物源供给区,呈现西北高东南低的格局(图3.1.1),控制形成了台地相、浅海陆棚、深水陆棚、盆地相(图3.1.2),具有明显分带及北东向、北北东向展布规律。

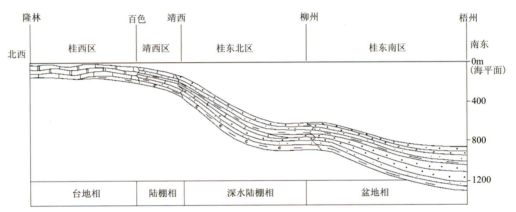

图 3.1.1 广西寒武纪沉积模式示意图(据广西壮族自治区地质矿产局,2020)

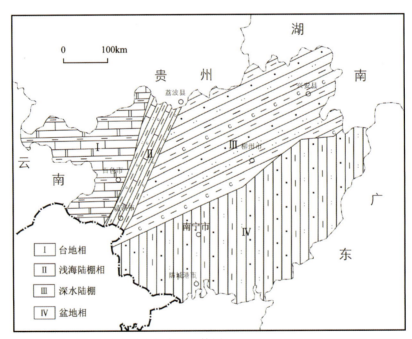

图 3.1.2 黔东-滇东世岩相古地理简图(据广西壮族自治区地质矿产局,2020)

整体上沉积作用以浅海-半深海及深海为主,受到北东向古构造格局影响,浅海沉积作用主要发育于荔波—环江—靖西一线的西北部地区,半深水-深水沉积作用发育于东南部地区。受到北部大陆物源供给、东南方向海侵影响,浅海地区沉积形成了以粉砂、泥质及碳酸盐岩为主的沉积物;半深水-深水地区以浊流沉积物与陆源悬浮沉积形成的胶体软泥沉积为主,广西下寒武统清溪组的黑色含碳泥岩和泥岩是该沉积作用产物。

3.1.2.2 早—中奥陶世

寒武纪的郁南运动,使得奥陶纪早期的构造古地理格局发生重大变化,桂北、桂西及桂中地区发生隆起成为大陆,接受剥蚀,并以西大明山-大瑶山隆起带为界,形成南侧桂东南坳陷、北侧桂中—桂东北坳陷(图3.1.3、图3.1.4)。早—中奥陶世,桂东南坳陷是华南洋的残余洋盆,以近物源的陆源碎屑物质快速搬运沉积为主,含较多的粗砂岩或砂砾岩、砾岩,矿物成熟度和结构成熟度低、韵律发育。桂东北坳陷是上扬子陆块东南缘的前陆盆地(残余海盆)向北东延入湖南省,以远离物源的细粒沉积物、泥质含量高,局部夹碳酸盐岩沉积为特征,表现为相对闭塞、水体较深且安静的还原环境。沉积形成典型的升坪组黑色碳质泥岩夹硅质岩,具有明显的水平层理、微层理、条带状构造、富含黄铁矿。

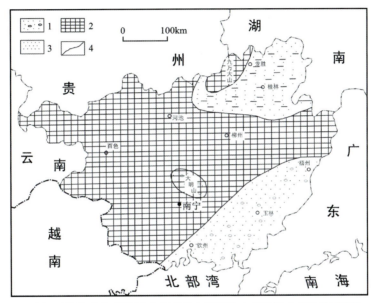

1.砂岩、砂粒等砂岩、砾岩区;2.细砂岩夹泥岩区;3.剥蚀区;4.岩性分区界线
图3.1.3 早奥陶世岩性分区简图(据广西壮族自治区地质矿产局,2020)

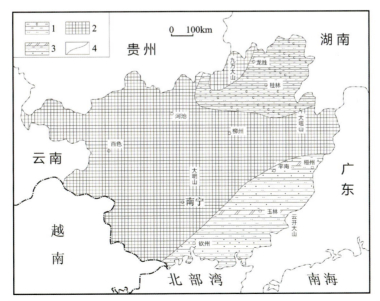

1.泥岩、含碳质泥岩夹粉砂岩区;2.砂岩、粉砂岩夹泥岩区;3.剥蚀区;4.岩性分区界线
图3.1.4 中奥陶世岩性分区简图(据广西壮族自治区地质矿产局,2020)

3.1.2.3 早志留世

广西在奥陶纪末受到北流运动影响,地壳不断抬升,大明山-大瑶山隆起范围不断向北扩大,整体上海盆范围不断缩小,早志留世的古地理格局呈现北东向规律性分布,由北往南依次为江南古陆、桂东北—桂中—桂西浅海-陆棚、隆起带、岑溪—防城港海盆相(图3.1.5)。桂东北—桂中—桂西地区沉积作用以泥岩,结构和成分成熟度高的砂岩沉积为主;桂东南岑溪—防城港地区沉积作用自北东而南西依次为内扇、中外扇、半深海-深海沉积,其中深海沉积作用形成连滩组下段,由富含有机质及笔石的泥岩夹少量薄层状粉砂岩、细砂岩组成,厚度大于1000m。

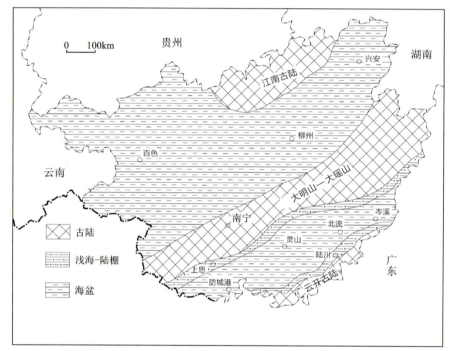

图3.1.5 志留纪兰多维列世—温洛克世岩相古地理图(据广西壮族自治区地质矿产局,2020)

3.1.2.4 泥盆纪

泥盆纪初期,广西仅在钦州—玉林一带残留海底起伏不平的海盆,其余地区均转换为陆地。早泥盆世中期(布拉格期),随着华南大陆开始拉张沉陷,广西区域性大断裂活动控制形成钦州-玉林低洼地带,海侵越过西大明山-大瑶山隆起带呈现南往北、向东、向西扩展格局。早泥盆世晚期(埃姆斯期),地壳微型扩张加剧,海侵范围进一步扩大至桂西、桂北,区域性断裂拉张形成台盆、台地相间的古地理格局(图3.1.6),在台盆内沉积了深水-半深水硅质岩、黑色泥岩、硅质灰岩。

中泥盆世早期继承了早泥盆世晚期的沉积环境,在钦州—玉林一带以深水盆地沉积作用为主,沉积形成灰黑色泥岩、泥质粉砂岩、硅质泥岩;以沉积硅质岩为主的台盆相沉积,主要分布于南宁—扶绥、田林八渡—百色阳圩地区;以黑色泥岩为主的台盆相沉积,发育于丹池断裂控制带以及上林—巷贤地区(图3.1.7)。以沉积碳酸盐岩为主的台地相分布广泛,局部在桂中武宣乐梅—象州大乐一带的水体较深的台地,沉积形成灰—深灰色中-薄层状灰岩、泥灰岩,象州往北泥岩逐渐变多,相变为浅海潮下带以泥岩为主的四排组。中泥盆世晚期海侵进一步扩大,台地—台盆分割的格局更加明显。广西绝大部分地区为碳酸盐岩台地沉积,次深海槽盆及台沟内仍为硅质岩、硅质泥岩及黑色泥岩沉积。在台地上,开

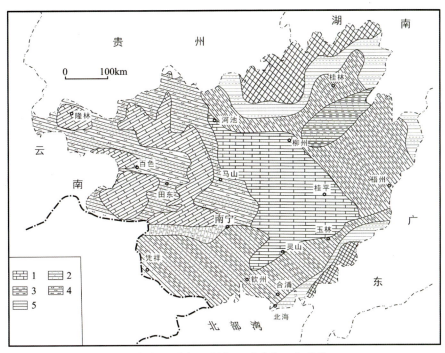

1.灰岩;2.砂岩;3.泥岩;4.硅质岩;5.细砂岩

图 3.1.6　广西早—中泥盆世岩相古地理图(据广西壮族自治区地质矿产局,2020)

阔台地以东岗岭组泥灰岩、生物碎屑灰岩为主;局限台地为唐家湾组白云岩、白云质灰岩,在桂北隆起南侧的台地边缘,多处发育生物礁,如南丹六寨礁、环江北山礁、灵川岩山礁、阳朔桥头礁等。

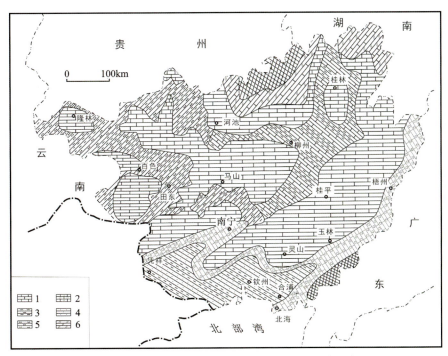

1.灰岩;2.砾屑灰岩;3.泥岩;4.砂岩;5.硅质岩;6.白云岩

图 3.1.7　广西中泥盆世岩相古地理图(据广西壮族自治区地质矿产局,2020)

在晚泥盆世,海域进一步扩大,台盆相内沉积为硅质岩组成的榴江组,进入弗拉斯期海岸线移至环江东兴—罗城四堡一带,形成上泥盆统超覆于南华系之上。除钦州海槽仍以硅质岩沉积为主外,原先台间海槽中硅质岩被泥质条带灰岩、扁豆状灰岩,甚至厚层块状灰岩所取代,台地上被质纯的厚层块状灰岩覆盖,台地边缘普遍发育鲕粒滩。

3.1.6 早石炭世

广西早石炭世基本继承了泥盆纪的沉积环境,具有相似的构造背景,台地、台盆相间的地理格局亦明显,控制形成了4个典型的沉积区:桂北—桂东区、桂中—桂西区、钦州区和南丹—鹿寨—兴安区。桂北—桂东区为靠近古陆的近岸浅水沉积区,属于海陆过渡相,陆源碎屑供给充足,为含碳、含煤碎屑岩和碳酸盐岩建造,岩石组合以黑色泥晶灰岩、含碳泥岩、钙质泥岩、泥灰岩夹砂页岩为特征。其中靠近古陆边缘,受北北东、南北向深大断裂控制沉积的含碳钙质泥岩、含碳泥岩夹少量泥灰岩层段可作为生成页岩气的有利层段。

桂中—桂西地区是远岸台地—台盆区,桂中台地、台盆较开阔平坦,以碳酸盐岩沉积为主,整体陆源碎屑物较少(图3.1.8)。桂中地区宜州—柳江三都—忻城思练—北泗地区为台盆相沉积,以灰黑色、深灰色、灰色泥质硅质岩、硅质岩,自北往南,随着物源供给渐少,化学沉积作用逐渐增强,形成厚度变薄的灰色、深灰色硅质岩。桂西北区,桂中上林地区台盆相沉积为主,因缺乏物源供给,处于饥饿沉积环境,以化学沉积为主,沉积灰白色、灰色、深灰色硅质岩,形成鹿寨组;稀散分布孤立碳酸盐岩台地,夹多层碱性玄武岩;桂西南则以碳酸盐岩台地为主,穿插发育台盆相沉积,于大新—靖西—天等一带分布;钦州区为深水槽盆相,以硅质岩、放射虫硅质岩、泥岩为主,夹数层氧化锰矿。

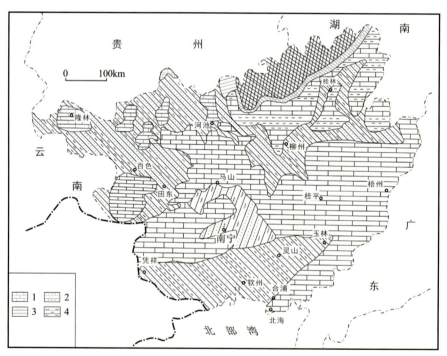

1. 灰岩;2. 泥岩;3. 细砂岩;4. 硅质岩

图3.1.8 广西早石炭世岩相古地理图(据广西壮族自治区地质矿产局,2020)

南丹—鹿寨区沿南丹-宜山-荔浦深大断裂带和桂林-来宾断裂带展布,以断控形成的深水台盆及斜坡相沉积为特征,物源供给充足,局部具有半深海及深海的化学和生物混合沉积,以硅质泥岩、泥质硅质岩、黑色泥岩为主,形成典型的鹿寨组地层,是页岩气生成的主要目的层分布区。

3.1.7 早三叠世

早三叠世基本继承了晚二叠世的构造古地理格局,桂东北、桂东、桂东南地区已隆升为陆,桂中和桂西南为台地相区(图3.1.9),早期(马脚岭期)为开阔台地相中薄层状泥质灰岩、钙质泥岩,晚期(北泗期)地壳抬升,气候较干热,出现局限—半局限台地,以厚层块状白云岩、白云质灰岩夹薄中层状灰岩,在龙州—凭祥—崇左一带夹英安岩、流纹岩、熔结凝灰岩等;在桂西裂谷盆地中,孤立台地前缘斜坡沉积罗楼组,岩性为深灰色中层状泥晶灰岩、泥质条带灰岩,局部夹薄层泥岩或凝灰岩,富含菊石、双壳类化石。

在隆林百色—巴马—马山、凭祥—上思一带的台间盆地中沉积石炮组,岩性以下部灰黑色含钙质泥岩、灰绿色沉凝灰岩夹泥岩,上部粉砂岩、细砂岩夹数层砾岩、粉晶灰岩或白云质灰岩,可作为页岩气生成的潜在目的层。

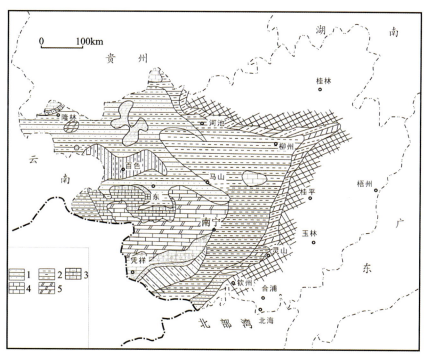

1.砂岩;2.泥岩;3.砾屑灰岩;4.灰岩;5.白云岩

图3.1.9　广西早三叠世岩相古地理图(据广西壮族自治区地质矿产局,2020)

3.2　广西地区页岩气成藏地质条件

广西地区位于羌塘-扬子-华南板块南端,自中元古代以来,经历了四堡、雪峰、加里东、海西—印支、燕山及喜马拉雅期等多期构造运动,形成了一系列沉积盆地及坳陷。具有页岩气成藏条件的沉积盆地有右江盆地($D—T_2$)、桂中坳陷($D—T_2$)、十万大山盆地(J—E)、桂平盆地(J—K)、合浦盆地(K—E)、南宁盆地(E)、百色盆地-宁明-上思盆地(E~N)。上述盆地经历了沉积、抬升、剥蚀、挤压褶皱造山完整过程,前期形成的盆地由于受到后期构造、岩浆侵入等作用,盆地的原始形态受到不同程度的破坏及改造,然而局部地区原始地层保存较好、构造条件相对稳定,成为页岩气勘查的有利地区。

根据广西古生代(包括寒武系清溪组、奥陶系升坪组、泥盆系塘丁组、罗富组、石炭系鹿寨组、三叠系石炮组)黑色页岩发育特征,结合盆地构造演化特征、页岩气地质调查评价结果,综合认为桂中坳陷、右江盆地、十万大山盆地为3个页岩气重点潜力盆地(图3.2.1)。

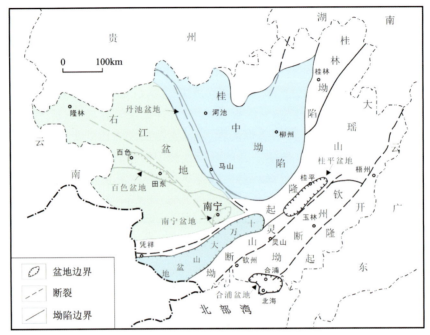

图 3.2.1　广西页岩气重点调查盆地示意图

3.2.1　桂中坳陷及周缘页岩气成藏地质条件

桂中坳陷处于广西中北部,面积为 $4.2\times10^4\ \mathrm{km}^2$,为广西运动后陆内伸展裂陷盆地,发育相对稳定的泥盆纪—中三叠世盖层沉积。桂中坳陷主要发育富有机质泥页岩层系为泥盆系塘丁组、罗富组和石炭系鹿寨组,以及寒武系清溪组、奥陶系升坪组,属于台盆或陆棚相沉积。泥盆系塘丁组、罗富组岩性以黑色泥页岩、钙质泥页岩为主,夹碳质泥岩、粉砂质泥岩、泥灰岩及少量粉砂岩,主要分布于南丹—河池—上林一带,总厚度大于 700m,其中泥岩厚度 180～414m;石炭系鹿寨组岩性以灰黑色薄层泥岩、硅质泥岩、硅质岩、页岩、碳质页岩为主,主要分布在河池南丹—环江—宜州、柳州融水—鹿寨、来宾象州、忻城一带,总厚度 48～300m,其中泥岩厚度 22～159m,寒武系清溪组岩性为黑色碳质泥岩、页岩夹少量砂岩、灰岩,页岩具弱变质,局部为板岩,泥页岩单层厚度 5～119m,累积厚度大于 200m;奥陶系升坪组岩性为碳质页岩夹砂岩、页岩、硅质岩,碳质泥岩连续厚度 121～330m。

已有研究成果显示,桂中坳陷丹池盆地的塘丁组黑色泥岩段 TOC 平均为 2.35%,R_o 平均值为 3.43%,有机质类型为Ⅰ型、Ⅱ型,脆性矿物含量平均为 48%;罗富组黑色页岩多、盆地中心 TOC 平均值为 4.44%、东南端和西北端的 TOC 平均约 1.5%,R_o 范围 3.47%～4.76%,具有中心较低、西北高的特点,处于过成熟阶段,干酪根类型主要为Ⅰ型,其脆性矿物含量平均为 62%。桂中地区下石炭统鹿寨组一段黑色碳质页岩厚度达到 80m 以上,TOC 分布平均值 2.36%,R_o 范围 2.25%～3.78%,具有中部低、东西部高特点,处于过成熟阶段,干酪根Ⅰ型、Ⅱ型均有,脆性矿物平均含量 56%。鹿寨组三段黑色碳质页岩厚度累积超过 70m,TOC 平均为 1.43%,R_o 范围 2.21%～2.38%,处于过成熟阶段,干酪根Ⅰ型为主,其脆性矿物含量 17%～42%,平均含量 35%。寒武系清溪组泥页岩段 TOC 平均为 1.25%,R_o 平均值为 4.42%,脆性矿物含量为 62%。奥陶系升坪组泥岩段 TOC 平均为 1.11%,R_o 平均值为 4.55%,脆性矿物平均含量为 43%。

目前桂中坳陷的下石炭统鹿寨组已证实具有良好页岩气资源潜力,如桂融页1井、东塘1井分别在柳州融水、鹿寨地区和宜页1井宜州龙元村取得页岩气发现,在环江地区钻遇持续冒气的可燃天然气。丹池盆地泥盆系发育的大厂古油藏、钻井钻遇的可燃天然气等结果显示该地区具有较好的油气地质条件。寒武系清溪组、奥陶系升坪组尚未有油气发现。

3.2.1.1 中下泥盆统

1. 泥页岩厚度特征

桂中坳陷的下泥盆统塘丁组黑色泥页岩主要分布于坳陷西部的南丹—河池、南宁—大明山一带,为台盆相和斜坡相沉积的暗色泥岩及碳质泥岩,有效泥页岩厚度为30～500m,并具两个沉积中心,南丹地区的沉积中心位于罗富乡,最大泥岩厚度近500m,南宁-大明山沉积中心位于大明山以南地区,最大泥岩厚度近300m。坳陷的东部泥岩厚度具有坳陷最大的沉积中心,与塘丁组为同期异相的四排组在鹿寨四排镇沉积近厚700m的泥岩,柳州—鹿寨地区泥岩厚度分布范围及厚度明显大于其他地区(图3.2.2),来宾地区的GLD(桂来地)1井钻遇四排组泥页岩,累计可达200m。坳陷其他地区的泥岩厚度较薄,厚度小于100m。

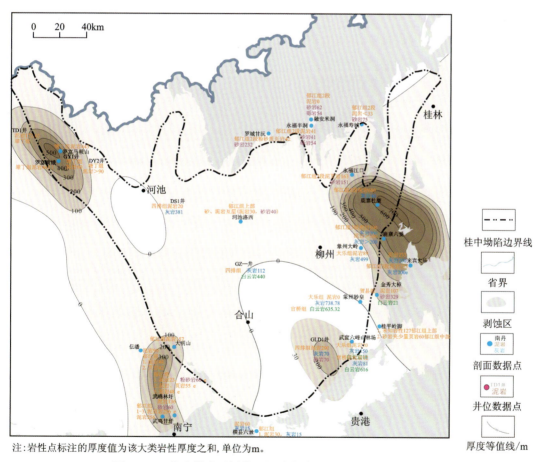

图3.2.2 桂中坳陷及周缘下泥盆统塘丁组同沉积时期泥页岩等厚图

2. 沉积相展布特征

广西南丹县是泥盆系深水台盆相塘丁组、罗富组的命名地,地层化石依据充分,交通便利,地层出露好、前人研究程度高。本次选取的吾隘同贡剖面与罗富标准剖面相距不远,同属于泥盆系深水相剖面,也是地层出露较好的剖面之一。整条剖面黑色泥页岩发育,化石丰富,分带清楚,构造简单,地层出露连续,自下而上包括泥盆系3个统、7个组,厚度大于3000m。岩性主要为黑色泥岩、硅质岩、灰岩,生物群以竹节石为主,少量菊石、双壳类,可以作为广西地区泥盆系富有机质泥页岩研究的典型剖面。

塘丁组由地质部第五普查大队1961年命名于南丹县罗富乡塘丁至塘乡村之间的公路旁,定义为整合于郁江组之上、罗富组之下的一套以黑色泥页岩为主,夹少量粉砂质泥岩、含泥灰岩的岩石组合。塘丁组下以黑色、风化后呈紫红色薄层含竹节石泥岩与丹林组顶部灰黑色虫迹泥岩夹粉砂质泥岩为界;塘丁组上以黑色泥岩与罗富组底部深灰色石英砂岩为界。富含竹节石及菊石等化石,地质时限为早泥盆世晚期至中泥盆世早期。岩性主要为一套深灰色、灰黑色、黑色薄—中层状泥岩、碳质泥岩夹碳质层及泥质粉砂岩,泥岩局部含钙质、硅质、粉砂质。

1)典型剖面

同贡村剖面下部以薄—中层状为主,上部以中—厚层状为主,具微细水平层理,含较丰富的竹节石及少量的菊石、腕足类、双壳类、介形类及三叶虫等生物化石。常见泥铁质结核、泥质结核和条带,泥铁质结核顺层分布,呈椭圆形,长轴一般为3~10cm,短轴一般为2~5cm,个别长轴可达25cm,短轴达15cm;结核成分与围岩相同,均为同生结核,结核中心常见较多的竹节石、双壳类等生物化石(第11层),暗色泥岩分布稳定(图3.2.3)。化石自下而上包括竹节石、菊石、三叶虫(穆道成和阮亦萍,1983)。

a. 远照　　　　　　　　　　b. 竹节石泥岩

图3.2.3　南丹县同贡村剖面下泥盆统塘丁组的黑色泥岩

同贡村剖面下泥盆统顶部为由郁江组与塘丁组组成的一个三级层序。郁江组包括以下地层:①泥质粉砂岩及粉砂质泥页岩,为临滨相沉积,厚7m左右;②灰色至暗褐色泥岩,为浅至深水陆棚相泥岩,厚24m左右;③灰黑色及灰色泥岩,厚53m左右,为缺氧盆地相沉积,构成下泥盆统第5个三级层序的凝缩段单元。塘丁组包括以下地层:①灰黑色(风化色为灰紫色)泥岩及泥页岩,可见竹节石等化石,厚120m左右;②灰黑色及灰色钙质泥页岩,为陆棚相沉积,厚35m左右;③浅灰色及深灰色陆棚相钙质泥页岩,夹少量泥质灰岩透镜体。塘丁组底部的黑色及灰黑色泥岩(图3.2.4)地层总厚度约为173m。

2)连井剖面对比沉积相分析

根据暗色泥页岩的分布,在桂中坳陷选取了1条连井剖面进行纵横向沉积相划分和对比,深入分析沉积特征。结合深水盆地的分布特点以及岩性特征,选取了同贡剖面、五圩剖面、福全剖面3条剖面与地质调查井、丹页2井进行沉积相的划分和对比,该连井剖面是自北西向南东,贯穿丹池盆地,延伸至上林坳陷,以此研究其在南丹-都安-上林断裂带沉积相纵横向上的展布规律(图3.2.5)。

同贡剖面塘丁组厚约200m,岩性总体以泥岩为主,下部夹钙质粉砂岩,上部夹钙质泥岩。丹页2井由于是深部钻井取心,岩石灰质含量明显提高,厚度也沿剖面线继续增大,未见底,厚度大于580m,岩性总体以泥岩夹灰岩为主,灰岩主要为斜坡相砂屑灰岩、生物碎屑灰岩。五圩剖面一带为丹池盆地塘丁组沉积中心,塘丁组未见底,厚度大于1390m,岩性主要以泥质粉砂岩为主,下部夹碳质泥岩、泥灰岩,中部夹泥灰岩,上部夹少量细砂岩。福全剖面位于上林坳陷,与丹池盆地间通过狭长的深水台沟相连,剖面上塘丁组厚约280m,下部岩性主要为碳质泥岩夹灰岩,上部岩性主要为泥岩。

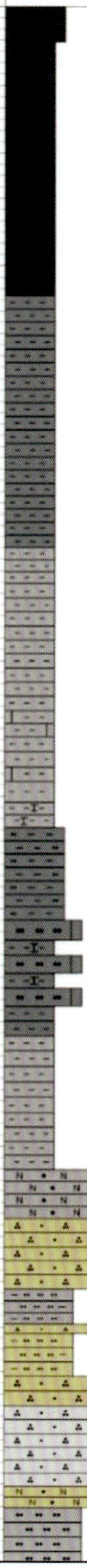

3 广西地区页岩气建造期成藏地质条件

系	统	组	层号	层厚	深度/m	岩性描述
泥盆系	中统	罗富组	27	6.33	0	黑色薄层碳质泥岩与灰黑色薄层状碳质泥岩略呈厚互层,见竹节石生物化石及少量泥铁质结核
		塘丁组上部	26	27.19		黑色中—厚层钙质碳质泥岩,含硫,见钙质铁质同生结核
			25	6.87		黑色中—厚层钙质碳质泥岩,含硫,见钙质铁质同生结核
			24	10.89		黑色厚层状钙质碳质泥岩,见大量竹节石生物化石,具钙质铁质同生结核
			23	23.79		灰黑色薄层状含碳质泥岩,见大量竹节石及少量双壳类等生物化石
			22	7.18		灰黑色中—厚层状泥岩,具顺层分布的泥铁质同生结核,结核中心见较多竹节石及少量腕足类、双壳类等生物化石
			21	13.73		灰黑色中—厚层状泥岩,具泥铁质同生结核,结核特征同上层
			20	6.39		深灰—灰黑色薄—中层状泥岩,见少量泥铁条带及泥铁质同生结核
			19	22.38		深灰色薄—中层状泥质,具泥质条带和泥质同生结核,见少量竹节石、双壳类等生物化石
			18	4.7		深灰色薄层状钙质泥岩,偶见竹节石、双壳类等生物化石,见少量泥岩结核,发育水平层理
			17	11.56		深灰色中层状泥岩,局部含钙质粉砂岩,见少量竹节石、双壳类生物化石,具铁泥质同生结核
			16	4.54		深灰色中—厚层状含钙质泥岩,见少量双壳类、腕足类等生物化石及大量白云母
		塘丁组下部	15	16.43		灰黑色中层状粉砂质泥岩或泥质粉砂岩,含较多竹节石及少量腕足类、双壳类等生物化石,具少量粉砂岩结核
			14	15.16		灰黑色中层状钙质粉砂岩与薄层状钙质粉砂质泥岩不等厚互层,两者之比约为2:1,具泥铁质结核,见较多双壳类、腕足类等生物化石
			13	5.31		灰黑色中层状泥岩,含大量竹节石化石
			12	13.64		深灰色薄—中层状泥岩,见竹节石等化石,风化后呈灰白色
			11	10		深灰色薄层状泥岩,含较多竹节石及少量双壳类化石
	下统	郁江组	10	8.83		青灰色厚层状含泥不等粒长石砂岩,见较多双壳类化石
			9	12.39		黄灰色中—厚层状细粒石英砂岩与薄层状泥质粉砂岩略等厚互层,两者比例约3:1,见微波状水平层理
			8	6.28		深灰色薄层状泥质粉砂岩
			7	1.09		黄灰色中层状中粒石英砂岩
			5~6	7.46		黄灰色薄—中层状泥质粉砂岩偶夹中层状细粒石英砂岩,两者比例6:1,见平行层理及铁质结核
			4	5.31		黄灰色厚层状中粒石英砂岩
			3	4.93		灰白色中层状中粒石英砂岩夹薄层状泥岩,泥岩中见微细水平层理
			2	9.35		灰白色中层状粗粒石英砂岩
			1	3.75		灰色、黄灰色薄—中层状细粒长石砂岩,局部薄层细砂岩含泥质,见微细水平层
			0	10.34	270	深灰色中层状粉砂岩,具大量个体较大的双壳类化石,顶部为石英砂岩透镜体

图例:石英砂岩　含泥长石砂岩　粉砂岩　钙质粉砂岩　钙质碳质泥岩　碳质泥岩　粉砂质泥岩　钙质泥岩　泥岩

图 3.2.4　南丹县吴隘镇同贡村塘丁组实测剖面

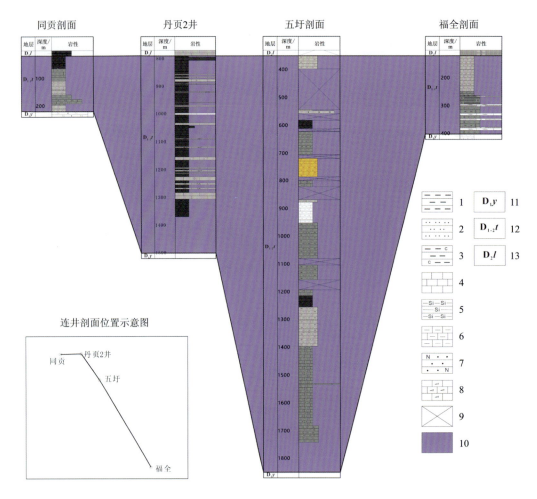

1.泥岩;2.粉砂岩;3.碳质泥岩;4.灰岩;5.硅质页岩;6.泥质灰岩;7.长石砂岩;8.碎屑灰岩;9.浮土;10.台盆相区;
11.郁江组;12.塘丁组;13.罗富组

图 3.2.5　同贡-丹页 2 井-五圩-福全剖面下—中泥盆统塘丁组连井剖面沉积相图

3)沉积相展布特征

塘丁组在广西区内仅分布于丹池盆地及上林坳陷,岩性总体为一套暗色泥岩夹粉砂岩、钙质泥岩、泥灰岩、含碳泥岩、砂屑灰岩、生物碎屑灰岩。从沉积相来看,塘丁组总体为台盆沉积环境,岩性和厚度受沉积相及陆源物质供给影响较大。

塘丁组对应时限为早泥盆世晚埃姆斯期—中泥盆世艾菲尔期。晚埃姆斯期广西区沉积环境主要以潮坪相为主;桂北融安、三江、龙胜一线以北为江南古陆古隆起,近古陆罗城、融水一带沉积了信都组数十米厚的滨岸碎屑岩沉积;受海西期拉张背景的影响,在南丹—河池—都安—上林一带拉张裂陷,形成塘丁组台盆相沉积;象州—武宣一带为碳酸盐岩台地。艾菲尔期东部海区普遍抬升,反映在桂林—贺州一带为滨岸潮坪及潮下泥坪的西界又退到柳州—玉林一线,象州—武宣一带形成了一个水下浅丘,为四排组浅海潮下带沉积,以碎屑岩为主,通常厚度较大(图 3.2.6)。

3. 有机质地球化学特征

中下泥盆统富有机质泥页岩主要指塘丁组(或四排组)页岩,分布于南丹、河池、上林、来宾、象州、柳州一带,岩性以钙质泥岩为主。

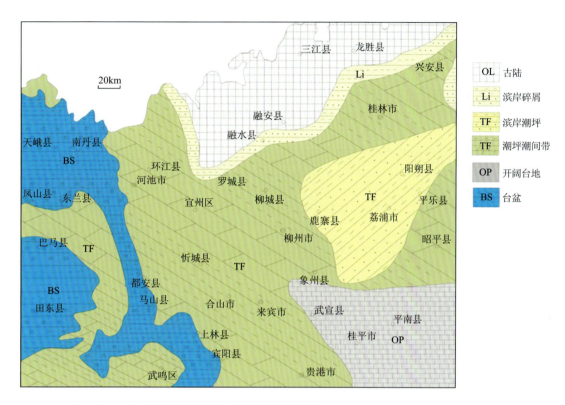

图 3.2.6　桂中坳陷及周缘塘丁期岩相古地理图(据广西壮族自治区地质矿产局,1992)

中下泥盆统泥页岩有机质类型以南丹罗富剖面塘丁组为代表,干酪根显微组分中腐泥组和壳质组含量之和所占的百分比为 38.7%～89.7%,略大于镜质组的含量,而惰性组含量几乎为 0,总体表现为 II_1 型有机质。南丹罗富剖面塘丁组泥页岩干酪根碳同位素值为 −27.8‰～−26.84‰,总体偏轻,表现为 II_1 型有机质,与干酪根镜鉴结果一致。上林地区中下泥盆统页岩有机质类型总体表现为 I 型和少量 II_1 型或者 II_2 型,说明上林地区早—中泥盆世时期处于海洋环境,并有混有少量陆源碎屑。来宾—象州地区桂来地 1 井显示中下泥盆统泥页岩腐泥组含量为 85%～89%,平均值为 87%;镜质组含量为 10%～13%,平均值为 11.5%;惰质组相对含量为 1%～2%,平均值为 1.5%;不含壳质组;类型指数为 73.25～80.50;干酪根 $\delta^{13}C$ 在 −29.10‰～−21.30‰ 之间,平均值为 −24.06‰,因此,来宾—象州地区中下泥盆统有机质类型总体为 I、II_1 型。

桂中坳陷中下泥盆统页岩 TOC(表 3.2.1)受沉积环境影响较大,南丹及上林地区一带,受台盆相控制,TOC 较高,来宾—象州一带为潮坪相,TOC 相对较低(图 3.2.7)。杨锐等(2012)研究认为南丹罗富剖面中下泥盆统页岩 TOC 为 0.65%～4.70%(均值 1.85%),本次实测南丹罗富剖面中下泥盆统页岩 TOC 为 0.31%～4.87%(均值 2.47%),与桂页 1 井具有高度一致性(均值 2.41%),往东至河池五圩一带,水体变浅,页岩 TOC 均值为 0.47%。深水沉积环境的上林一带中下泥盆统页岩 TOC 为 0.50%～17.35%(均值 2.56%),至来宾一带水体变浅,桂来地 1 井显示中下泥盆统页岩 TOC 为 0.01%～6.35%(均值 1.82%),往北至象州一带为非烃源岩(TOC 均值<0.5%)。

根据测试数据对桂中坳陷南丹、上林、来宾—象州地区有机质成熟度进行分析(图 3.2.8),南丹地区中下泥盆统暗色泥岩镜质体反射率(R_o)为 1.88%～4.32%,平均值为 3.2%,其中车河镇一带镜质体反射率较高,平均值为 3.97%,分析其可能受龙箱盖岩体影响,加速了其热演化速率;上林地区中下泥盆统塘丁组一段 R_o 为 2.5%～4.71%,平均值为 3.53%。分析其原因:一方面由于其埋藏深度较大,热演化程度较高;另外一方面可能受大明山隐伏岩体影响,加速了其热演化过程。塘丁组二段 R_o 为 2.31%～2.57%,平均值为 2.44%;桂页 1 井、桂来地 1 井、桂中 1 井中下泥盆统泥页岩 R_o 平均值分别为 2.49%、4.35%、2.84%，均处于高成熟—过成熟热演化阶段，其中桂来地 1 井中下泥盆统页岩 R_o 特别高,可能为在地质历史时期经历了较大埋深和较高的地温梯度等因素造成的。

表 3.2.1　桂中坳陷及周缘中下泥盆统页岩 TOC 值统计

地区	最小值/%	最大值/%	平均值/%	样品个数	数据来源
南丹罗富	0.31	4.87	2.47	20	广西壮族自治区地质调查院实测
南丹罗富	0.65	4.7	1.85	25	杨锐等(2012)
桂页 1 井	0.53	6.21	2.41		苑坤等(2017)
河池五圩	0.36	0.61	0.47	3	广西壮族自治区地质调查院实测
上林	0.5	17.35	2.56	65	广西壮族自治区地质调查院实测
桂来地 1 井	0.01	6.35	1.82	29	广西壮族自治区地质调查院实测
象州			0.01	1	广西壮族自治区地质调查院实测

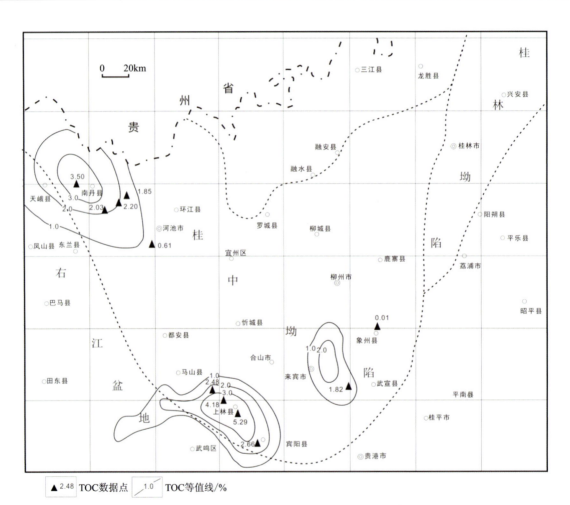

图 3.2.7　桂中坳陷及周缘中下泥盆统泥页岩 TOC 等值线图

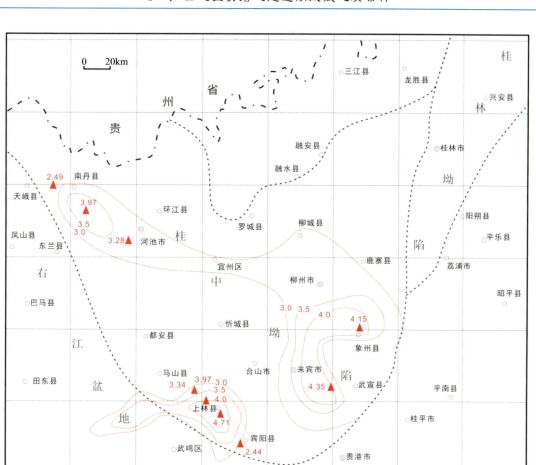

图 3.2.8　桂中坳陷及周缘中下泥盆统泥页岩 R_o 等值线图

4. 储层条件

1) 矿物特征

桂中坳陷及周缘中下泥盆统泥页岩矿物特征研究以南丹地区的数据最丰富且最典型，GY（桂页）1井位于南丹罗富地区，样品取自下泥盆统塘丁组，根据 GY1 井全岩 X 衍射分析数据（图 3.2.9），可得出桂中坳陷下泥盆统泥页岩矿物组成以石英与黏土矿物为主，部分方解石含量也较高。其中黏土矿物含量占总矿物量的 18%～78%，平均含量为 42%；石英矿物含量占总矿物含量的 15%～65%，平均含量为 40%；长石矿物含量平均为 6.2%；方解石平均含量为 12%；白云石平均含量为 5%；黄铁矿平均含量为 3%；GY1 井下泥盆统泥页岩矿物组分整体表现为黏土矿物含量高、脆性矿物含量中等的特点。

南丹地区塘丁剖面下泥盆统塘丁组泥页岩岩石矿物组成主要包括石英、长石、方解石、黄铁矿、菱铁矿、黏土矿物等（图 3.2.10）。脆性矿物含量为 43%～77%，平均含量为 57.8%；黏土矿物含量 23%～57%，平均含量为 42.2%；根据脆性矿物指数公式[石英含量/（石英含量＋碳酸盐矿物含量＋黏土矿物含量）]计算，得出塘丁剖面下泥盆统塘丁组泥页岩脆性指数为 38%～48%，平均值为 41.5%，符合页岩气开采的指数，具有较好的可压裂性（谭旭航等，2017）。

2) 储集空间类型

对桂中坳陷塘丁组泥页岩的 20 个样品进行扫描电镜薄片观察分析（图 3.2.11），结果表明塘丁组储集空间类型主要包括以下几种（谭旭航等，2017）。

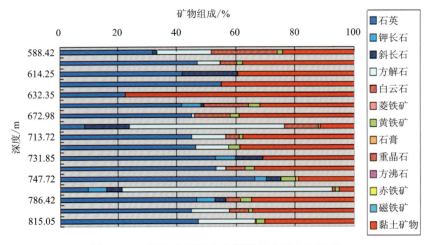

图 3.2.9 GY1 井下泥盆统泥页岩岩石矿物组成

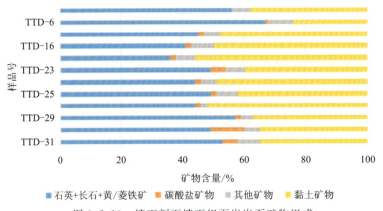

图 3.2.10 塘丁剖面塘丁组页岩岩石矿物组成

粒间格架孔(图 3.2.11a、b)：发育于颗粒或晶体之间，如颗粒黄铁矿、自生石英、石膏、方解石等矿物，以粒屑孔最为常见，形态与颗粒外缘一致，多呈三角形。

黏土片孔(图 3.2.11c)：发育于黏土内部之间，由于黏土颗粒与脆性矿物自身抗压实能力的差异导致两者互相接触时发生形变而产生孔隙，或者因压实作用形变产生孔隙。

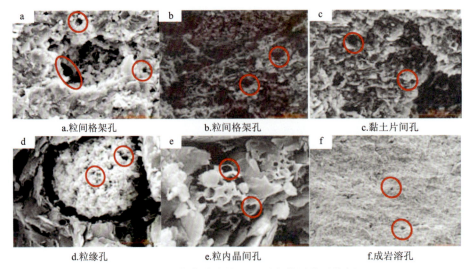

图 3.2.11 桂中坳陷塘丁组页岩储层微观特征

粒缘孔(图3.2.11d):发育于脆性颗粒与包裹在脆性颗粒周围的黏土矿物之间,一般形成于成岩时期,与黏土的脱水作用有关。

莓球状黄铁矿粒内晶间孔(图3.2.11e):发育于莓球状黄铁矿中的黄铁矿晶体之间,一般形成于还原沉积环境中。

成岩溶孔(图3.2.11f):发育于颗粒内部的各类成岩溶蚀作用所形成的孔隙,外形光滑,孔径为纳米级别。

3.2.1.2 中泥盆统

1. 泥页岩厚度特征

中泥盆统罗富组为深水-次深水盆地相沉积,分布范围比下泥盆统塘丁组更广,主要为硅质页岩、灰黑色泥页岩、碳质页岩。黑—灰黑色泥页岩分布于坳陷中西部的天峨—南丹—河池—忻城—马山一带,厚度一般为50~600m。在坳陷中南部以合山—忻城为中心,具有中间厚度大、四周厚度小的特点,中心厚度可达500~600m,往象州—来宾地区厚度逐渐减薄(图3.2.12)。

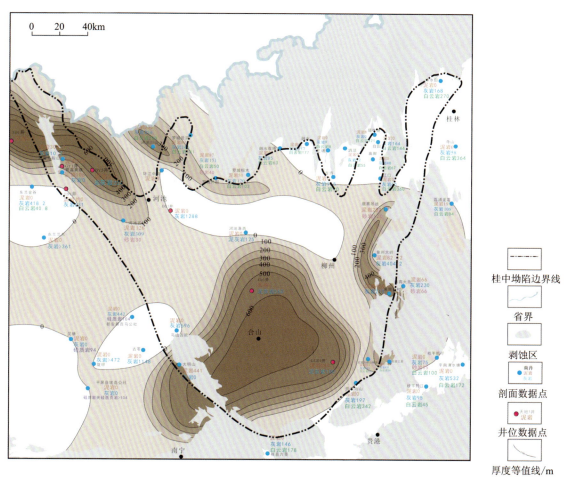

图3.2.12 桂中坳陷及周缘中泥盆统罗富组泥页岩等厚图

2. 沉积相展布特征

罗富组岩性主要为一套黑色钙质泥岩、碳质泥岩夹泥灰岩及少量砂岩的地层,富含竹节石、浮游介形类、腕足类及三叶虫等化石。局部碳质富集成薄层状或透镜状碳质层,含硅质、粉砂质结核或条带等,泥岩中发育微细水平层理,偶见粉末浸染状黄铁矿和粒状黄铁矿分散于泥岩中。地质时代为中泥盆世吉维特期,属盆地相沉积,反映盆地静水缺氧沉积环境。上部以中—厚层碳质泥岩为主,含少量硅质岩和硅质泥岩,夹少量砂岩及少量含磷凝灰质含砾泥岩、凝灰岩,具较丰富的竹节石及少量的浮游介形类、薄壳腕足类、层孔虫、双壳类及三叶虫等生物化石,尤以竹节石居多,局部可富集成竹节石层;中部为中—厚层碳质泥岩夹一层灰岩透镜体、局部碳质富集层;下部以薄层碳质泥岩为主。中下部含竹节石及三叶虫等。与上覆榴江组和下伏塘丁组呈整合接触(图 3.2.13)。

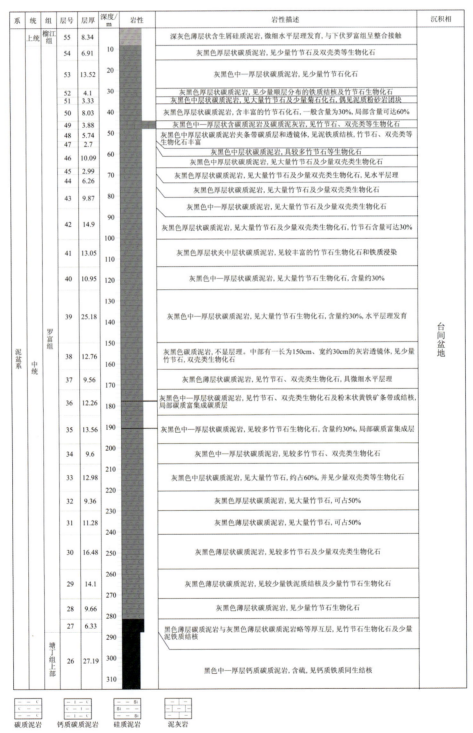

图 3.2.13　南丹县吴隘镇同贡村罗富组剖面柱状图

1) 连井剖面对比沉积相分析

根据暗色泥页岩的分布,在桂中坳陷选取了1条连井剖面进行纵横向沉积相划分和对比,深入分析沉积特征。结合深水盆地的分布特点以及岩性特征,选取了同贡剖面、北香剖面、五圩剖面、伱潘剖面共4条剖面进行沉积相的划分和对比,从而研究其在南丹-都安-上林断裂带沉积相纵横向上的展布规律。

该剖面是自北西向南东,贯穿丹池盆地,延伸至上林坳陷结束,依次经过同贡剖面、北香剖面、五圩剖面、伱潘剖面4条剖面(图3.2.14)。

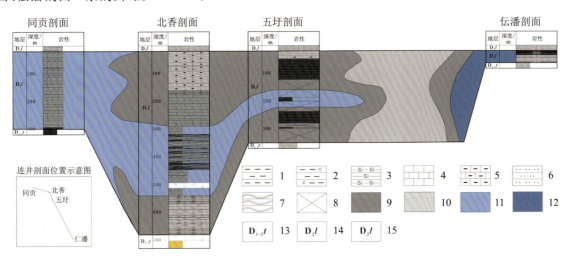

1.泥岩;2.碳质泥岩;3.硅质页岩;4.灰岩;5.燧石灰岩;6.粉砂岩;7.板岩;8.浮土;9.台缘斜坡相;10.开阔台地灰岩潮坪;
11.碎屑台盆;12.硅质台盆;13.塘丁组;14.罗富组;15.榴江组

图3.2.14 同贡-北香-五圩-伱潘连井剖面沉积相图

在同贡剖面罗富组厚约280m,岩性主要为碳质泥岩;北香剖面罗富组厚约660m,下部岩性主要为薄—中层泥晶灰岩,中部岩性主要以泥岩为主,夹粉砂岩,局部泥岩热变质为板岩,上部岩性主要为微晶灰岩、燧石灰岩,与同贡剖面相比,灰岩含量明显增多,代表着沉积水深变浅;五圩剖面罗富组厚约330m,岩性与北香剖面相似,但岩组厚度较小,泥质含量的减少和灰岩中燧石夹层的降低代表着沉积水深进一步变浅;伱潘剖面位于上林坳陷,与丹池盆地间间隔着巴马-都安台地,为两个不相连的深水台盆,剖面上罗富组厚度仅45m,岩性主要为硅质页岩夹少量灰岩,与丹池盆地的罗富组相比,陆源碎屑物质明显较少,厚度亦相差悬殊。

2) 沉积相展布特征

罗富组在广西主要分布于桂西、桂西北地区以及桂中上林一带,可分为碎屑台盆相沉积和硅质台盆相沉积,前者靠近古陆,陆源物质供给充足,地层厚度较大,岩性主要以含碳泥岩、泥岩、泥灰岩、微晶灰岩为主;后者远离古陆,陆源物质供给较少,地层厚度较小,岩性主要以泥岩、硅质岩为主。

罗富组对应时限为吉维特期。历经艾菲尔期局部小海退后,至吉维特期海水再次入侵。南古陆古隆起退缩至环江—三江一线以北,近古陆融安—龙胜—兴安一带沉积了唐家湾组半局限-局限台地相白云岩、鸟眼灰岩;次深海台盆及台沟内仍为深水相沉积,所不同的是丹池盆地内陆源物质供给充足,沉积环境有利于碳酸盐结晶析出,沉积物主要以暗色灰岩、泥岩夹少量硅质岩为主,形成碎屑台盆沉积环境,而在上林坳陷内陆源物质供给较少,沉积环境不利于碳酸盐结晶析出,沉积物主要以硅质岩为主,夹少量泥岩、泥灰岩,形成硅质台盆沉积环境(图3.2.15)。

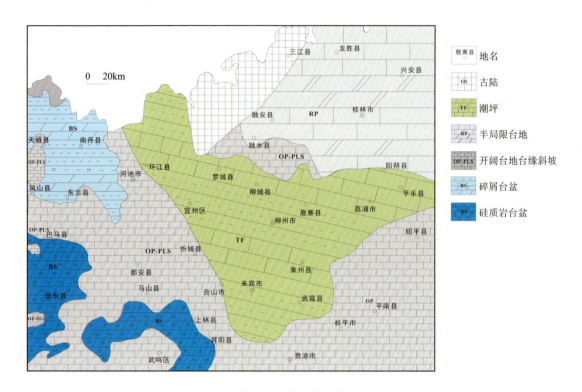

图 3.2.15　桂中坳陷及周缘吉维特期岩相古地理图

3. 有机质地球化学特征

桂中坳陷及周缘中泥盆统页岩有机质类型从Ⅰ型到Ⅲ型都有(图 3.2.16)。各类型的分布范围基本上符合桂中地区各沉积相态分布规律。从南丹—宜州—柳州—象州一带,在中泥盆统以深水相沉积为主,该条带上有机质类型主要为Ⅰ型;南丹—宜州—柳州—象州这条深水相北侧,为近陆的斜坡相或滨岸相,有机质类型以Ⅱ~Ⅲ型为主;南丹—宜州—柳州—象州这条深水相南侧,为台缘斜坡-台地相,水体为半深水—浅水,有机质类型以Ⅱ$_1$、Ⅱ$_2$型为主,局部可以见到Ⅲ型。桂中坳陷中部都安县—合山市一带以台地相为主,有机质类型以Ⅱ型为主。到马山—上林—宾阳一线西南部,小范围的深水相区,有机质类型以Ⅰ型为主。其中南丹地区以南丹大厂剖面为代表,干酪根显微组分以腐泥组和壳质组为主,两者含量占绝对优势,为59.3%~87.7%,而镜质组含量仅为12.0%~40.7%,壳质组含量几乎为零,总体表现为Ⅱ$_1$型有机质(表 3.2.2)。干酪根碳同位素值为−27.54‰~−24.74‰,同样偏轻,表现为Ⅱ$_1$型有机质,与干酪根镜鉴结果一致(陈义才等,2019)。

页岩的 TOC 含量受沉积环境影响较大,在空间上存在较大的非均质性,在深水或半深水相区相对较高,在浅水区相对较低。如在南丹县南部、象州县西部及上林县附近,均为深水相区,TOC 相对较高。天峨县—南丹县—河池市一带,TOC 一般在 0.5%~3.5% 之间,最高可以达 4.74%,杨锐(2012)通过采取南丹的样品研究表明,TOC 为 0.53%~4.74%,平均为 3.14%,大于 2.0% 的样品占 85.7%,大于 3.0% 的样品占 57.1%,广西地调院通过对南丹罗富剖面采样研究认为,TOC 最高可达 4.48%,平均为 3.23%,与上述调查结果基本一致(图 3.2.17);南丹地区桂页 1 井罗富组 TOC 为 0.23%~3.96%,平均为 1.44%(苑坤,2017);柳州市—象州县—武宣县一带中泥盆统上部 TOC 一般超过 1.0%,最高可达 4.07%,平均在 1.60% 左右;在桂中坳陷南部上林地区,TOC 一般为 0.5~3.0%,最高可达 6.32%,平均为 1.57%。在桂中坳陷中部都安县—合山市一带,TOC 一般在 0.5~1.0% 之间(图 3.2.18)。

3 广西地区页岩气建造期成藏地质条件

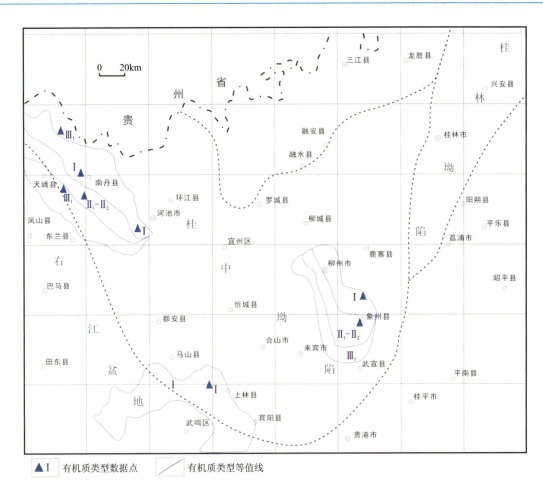

图 3.2.16 桂中坳陷及周缘中泥盆统泥页岩有机质类型分布图

表 3.2.2 南丹大厂剖面中泥盆统罗富组烃源岩干酪根显微组分及有机质类型

地区	层位	岩性	显微组分/%				类型指数	类型
			腐泥组	壳质组	镜质组	惰质组		
南丹	$D_2 l$	灰黑色泥岩	60.0	0.0	40.0	0.0	30.0	$Ⅱ_2$
			69.3	0.0	30.3	0.3	46.3	$Ⅱ_1$
			75.3	0.0	24.0	0.7	56.6	$Ⅱ_1$
			59.3	0.0	40.7	0.0	28.8	$Ⅱ_2$
			81.7	0.0	18.3	0.0	68	$Ⅱ_1$
			83.0	0.0	17.0	0.0	70.3	$Ⅱ_1$
			83.3	0.0	16.3	0.3	70.8	$Ⅱ_1$
			60.0	0.0	39.0	1.0	29.8	$Ⅱ_2$
			71.0	0.0	28.3	0.7	49.1	$Ⅱ_1$
			80.3	0.0	19.3	0.3	65.5	$Ⅱ_1$
			87.7	0.0	12.0	0.3	78.4	$Ⅱ_1$
			75.3	0.0	24.0	0.7	56.6	$Ⅱ_1$
			85.3	0.0	14.0	0.3	74.5	$Ⅱ_1$

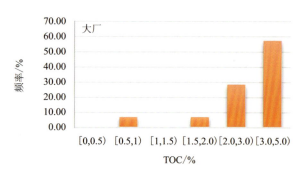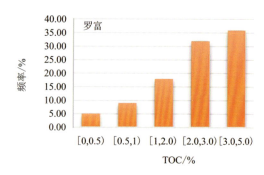

图 3.2.17 大厂、罗富剖面罗富组泥页岩 TOC 直方图

桂中坳陷中泥盆统罗富组与下泥盆统塘丁组泥页岩镜质体反射率(R_o)差别不大,一般在 3.0%~4.0%之间(表 3.2.3)。因受构造或火成岩的影响,会导致局部地区 R_o 超过 4.0%。如南丹巴定及南丹车河—大厂一带,其 R_o 平均值大于 4.0%,甚至超过了 4.5%,可能受隐伏岩体及南丹-昆仑关大断裂影响所致;南丹罗富地区 R_o 平均值为 3.58%,桂页 1 井为 2.18%~2.83%,平均值为 2.56%,南丹吾隘镇天地 2 井 3.08%~3.81%,平均为 3.5%;环江地区 R_o 平均值约 3.0%;上林西燕一带 R_o 平均值为 4.37%,这与南丹-昆仑关大断裂及宾阳地区的昆仑关岩体影响有关,往外 R_o 值降低,镇圩一带为 3.04%;象州地区 R_o 值为 3.77%~4.24%,平均值为 3.92%;来宾地区桂来地 1 井 R_o 为 3.26%~5.46%,平均值为 4.19%,可能与柳州-来宾断裂及寺山乡附近隐伏岩体的影响有关;桂中 1 井 R_o 为 2.35%~2.95%,平均值为 2.63%。以上测试结果表明中泥盆统页岩 R_o 高值分别以南丹大厂—车河、上林西燕、来宾-象州一带为中心,R_o 异常高值一般与隐伏岩体或构造大断裂相关,其余地带 R_o 一般小于 3.0%,但总体上均表现出热演化程度较高的特征(图 3.2.19)。

表 3.2.3 桂中坳陷及周缘中泥盆统页岩 TOC 及 R_o 值统计表

地区	TOC 最小值/%	TOC 最大值/%	TOC 平均值/%	R_o 平均值/%	样品个数	数据来源
南丹罗富	2.43	4.48	3.23	3.58	5	广西壮族自治区地质调查院实测
南丹巴定井	0.22	0.76	0.44	4.57	7	广西壮族自治区地质调查院实测
南丹吾隘镇天地 2 井	0.43	3.32	1.98	3.5	10	广西壮族自治区地质调查院实测
桂页 1 井	0.23	3.96	1.44	2.56		苑坤等,2017
南丹车河	0.35	1.95	1.07	4.03	5	中国地质大学(北京)
河池五圩	0.4	1.08	0.67	3.99	4	广西壮族自治区地质调查院实测
上林	0.41	6.32	1.57	4.37	11	广西壮族自治区地质调查院实测
桂来地 1 井	0.11	8.66	0.95	4.19	68	广西壮族自治区地质调查院实测
象州	0.52	4.07	1.6	3.92	10	广西壮族自治区地质调查院实测
桂中 1 井			<0.5	2.63		

3 广西地区页岩气建造期成藏地质条件

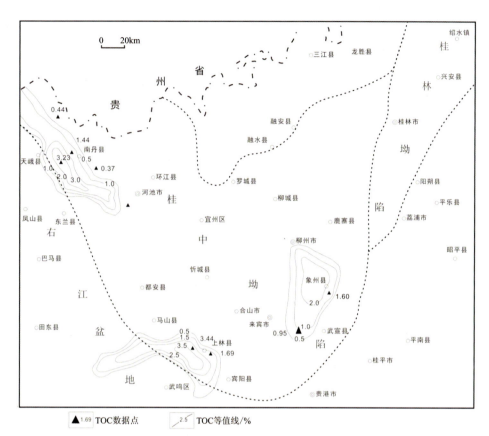

图 3.2.18 桂中坳陷及周缘中泥盆统泥页岩 TOC 等值线图

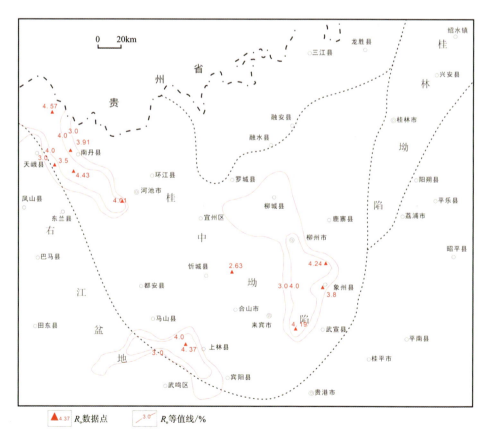

图 3.2.19 桂中坳陷及周缘中泥盆统泥页岩 R_o 等值线图

4. 储层条件

根据 GLD 1 井和 TD(天地)2 井中泥盆统罗富组全岩 X 衍射分析数据(图 3.2.20),泥页岩矿物中脆性矿物含量为 43%～87%,平均为 60%;黏土矿物含量 13%～57%,平均为 40%;整体而言,中泥盆统罗富组脆性指数高于下泥盆统塘丁组,更有利于工程压裂。

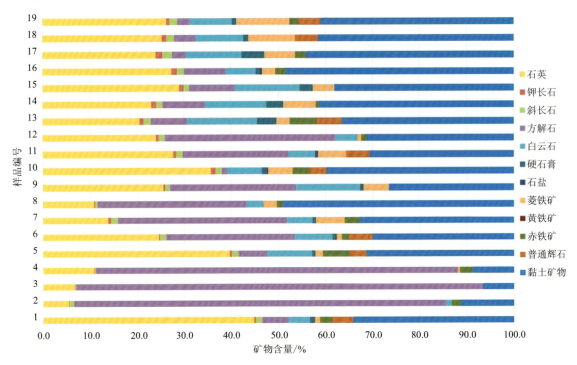

图 3.2.20 GLD 1 井和 TD 2 井中泥盆统罗富组页岩岩石矿物组成(据张子亚等,2019)

中泥盆罗富组黑色泥页岩孔隙度范围为 0.86%～20.99%,平均为 4.05%;渗透率范围为 $(0.0011\sim0.0212)\times10^{-3}\mu m^2$,平均值为 $0.0053\times10^{-3}\mu m^2$(表 3.2.4)。

根据地质调查 GLD 1 井和 TD 2 井中泥盆统罗富组泥页岩岩心样的氩离子抛光扫描电镜观察分析

表 3.2.4 中泥盆统罗富组黑色泥页岩储集物性特征

岩样编号	岩性	岩石密度/(g·cm^{-3})	孔隙度/%	渗透率/($\times10^{-3}\mu m^2$)
D6569-org-1	碳质泥岩		1.37	0.021 2
D9004-org-1	碳质泥页岩	2.70	2.26	0.002 6
PM017-org-5	碳质泥岩	2.68	20.99	0.001 5
SL01-02	泥岩		3.05	0.005 4
SL01-14	泥岩		0.92	0.001 1
SL01-50	泥岩		0.86	0.001 5
SL01-78	碳质泥岩		3.13	0.002 0
SL01-79	碳质泥岩		2.66	0.002 2
TD2-4	钙质泥岩		1.55	0.001 7
TD2-14	钙质泥岩		2.97	0.016 7
ND01-23	泥岩		2.97	0.002 0

(图3.2.21),发现桂中坳陷中泥盆统罗富组主要发育以下4种孔隙类型。

有机质孔(图3.2.21a~c):单个有机质孔以圆形为主,相邻气孔间彼此连通,有椭圆、条状等其他不规则形状,它们是由于多个气孔破裂后连通后形成的,孔径为纳米级别。

黏土层间孔(图3.2.21d~f)与粒内溶蚀孔(图3.2.21e~g)发育较为普遍,连通性好,残余原生孔(图3.2.21h、i)发育较少。

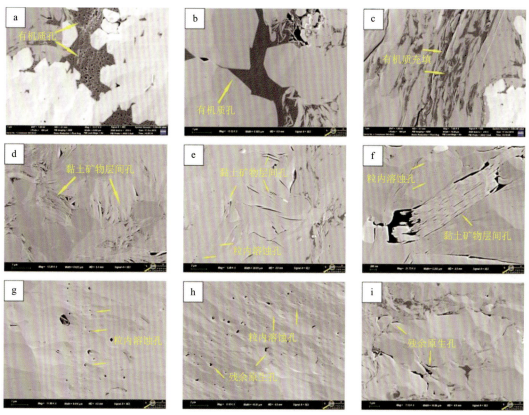

图3.2.21 桂中坳陷GLD 1井和GTD 2井中泥盆统罗富组页岩孔隙发育特征

5. 盖层条件

桂中坳陷南丹—河池和南宁武鸣—上林—宾阳一带,对罗富组页岩气具有封盖能力的地层有上泥盆统五指山组的扁豆状灰岩、下石炭统鹿寨组的泥页岩和巴平组(黄金组)灰岩、上石炭统和二叠系、三叠系的灰岩层。根据南丹—天峨附近的天地1井、天地2井、桂页1井、丹页2井钻遇的地层(表3.2.5),区域上分布比较稳定的盖层有五指山的灰岩和鹿寨组的泥页岩,总厚度为189~481m。此外,天地1井、天地2井位置靠近残余向斜核部,使得该区域罗富组上部残留有巴平组和南丹组两套灰岩盖层,起到局部封盖的作用,总体厚度为270~334m。桂页1井、丹页2井靠近背斜核部,罗富组上部盖层剥蚀减薄,页岩气因缺乏有效盖层遮挡而很快逸散。因此,在南丹西部一带、侧岭乡、河池镇—九圩镇一带、南宁—上林一带的残余向斜内罗富组上部覆盖层序较完整,有上泥盆统、石炭系、二叠系和三叠系地层,盖层条件较好。

3.2.1.3 下石炭统

1. 泥页岩厚度特征

下石炭统鹿寨组泥页岩在全区呈条带状分布,为台盆相、深水陆棚相暗色碳质页岩、硅质页岩、碳质泥岩,具有良好的生烃条件,其中桂西北地区沿天峨—南丹—河池—宜州一线展布,厚度为50～500m,桂中—桂东地区沿忻城—合山—柳州—鹿寨一线展布,厚度为100～400m。桂中坳陷与南盘江坳陷鹿寨组具有相似性,暗色泥页岩稳定发育在鹿寨组中下部(图3.2.22)。

表 3.2.5　桂西—桂西北地区部分页岩气地质调查井钻遇地层参数统计表

田地1井		天地1井		天地2井		桂页1井		丹页2井	
层/组	厚度/m	层/组	厚度/m	层/组	厚度/m	层/组	厚度/m	层/组	厚度/m
栖霞组	210	第四系	39.00	第四系	63.10	第四系	28.28	寺门组	40.68
马平组	202	南丹组	172.40	南丹组	247.26	榴江组	290.00	鹿寨组	308
黄龙组	106	巴平组	97.16	巴平组	86.45	罗富组	274.00	五指山组	173
大塘组	46	鹿寨组	108.78	鹿寨组	106.90	纳标组	205.00	榴江组	68.7
五指山组	220	五指山组	80.60	五指山组	193.10	塘丁组	60.00	罗富组	199.8
榴江组	106	榴江组	213.17	榴江组	156.10	益兰组	142.00	塘丁组	>578.3
罗富组	420	罗富组	585.30	罗富组	631.00	那高岭组	>102		
纳标组	93	塘丁组	>172.85	纳标组	>16.32				
塘丁组	>7								

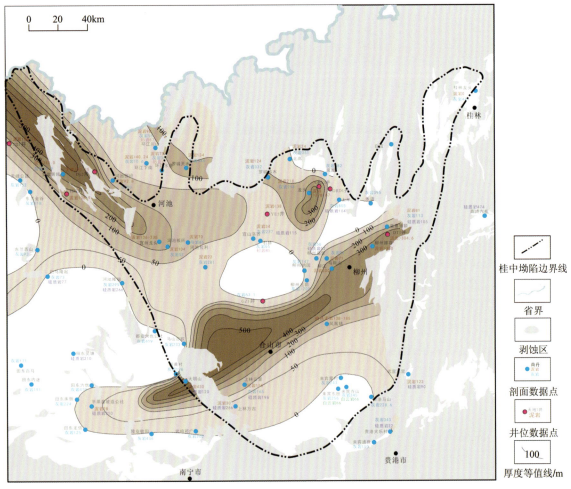

图 3.2.22　桂中坳陷及周缘下石炭统鹿寨组泥页岩等厚图

2. 沉积相分布特征

1）典型剖面

开展单井相分析，是进行沉积相研究的基础。本次研究基干剖面的选取是按照出露好、组段全、组段界线清楚、构造简单、前人工作基础好、布局合理、有代表性的原则进行的，对完钻目的层的井剖面进行单井相精细研究描述。根据单井相的分析结果，由点到线，确定主要的沉积类型。研究过程中选取了3口较为关键的井岩心资料及1条基干剖面进行单井/剖面沉积相分析，包括桂融页1井、桂柳地1井、丹页2井以及鹿寨长盛坳剖面。

（1）桂融页1井完钻井深3305m，开孔层位石炭系罗城组（C_1l），完钻层位寒武系清溪组（ϵ_1q），下石炭统鹿寨组一段钻遇富有机质泥页岩，视厚度288.5m（1 345.00~1 633.50m），暗色泥页岩累计厚度278.67m，其中单层暗色泥页岩最大厚度达70m，富有机质优质页岩甜点段连续厚度43m，主要岩性为灰黑色灰质页岩和黑色碳质页岩（图3.2.23）。

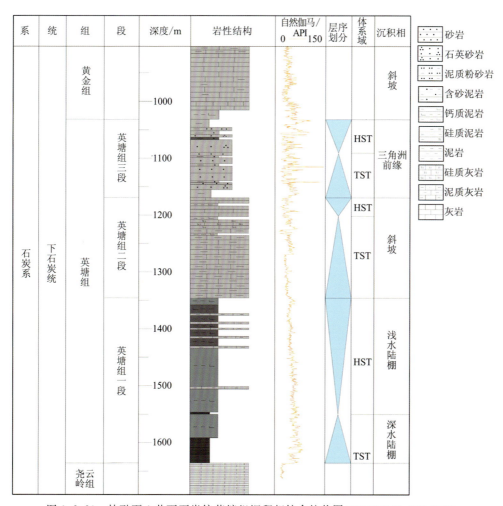

图3.2.23 桂融页1井下石炭统英塘组沉积相综合柱状图（据覃英伦等，2020修改）

（2）桂柳地1井位于广西柳州市鱼峰区雒容镇东塘村，东塘1井南西约1.5km处，井深2 004.80m，开口为罗城组砂岩，钻遇寺门组、黄金组、鹿寨组、五指山组（图3.2.24）。

鹿寨组呈三段式分布，上部岩性为灰黑色泥晶灰岩、砾块灰岩、生物屑灰岩，局部夹灰黑色钙质泥岩，中部为灰黑色泥岩与深灰色薄—中层状砂岩互层，下部灰黑色泥晶灰岩夹灰黑色薄—中层硅质岩、硅质灰岩、薄层碳质泥岩、硅质泥岩，局部为生物屑灰岩。钻遇深度1 310.00~1 943.50m，对应垂深861.27~1 260.51m。

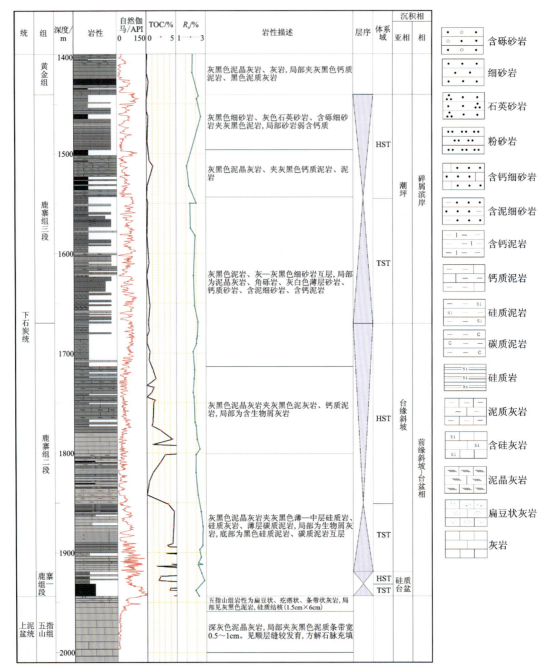

图 3.2.24 桂柳地 1 井下石炭统鹿寨组沉积相综合柱状图

鹿寨组下部为灰黑色硅质岩、硅灰岩夹黑色薄层泥岩,形成于古海洋中水体较深、低能平静的滞流还原环境,为台间盆地相;中—上部为黑色泥岩与深灰色薄—中层砂岩互层,过渡到深灰色泥晶灰岩,氧化和还原环境均有,判定其为过渡段沉积,台地-台缘斜坡相。

(3)丹页 2 井位于广西金城江侧岭乡,鹿寨组根据岩性特征,可划分为 3 段(图 3.2.25)。鹿寨组一段与鹿寨组二段以黑色碳质泥岩、硅质泥岩、泥岩夹薄层灰岩、砾屑灰岩、砂屑灰岩为特征,以浅水陆棚、深水陆棚或斜坡-盆地沉积为主的一套深水沉积序列。

鹿寨组岩性以灰白色石英砂岩、泥岩、粉砂岩以及含砾砂岩为特征,由三角洲前缘-三角洲平原沉积组成,认为是海平面不断下降所形成的一套向上进积的沉积序列。

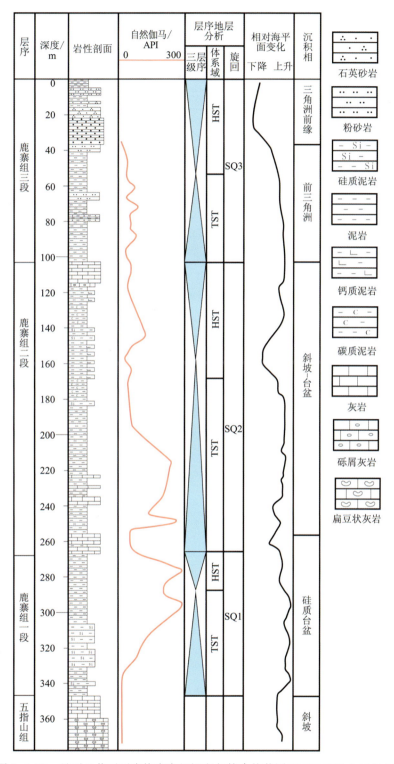

图 3.2.25　丹页 2 井下石炭统鹿寨组沉积相综合柱状图（据罗胜元等，2016 修改）

（4）鹿寨县长盛坳下石炭统鹿寨组剖面位于鹿寨长盛村附近，主要控制层位为下石炭统鹿寨组（$C_1 lz$），地层厚度为137m（图 3.2.26）。该剖面五指山组（$D_3 w$）：灰色薄层扁豆状灰岩，单层厚度约 2cm，该剖面段地层出露厚度约 13.8m。顶部扁豆状灰岩风化淋滤严重，可见大量的溶蚀孔洞以及泥质条带。鹿寨组（$C_1 lz$）：底部以 3.42m 厚的灰黑色薄层硅质岩夹灰黑色薄层硅质泥岩层与五指山组（$D_3 w$）的扁豆状灰岩分界；下部为灰黑色薄层状硅质岩夹薄层硅质泥岩，整体厚度 18m，发育水平层理，从底往上该层碳质含量由少变多、泥质含量由少变多、硅质含量逐渐变少;中上部为深灰色薄层硅质泥岩夹灰黑色薄层硅质泥岩,整层厚约74m。黄金组(C_1h):底部以深灰色薄—中层状泥灰岩与鹿寨组灰黑色硅质泥岩分界。该组下部为深灰色薄—中层状泥灰岩,灰色硅质岩互层及深灰色中层状灰岩夹硅质岩,整层厚度约63m,灰岩的单层厚度由中层变成薄层。结合上述岩性特征与沉积背景分析,鹿寨组主要为台盆沉积环境。

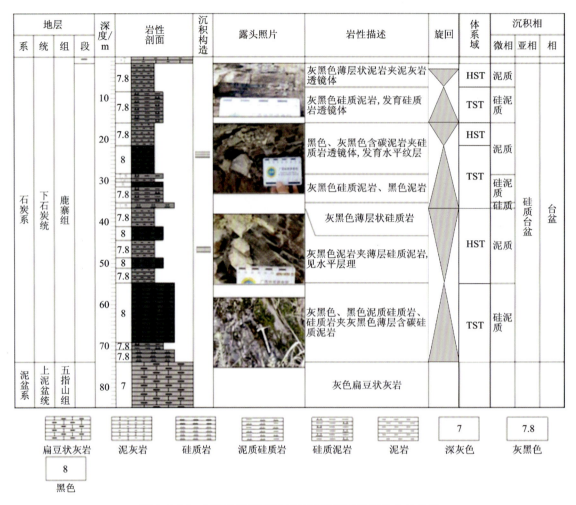

图 3.2.26 鹿寨长盛坳下石炭统鹿寨组沉积相综合柱状图

2)连井剖面对比沉积相分析

下石炭统鹿寨组主要分布于丹池坳陷以及河池-宜州-柳州断裂带的南、北两侧,因此,选取了自北东向南西,从江南古陆西南缘,经环江坳陷,至丹池盆地南缘结束,依次经过后社剖面、才现剖面、上纳剖面、丹页2井、大山塘剖面共5条井或剖面与自北向南,从江南古陆以南,至桂中坳陷东南缘结束,依次经过桂融页1井、中杨剖面、禾道剖面、桂柳地1井、南蛇-碰冲剖面、马鞍山剖面共6条井或剖面,以此解析纵横向上沉积相展布特征。

(1)后社-才现-上纳-丹页2井-大山塘连井剖面沉积相图(图3.2.27)。在后社剖面上朝组(C_1sh)划分为3段,厚约610m,一段岩性总体以细砂岩为主,顶部为泥灰岩,二段下部为细砂岩夹少量泥岩,上部为粉砂岩、泥岩、碳质泥岩,三段下部为细砂岩与泥岩互层,上部为碳质泥岩;才现剖面鹿寨组划分为3段,砂岩比例相对于上朝组有所减少,泥岩、灰岩增多,厚约800m,一段下部为硅质岩、细砂岩,上部为粉砂岩、泥岩、碳质泥岩,二段为泥岩与灰岩互层,三段为粉砂岩、泥岩夹碳质泥岩;上纳剖面为环江坳陷与丹池盆地间的一个小台地,尧云岭组未见底,岩性主要为微晶灰岩,英塘组厚约40m,下部为泥岩,上部为微晶灰岩;丹页 2 井鹿寨组划分为 3 段,鹿寨组三段未见顶,鹿寨组岩性与才现剖面类似,但岩组厚度较小,总厚度大于 330m,一段岩性为碳质泥岩,二段为微晶灰岩、生物屑灰岩夹碳质泥岩,三段下部为碳质泥岩,上部为细砂岩夹泥岩;大山塘剖面位于丹池盆地南部,鹿寨组划分为 3 段,厚约 90m,相对于丹页 2 井岩组厚度明显变小,陆源物质明显减少,一段岩性主要为硅质页岩、碳质泥岩,二段岩性主要为碳质泥岩、微晶灰岩,三段岩性为泥岩。

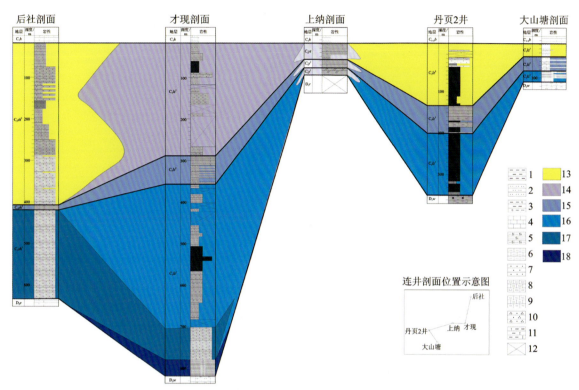

1.泥岩;2.粉砂岩;3.碳质泥岩;4.灰岩;5.硅质页岩;6.泥质灰岩;7.细砂岩;8.扁豆灰岩;9.泥晶灰岩;10.石英砂岩;
11.钙质泥岩;12.浮土;13.三角洲;14.浅水陆棚-斜坡;15.斜坡-半深水陆棚;16.深水陆棚;17.深水浊流沉积;18.台盆相

图 3.2.27 下石炭统鹿寨组后社-才现-上纳-丹页 2 井-大山塘连井剖面沉积相图

(2)桂融页 1 井-中杨-禾道-桂柳地 1 井-南蛇-碰冲-马鞍山连井剖面沉积相图(图 3.2.28)。桂融页 1 井尧云岭组未见底,厚度大于 600m,岩性总体以灰岩为主,次为泥岩,英塘组分为 3 段,厚约 580m,一段为碳质泥岩、泥灰岩,二段为泥灰岩、灰岩夹泥岩,三段为细砂岩夹泥岩;中杨剖面尧云岭组厚约 140m,厚度明显小于桂融页 1 井,岩性主要为含泥灰岩,英塘组分为 2 段,厚约 600m,下段对应桂融页 1 井中英塘组一段,岩性主要为碳质泥岩,次为泥灰岩、粉砂岩夹少量细砂岩,上段对应桂融页 1 井中英塘组二、三段,岩性主要为生物屑灰岩;禾道剖面尧云岭组厚约 420m,岩性主要以微晶灰岩为主,夹泥质灰岩,英塘组分为 2 段,厚约 200m,下段为细砂岩,仅厚约 10m,相对于中杨剖面明显变薄,上段主要为微晶灰岩,夹燧石灰岩及泥灰岩;桂柳地 1 井鹿寨组分为 3 段,厚约 515m,相较于禾道剖面,整体沉积水深略有加深,基底为五指山组,一段岩性主要以泥岩为主,二段岩性主要为微晶灰岩,三段岩性主要为细砂岩、泥岩夹微晶灰岩;南蛇-碰冲剖面鹿寨组分为 3 段,厚约 590m,整体沉积水深持续加深,一段岩性主要以泥岩、硅质页岩为主,夹少量灰岩,二段岩性主要为微晶灰岩,三段岩性主要为硅质页岩夹少量泥岩;马鞍山剖面鹿寨组厚约 20m,沉积水深较深,陆源供给极少,岩性主要为硅质页岩。

3)沉积相展布特征

桂中坳陷及周缘早石炭世杜内早期可分为鹿寨组、尧云岭组-英塘组、上朝组 3 个沉积序列,其中鹿寨组为台盆、台沟、盆地相沉积,分布广泛,在右江盆地、丹池盆地、桂中坳陷、上林坳陷、湘桂海槽皆有分布,可分为碎屑台盆相沉积和硅质台盆相两种沉积环境,前者靠近江南古陆,陆源物质供给充足,地层厚

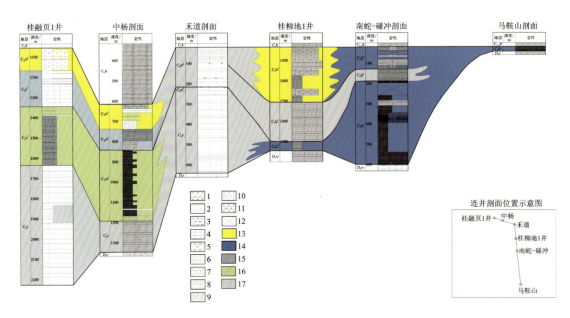

1.泥岩;2.粉砂岩;3.碳质泥岩;4.灰岩;5.硅质页岩;6.泥质灰岩;7.细砂岩;8.扁豆灰岩;9.泥晶灰岩;10.石英砂岩;
11.钙质泥岩;12.浮土;13.三角洲;14.硅质台盆;15.斜坡-半深水陆棚;16.深水陆棚;17.开阔台地

图 3.2.28 桂融页1井-中杨-禾道-桂柳地1井-南蛇-碰冲-马鞍山剖面连井剖面沉积相图

度较大,岩性主要以含碳泥岩、泥岩、泥灰岩、微晶灰岩为主;后者远离古陆,陆源物质供给较少,地层厚度较小,岩性主要以泥岩、碳质泥岩、硅质岩为主;尧云岭组、英塘组为滨岸沉积,主要分布于江南古陆南缘南丹—河池—罗城—柳城—桂林一带,相带宽广,从陆向海又可进一步划分出滨岸碎屑、滨岸潮坪、浅海陆棚、陆缘斜坡等沉积亚相,岩性主要以细砂岩、粉砂岩、泥岩、碳质泥岩、泥灰岩、微晶灰岩、燧石灰岩为主;上朝组为三角洲沉积,主要分布于环江西北部,自东北向西南呈扇形分布,岩性主要以细砂岩为主,夹少量泥岩、碳质泥岩。

杜内早期(图 3.2.29)全区经历了大规模的海侵,伴随着海侵、陆块自西南向东北进一步裂解,桂中宜州—忻城一带在晚泥盆世碳酸盐岩台地沉积的基础上裂解,进入深水台盆相沉积,此时深水台盆、台沟相沉积范围包括丹池盆地、环江浅凹、桂中坳陷、上林坳陷、湘桂海槽以及右江盆地等,深水沉积相带皆划分为鹿寨组,此时鹿寨组严重缺少陆源物质供给,沉积缓慢,沉积厚度较小,岩层很薄,沉积物主要以硅质岩为主,为饥饿段沉积;南部浅水台地相区受海侵影响,沉积水深逐渐加深,隆安组下部主要为斜坡相的薄—中层微晶灰岩夹薄层、条带状硅质岩、泥岩。桂北地区此时主要以尧云岭组微晶灰岩、泥灰岩夹泥岩沉积为主,局部夹白云岩,受海侵影响不大。随后,江南古陆迅速抬升并剥蚀,向海盆输入了大量的陆源碎屑物质,该套碎屑岩在深水台盆、台沟相区覆于底部硅质岩之上,皆划入鹿寨组一段。鹿寨组沉积相受陆源物质供给影响横向变化很大,深水沉积相区北缘靠近陆源一侧,陆源物质供给充足,沉积物主要以泥岩、硅质岩、碳质泥岩、粉砂岩为主,局部夹少量灰岩。岩组厚度较大(此为广西早石炭世页岩气有利目标层之一),远离古陆陆源物质匮乏,沉积物主要以硅质页岩为主,夹少量泥岩,沉积厚度较小,据此可进一步划分为碎屑台盆和硅质台盆两个亚相。伴随着江南古陆的隆起及剥蚀,陆源物质供给充足,在尧云岭组灰岩之上沉积了英塘组一段,桂北地区由半局限碳酸盐岩台地向滨岸碎屑、滨岸潮坪、浅水陆棚、陆缘斜坡沉积环境转变。伴随着陆源物质的注入,海盆也由北向南逐渐挤压缩小,英塘组自北向南总体为一宽缓斜坡,岩性主要为泥岩、泥灰岩、碳质泥岩夹灰岩、粉砂岩等(此为广西早石炭世页岩气有利目标层之二)。南部浅水台地相区依旧为隆安组斜坡相沉积,在环江西北部上朝一带有小块三角洲相区朝海盆一侧呈扇形分布。

杜内中期(图 3.2.30)全区经历了短暂的海退,构造活动相对稳定,江南古陆剥蚀停止,全区主要以

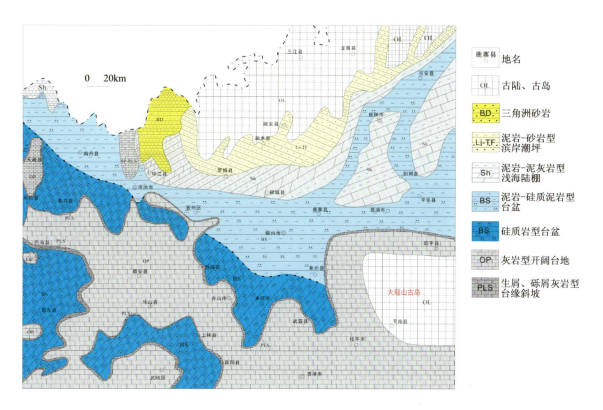

图 3.2.29 桂中坳陷及周缘早石炭世杜内早期岩相古地理图

碳酸盐岩沉积为主。桂北地区主要以英塘组二段开阔台地相沉积为主,岩性主要为微晶灰岩、泥灰岩夹少量泥岩,桂中坳陷深水沉积相区北部在杜内早期深水相泥岩、硅质岩沉积的基础上逐渐充填抬升,向浅海陆棚、斜坡相演化,沉积了鹿寨组二段泥岩、微晶灰岩、泥灰岩;深水沉积相区分布明显缩小,向南挤压,主要分布于南丹—河池—宜州—忻城一线以南,主要体现为该区鹿寨组二段中未夹有一套数米至数10m厚灰岩。桂中坳陷南部浅水台地相区为隆安组开阔台地相灰岩沉积;环江西北部上朝一带为三角洲相沉积,分布面积缩小。

杜内晚期(图 3.2.31)全区经历了新一轮海侵,深水沉积相区明显变大,江南古陆开始新一轮的抬升和剥蚀,古地理格局与杜内早期相似。不同的是,在南丹、环江、罗城—融水—柳州一带英塘组三段和鹿寨组三段中皆发现了一套三角洲相砂岩扇沉积,其中英塘组三段在罗城—融水一带岩性主要为细粒石英砂岩、粉砂岩、泥岩、泥灰岩,鹿寨组三段在南丹、环江、柳州一带岩性主要为细粒石英砂岩、粉砂岩、硅质岩、泥岩;桂中坳陷南部浅水台地相区为隆安组开阔台地相灰岩沉积;另外,深水沉积相区分布范围略有缩小,主要体现在桂中坳陷北缘的南移,具体表现为环江—宜州—柳州一线深水沉积序列鹿寨组的上部向滨岸沉积序列的黄金组演化。

3. 有机地球化学特征

桂中坳陷及周缘下石炭统鹿寨组有机质Ⅰ~Ⅲ型均有发育,以Ⅰ型、Ⅱ$_1$~Ⅱ$_2$型为主,少量为Ⅲ型(图 3.2.32)。天峨—河池—宜州—柳州—桂林一线,沉积相以台沟相为主,有机质类型为Ⅰ型;天峨—河池—宜州—柳州—桂林一线北侧,为浅水或半浅水的滨岸潮坪相区,有机质类型为以Ⅱ$_1$、Ⅱ$_2$型为主,局部可见Ⅲ型,再向北至江南古陆,为滨岸碎屑岩相,有机质类型为Ⅱ$_2$~Ⅲ型。天峨—河池—宜州—柳州—桂林一线南侧多为台地相,除马山—上林—宾阳西南小面积深相区有机质类型为Ⅰ型外,其他地区有机质类型以Ⅱ型为主,其中,柳州—象州—武宣一带有机质类型为Ⅱ$_1$、Ⅱ$_2$型。右江盆地百色—巴马一带,有机质类型以Ⅰ型为主。

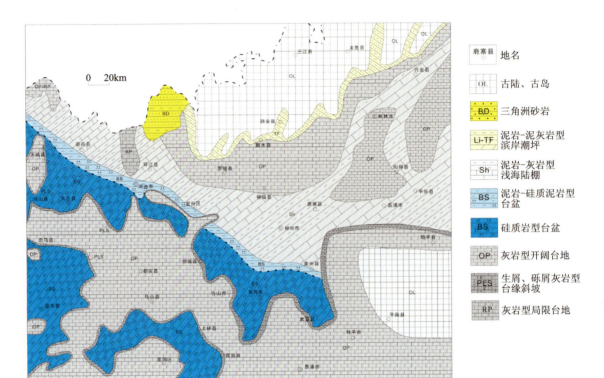

图 3.2.30　桂中坳陷及周缘早石炭世杜内中期岩相古地理图

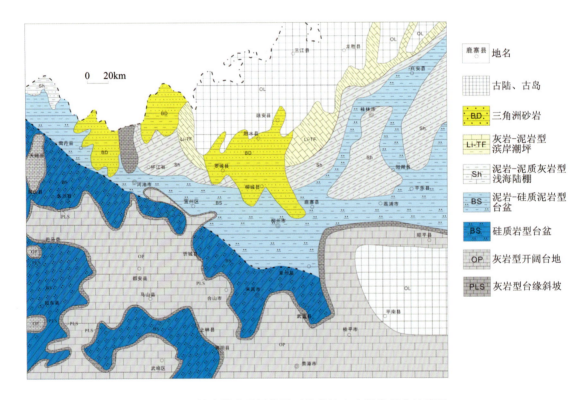

图 3.2.31　桂中坳陷及周缘早石炭世杜内晚期岩相古地理图

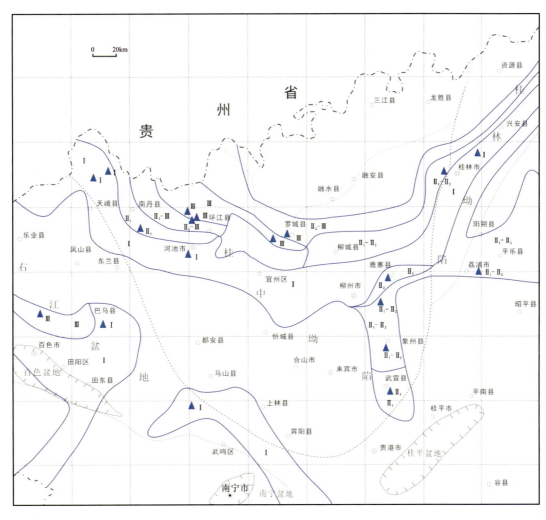

图 3.2.32　桂中坳陷及周缘下石炭统鹿寨组有机质类型分布图

钻井岩心和露头样品测试结果均显示桂中坳陷及周缘鹿寨组页岩具有较高的有机碳含量(TOC)为 0.17%～10.80%(平均 2.39%),主要集中于 0.5%～4.0%,约占总数的 80.71%,TOC 大于 2%的约占 40.61%。按不同岩性的 TOC 进行统计分析(图 3.2.33),研究发现桂中坳陷富有机质烃源岩类型主要为碳质泥岩(TOC 平均 3.63%)和硅质泥岩(TOC 平均 3.85%),其次为黑色泥岩、钙质泥岩、硅质岩、泥灰岩、粉砂质泥岩、深灰色灰岩,TOC 一般小于 1%,其中深灰色灰岩 TOC 最低。

不同钻孔显示 TOC 具有非均值性(图 3.2.34,表 3.2.6),丹页 2 井 TOC 为 0.47%～9.50%(平均值 3.08%),桂柳地 1 井鹿寨组一段、二段 TOC 为 0.27%～10.08%(平均 3.28%),桂融页 1 井鹿寨组 TOC 为 0.43%～6.53%(平均 1.63%)。不同地区来看,总体表现为多个 TOC 高值区域,包括南丹、环江、宜州、柳城、鹿寨—象州、上林、巴马—田东等地区,与半深水-深水沉积相展布基本一致,其中南丹、环江地区离物源区相对较近,其泥岩沉积厚度大,TOC 相对较高。天峨—南丹—河池—宜州—柳城一线,TOC 一般在 2.0%～3.5%之间,最高可达 10.8%,平均约为 2.8%,南丹六寨地区平均为 3.16%,南丹—环江地区总体平均值为 2.14%,丹页 2 井显示 TOC 处于 0.47%～9.5%之间,平均 3.08%,自上而下 TOC 具有逐渐增高的趋势(图 3.2.35),宜州地区平均为 1.88%;桂融页 1 井显示鹿寨组页岩TOC 为 0.43%～6.35%,桂林—鹿寨—来宾一带 TOC 一般超 2.0%,最高可达 4.5%,平均为 3.6%,

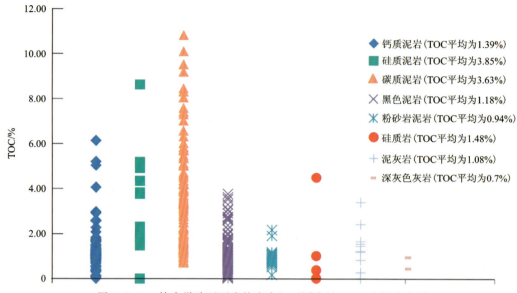

图 3.2.33 桂中坳陷下石炭统鹿寨组不同岩性 TOC 含量分布图

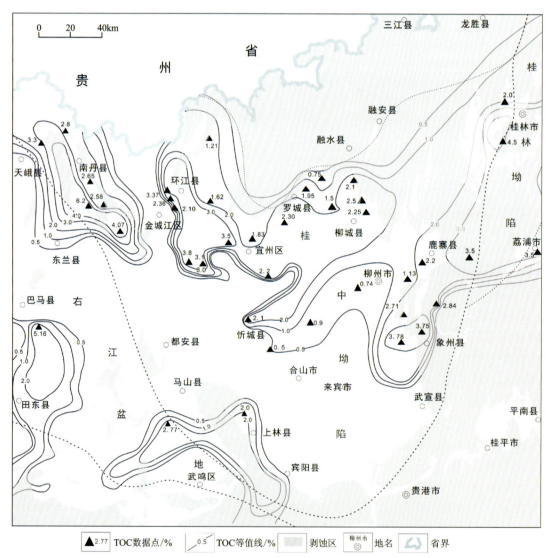

图 3.2.34 桂中坳陷及周缘下石炭统鹿寨组 TOC 等值线分布图

其中桂林地区平均为 2.65%,荔浦地区平均为 2.11%,鹿寨地区平均为 3.16%;象州地区平均为 2.53%;马山—上林—宾阳一带,TOC 一般在 2.0% 左右。在桂中坳陷中部都安县—合山市一带,TOC 含量较低,一般在 1.0% 以下。巴马—田东一带,下石炭统 TOC 一般在 0.5%～3.8% 之间,平均为 2.6%,最高可达 5.16%。

表 3.2.6 桂中坳陷及周缘下石炭统页岩 TOC 及 R_o 值统计表

地区	TOC/%			R_o/%			样品个数	数据来源
	最小值	最大值	平均值	最小值	最大值	平均值		
南丹六寨	1.33	10.19	3.16	4.42	4.71	4.6	15	广西壮族自治区地质调查院
南丹—环江	0.17	10.8	2.14	2.6	4.63	4.02	145	广西壮族自治区地质调查院
罗城地区	0.26	2.01	1.18	2.18	4.35	3.23	18	广西壮族自治区地质调查院
宜州地区	0.47	3.6	1.88	2.05	4.44	2.88	15	广西壮族自治区地质调查院
桂林地区	0.89	3.9	2.65	2.18	4.35	3.37	11	广西壮族自治区地质调查院
鹿寨地区	0.83	10.08	3.16	1.42	2.86	2.34		广西壮族自治区地质调查院
荔浦地区	0.18	3.96	2.11	2.06	2.66	2.48	4	广西壮族自治区地质调查院
象州地区	0.26	5.74	2.53	1.62	3.59	2.98	46	广西壮族自治区地质调查院
东塘 1 井	0.42	1.34	0.98	1.82	2.13	1.97	83	广西壮族自治区地质调查院
百色—巴马	0.5	3.8	2.6	2.27	3.51	2.98		广西壮族自治区地质调查院
桂柳地 1 井	0.49	10.08	3.28	1.42	2.86	2.18	101	广西壮族自治区地质调查院
桂融页 1 井	0.43	6.53	1.63	2.35	2.77	2.62		覃英伦,2022
环页 1 井	0.66	2.14	1.34	2.59	3.36	3.03	26	毛佩筱,2018
丹页 2 井	0.47	9.5	3.08	热解显示过成熟			38	罗胜元,2016

注:"/"代表样品个数不清。

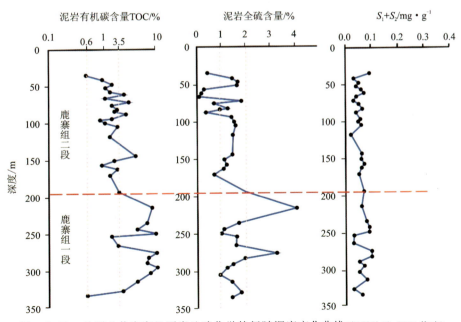

图 3.2.35 丹页 2 井鹿寨组页岩地球化学特征随深度变化曲线(据罗胜元,2016 修改)

下石炭统鹿寨组有机质成熟度总体较适中(图3.2.36,表3.2.6),镜质体反射率(R_o)一般为2.0%~3.0%,仅天峨—南丹—环江一带、罗城局部地带及桂林局部地带页岩R_o值较高,一般大于3.0%,总体呈现为西北高、东南低的特点。从不同地区来看,南丹六寨页岩R_o为4.42%~4.71%,平均值为4.6%;南丹—环江一带页岩R_o为2.92%~4.63%,平均值为4.02%;罗城地区页岩R_o为2.18%~4.35%,平均值为3.23%;宜州地区页岩R_o为2.05%~4.44%,平均值为2.88%;桂林地区页岩R_o为2.18%~4.35%,平均值为3.37%;荔浦地区页岩R_o为2.06%~2.66%,平均值为2.48%;鹿寨地区页岩R_o为1.42%~2.86%,平均值为2.34%;象州地区页岩R_o为1.62%~3.59%,平均值为2.98%。各典型钻孔如东塘1井、桂柳地1井、桂融页1井、环页1井、丹页2井数据与平面分布的数值一致。

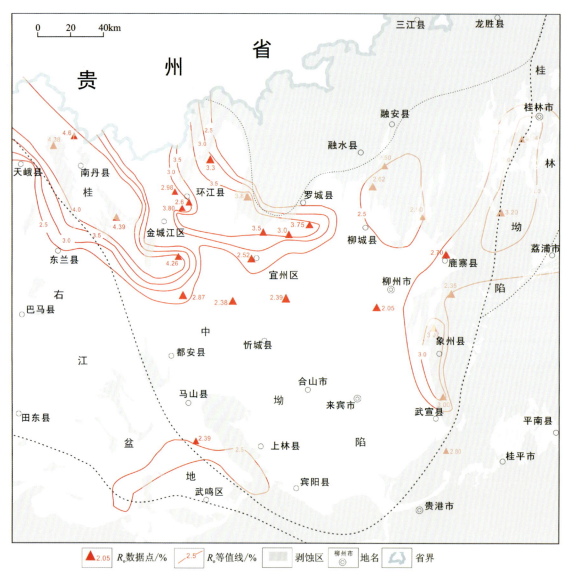

图3.2.36 桂中坳陷及周缘下石炭统鹿寨组R_o等值线分布图

4. 储层条件

1) 矿物学特征

在下石炭统鹿寨组(C_1lz)页岩岩石矿物组成中(图3.2.37、图3.2.38),黏土矿物含量较高,介于30%~70%之间,平均值为60%;石英含量为6.4%~80.5%,平均值为25.6%;长石含量0.8%~6.5%,平均值为2.5%;脆性矿物含量相对较低。

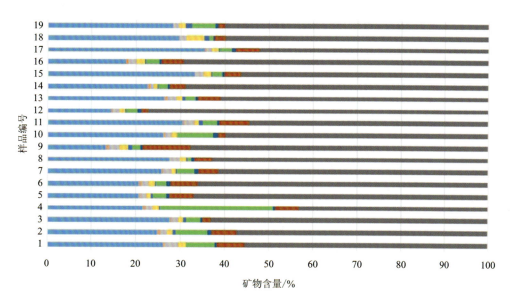

图 3.2.37　DT 1 井下石炭统鹿寨组页岩岩石矿物组成(部分样品)

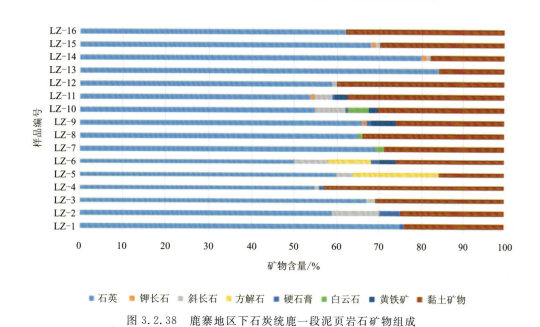

图 3.2.38　鹿寨地区下石炭统鹿一段泥页岩石矿物组成

根据 DY(丹页)2 井下石炭统鹿寨组页岩岩石矿物成分数据(图 3.2.39),其脆性矿物含量高,介于 35%～75%之间,脆性指数较高,与北美 Barnett 页岩和焦页 1 井页岩相似。

2)孔渗特征

从现有的数据来看(表 3.2.7),下石炭统鹿寨组页岩孔隙度范围在 0.92%～12.06%之间,平均值为 7.49%;渗透率范围为 $(0.0011 \sim 0.5848) \times 10^{-3} \mu m^2$,平均值为 $0.043 \times 10^{-3} \mu m^2$。

通过对桂中坳陷及周缘地区野外剖面样品进行氩离子抛光扫描电镜观察分析,发现下石炭统鹿寨组泥页岩储集空间类型主要有有机质孔、矿物粒间孔、晶间孔、裂缝等。

前 3 种储集空间类型与泥盆统部分类型一致(图 3.2.40a～c)。裂缝根据裂缝宽度与页岩孔径的关系又可分为显裂缝和微裂缝,根据野外剖面样品的电镜观察发现微裂缝在下石炭统鹿寨组较为发育,多

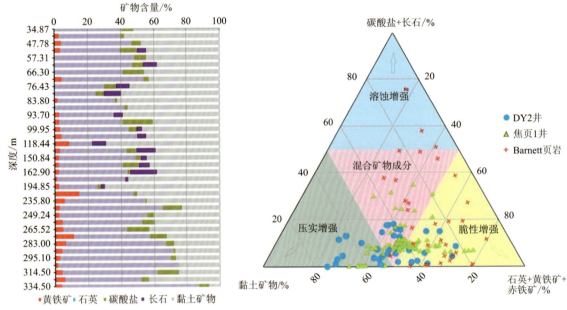

图 3.2.39　DY 2 井下石炭统鹿寨组页岩岩石矿物组成成分特征

表 3.2.7　下石炭统鹿寨组页岩储集物性特征

岩样编号	岩性	孔隙度/%	渗透率/($\times 10^{-3}\mu m^2$)
pm01-23-w-1	硅质泥岩	12.06	0.014 6
pm01-24-w-1	硅质泥岩	8.61	0.000 8
pm01-58-w-1	泥岩	10.97	0.003 1
pm01-64-w-1	硅质泥岩	3.76	0.001 4
pm01-80-org-1	钙质泥岩	14.17	0.584 8
D6562-org-1	碳质泥页岩	6.21	0.003 0
HJ01-2	泥岩	8.92	0.008 5
HJ01-15	泥岩	8.54	0.005 3
HJ01-32	泥岩	7.65	0.003 9
HJ01-50	泥岩	5.50	0.003 1
HJ01-58	泥岩	8.59	0.004 5
HJ01-71	泥岩	2.71	0.002 1
ND02-19	碳质泥岩	0.92	0.001 1
PM21-17-org-1	硅质泥岩	6.68	0.005 8
HJ-1	泥岩	7.11	0.003 7

为锯齿状,延伸较好(图 3.2.40d),因此能为页岩气的储集和渗流提供有利条件。野外剖面泥页岩也可见构造裂缝、成岩收缩裂缝、层间页理缝(图 3.2.40e)等宏观裂缝。同时岩心资料中显裂缝也较发育(图 3.2.41),宽度一般为 1~4mm,最大可达 6cm,密度一般为 1~3 条/10cm,斜交裂缝发育,被方解石充填,偶见少量黄铁矿,主要为高角度裂缝,少量低角度裂缝,多呈"X"状、树枝状、网状。

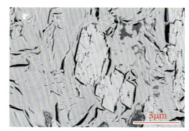
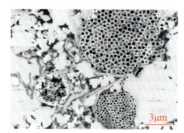
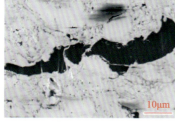

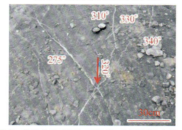

a.宜州峡口剖面，鹿寨组，有机质孔　　b.河池龙头剖面，鹿寨组黏土矿物粒间孔　　c.南丹芒场剖面，鹿寨组，晶间孔

d.宜州峡口剖面，鹿寨组，微裂缝　　e.鹿寨剖面，鹿寨组，层间页理缝　　f.里苗-乔贤构造剖面，石炭系，多期裂缝充填

图 3.2.40　桂中坳陷下石炭统鹿寨组泥页岩储集空间类型及裂缝特征

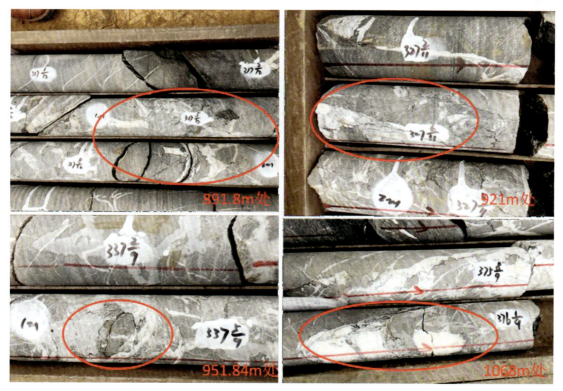

图 3.2.41　GRD(桂融地)1 井下石炭统黄金组岩心裂缝

5. 盖层条件

鹿寨组在南丹—环江地区、罗城—融水地区，越接近残余向斜核部，地层层序越完整，灰岩盖层越厚，如宜页 1 井，上部灰岩盖层可达 3000m(表 3.2.8)；柳城—鹿寨地区的中西部、荔浦地区的中北部发育较厚的中上石炭统、二叠系灰岩，东南部上泥盆统已出露，盖层已被剥蚀殆尽，相对来说柳城—鹿寨地区的中西部、荔浦地区的中北部具有较好的封盖条件。

鹿寨组除了上部有中上石炭统、二叠系和三叠系灰岩地层作为有效盖层，下部也有五指山组(融县组)灰岩作为底板,对页岩气亦有较好的封闭作用。因此,鹿寨组不仅有良好的上覆盖层,还有优越的顶底板条件,有效阻挡了页岩气在垂向上的逸散。

表 3.2.8 宜页 1 井钻遇地层

地层			代号	地震反射层	设计地层		实钻分层数据	
系	统	组			底深/m	厚度/m	底深/m	厚度/m
三叠系	下统	罗楼组	T_1l		195	195	195	181.7
二叠系	上统	大隆组	P_2d		235	40	256	61
		合山组	P_2h		495	260	517	261
	下统	茅口组	P_1m		1255	760	1296	779
		栖霞组	P_1q	TP_1	1605	350	1610	314
石炭系	上统	马平组	C_3m		2105	500	2080	470
	中统	黄龙组	C_2h		2455	350	2400	320
		大埔组	C_2d		2655	200	2640	240
	下统	罗城组	C_1l		2825	170	2828	188
		寺门组	C_1s		2900	75	2838	10
		黄金组	C_1h		3050	150	3 073.91	235.91
		鹿寨组	C_1lz	TC_1	3150	100	3 112.75	38.84
泥盆系	上统	融县组	D_3r		3200	50	3200(未穿)	87.25

据国内外盖层资料调研结果认为,泥岩单层厚度超过 15m 一般可以作为有效直接盖层的下限。鹿寨组在南丹—环江水源—柳州—鹿寨以北和上林一带可分为 3 部分:下部以硅质岩夹碳质泥页岩为主,底部夹一层扁豆状灰岩;中部为灰岩夹硅质岩;上部以砂岩夹泥岩和灰岩为主。其他区域鹿寨组一般分为两部分:上部为硅质岩夹碳质泥岩和灰岩;下部为碳质泥岩夹硅质岩、灰岩和硅质泥岩。总体上鹿寨组暗色泥页岩多为夹层分布于硅质岩或灰岩中,单层厚度一般大于 15m,有效厚度大于 30m,即鹿寨组暗色泥页岩具自生自储的能力,加上灰岩、硅质岩等作为直接顶底板,层内就配置有良好的生储盖组合,因此鹿寨组在广西地区具有很好的封盖条件,特别是在南丹—环江水源—柳州—鹿寨以北和上林一带。

一般认为当突破压力小于 0.5MPa 时(郑德文等,1994),盖层不具备封盖性。通过对桂中坳陷下石炭统鹿寨组岩心样品进行突破压力分析(表 3.2.9),研究区采样突破压力值均大于 2.0MPa,最高可达 17.2MPa。根据郑德文等(1994)以突破压力对盖层进行评价划分等级,下石炭统鹿寨组均为 II 类盖层,具有较好的封盖效果。

表 3.2.9 桂中坳陷下石炭统鹿寨组有机质泥页岩突破压力测试

样品编号	岩性	地层代号	模拟地层围压/MPa	模拟介质	突破压力/MPa
Y190804015	硅质页岩	C_1lz	20	气-水	17.20
Y190966005	硅质岩	C_1lz	20	气-水	4.20
Y190950029	碳质硅质岩	C_1lz	20	气-水	9.46
Y190958018	含钙碳质泥岩	C_1lz	20	气-水	7.47
Y190958029	碳质泥岩	C_1lz	20	气-水	8.67

3.2.1.4 其他层系

1. 寒武系清溪组

桂中坳陷及周缘寒武系清溪组暗色泥页岩主要发育于桂中坳陷北部及桂东北地区。

柳州融水地区浅钻 RS01 井及露头剖面显示清溪组上段岩性主要为含粉砂含钙泥岩、含粉砂泥岩夹泥质微晶灰岩,系统采集了 18 个样品进行测试,结果显示 TOC 范围为 0.58%~1.89%,平均为 1.11%,其中超过 1% 的占比 61%。总烃含量 HC 平均为 16.40×10^{-6}。干酪根同位素 $\delta^{13}C(PDB)$ 为 -26.92‰,有机质类型以 Ⅰ、Ⅱ$_1$ 为主。岩石热解 T_{max} 范围为 388~558℃,平均值为 482℃,镜质体反射率(R_o)范围为 4.34%~5.05%,平均为 4.62%,属于过成熟演化阶段。

桂林全州绍水地区露头剖面显示清溪组上段岩性主要为含粉砂泥质板岩、泥岩,岩性发生变质,系统采集了 7 个泥页岩样品,结果显示 TOC 范围为 0.52%~3.26%,平均为 1.46%,其中超过 1% 的占比 42.86%。有机质类型以 Ⅰ、Ⅱ$_1$ 为主。岩石热解 T_{max} 范围为 344~547℃,平均值为 467℃,镜质体反射率(R_o)范围为 4.03%~4.56%,平均为 4.27%,属于过成熟演化阶段。

全州—兴安—融水一带清溪组有机质泥页岩的全岩和黏土 X 衍射分析结果显示:石英含量为 30%~76.9%,平均含量为 45.6%;钾长石含量非常少,平均含量为 0.45%;斜长石含量为 1.8%~11.8%,平均含量为 6.5%;个别黄铁矿含量较高,最高含量达 3.8%。从区域分布来看,桂林全州到兴安、龙胜一带靠近物源区,石英等脆性矿物含量较高(平均 68%),而柳州融水地区远离物源区,石英等脆性矿物含量相对要低一些(平均含量为 56%),即桂林全州到兴安、龙胜一带的页岩气储层可改造性要优于柳州融水一带。清溪组页岩矿物成分及含量见图 3.2.42。

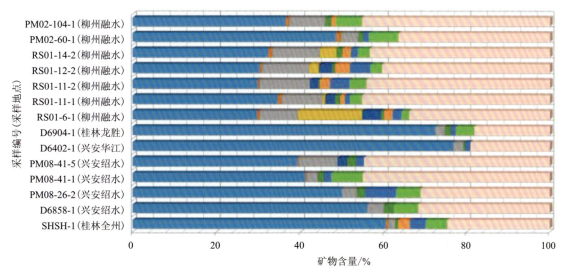

图 3.2.42 清溪组页岩矿物成分及含量

黏土矿物总量为 19%~45.4%,平均含量为 36%,主体是伊利石和伊蒙混层,伊利石含量为 11%~65%,平均含量为 33%;伊蒙混层含量为 13%~89%,平均含量为 39.5%;绿泥石平均含量为 19%,部分样品存在绿蒙混层,含量为 7%~17%;样品中高岭石含量很少,有的样品基本不含高岭石。桂林全州到兴安、龙胜一带靠近物源区,黏土矿物中以伊利石与伊蒙混层占主体地位为特点,而柳州融水地区远离物源区,黏土矿物中以绿泥石、伊利石与伊蒙混层和绿蒙混层占主体地位为特点。清溪组页岩黏土矿物成分及含量见图 3.2.43。

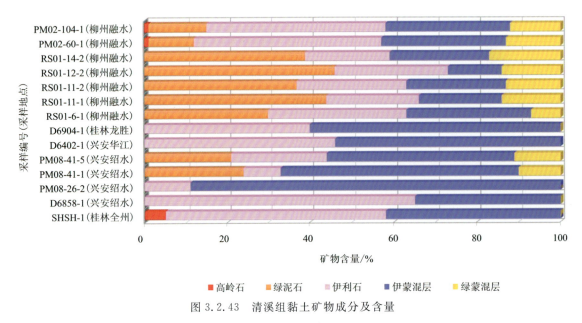

图 3.2.43　清溪组黏土矿物成分及含量

从现有的数据统计来看(表 3.2.10),下寒武统清溪组页岩孔隙度范围在 0.92%～4.26%之间,平均值为 2.29%;渗透率范围为$(0.0013\sim0.0064)\times10^{-3}\mu m^2$,平均值为 $0.0026\times10^{-3}\mu m^2$。

表 3.2.10　下寒武统清溪组页岩储集物性特征

岩样编号	岩性	孔隙度/%	渗透率/$(\times10^{-3}\mu m^2)$
Y181284002	粉砂质泥岩	3.04	0.006 4
Y181284007	泥岩	2.67	0.003 9
Y181284009	泥岩	1.91	0.002 3
Y181284012	泥岩	2.22	0.001 7
Y181284014	泥质粉砂岩	0.92	0.000 9
Y181284019	泥岩	1.98	0.001 8
Y181284022	泥岩	1.31	0.001 3
Y181284025	泥岩	4.26	0.002 7

2. 奥陶系升坪组

奥陶系升坪组主要分布于桂林浅凹,桂林兴安地区浅钻 XA01 揭露升坪组中上部约有 140m 厚的泥页岩,15 个泥页岩样品测试结果显示,岩性主要为含粉砂质泥岩夹泥质硅质岩、泥岩,泥页岩主要分布于该组的上段,TOC 分布范围为 0.01%～1.95%,平均为 1.11%,其中超过 0.5%的占比 80%,超过 1.0%的占比 66.67%;总烃含量平均值为 27.75×10^{-6},泥页岩后期生烃能力有限。有机质类型为Ⅰ型;干酪根同位 $\delta^{13}C(PDB)$ 平均为 $-26.99‰$;镜质体反射率(R_o)范围为 4.38%～4.80%,平均为 4.55%,属于过成熟演化阶段。

以桂林兴安的一口典型的浅钻岩心样品进行分析,如图 3.2.44 所示,升坪组有机质泥页岩矿物成分主要有石英、长石类、菱铁矿、硬石膏和黏土矿物,部分样品含方解石、黄铁矿和白云石。其中石英含量为 19%～63%,平均含量为 38%;钾长石含量非常少,平均含量为 0.5%;斜长石含量为 1.9%～4.8%,平均含量为 3.5%;个别黄铁矿含量较高,最高含量达 5.8%。石英等脆性矿物总含量在 43%左右,低于 50%,作为页岩气储层可压裂改造性不强。

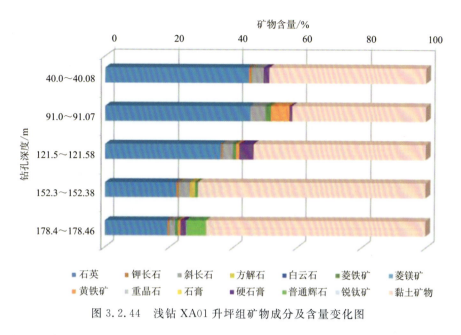

图3.2.44 浅钻XA01升坪组矿物成分及含量变化图

黏土矿物含量较高,如图3.2.45所示,总量在41%~71%之间,平均含量为56.7%,主体是伊利石和伊蒙混层,次为绿泥石和绿蒙混层。伊利石含量为21%~42%,平均含量为28.8%;伊蒙混层含量为21%~53%,平均含量为41%;绿泥石平均含量为23%,绿蒙混层平均含量为7.6%。黏土矿物中不存在高岭石、蒙皂石,含较多伊蒙混层和绿蒙混层,说明黏土矿物转化序列存在伊利石化和绿泥石化,反映泥页岩处于成岩晚期。伊利石和伊蒙混层相比于绿泥石和绿蒙混层具有更大的吸附比表面(唐书恒等,2014),因此升坪组泥页岩中的黏土矿物具有较好的吸附性能。

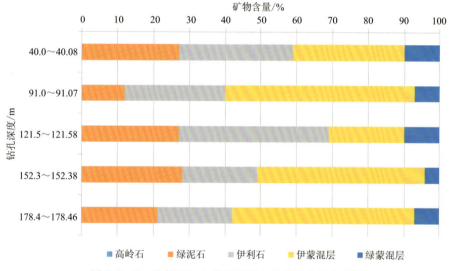

图3.2.45 浅钻XA01升坪组黏土成分及含量变化图

通过普通扫描电镜观察发现,工作区野外剖面中奥陶统升坪组富有机质泥页岩储集空间主要为溶蚀孔、粒间孔、微裂缝以及有机质孔等类型(图3.2.46)。

(1)溶蚀孔。矿物溶蚀孔隙多为长石、石英、黏土等矿物的粒内溶蚀孔,多呈三角形、矩形、椭圆形、圆形或不规则状,孔的外形光滑,连通性较差,孔径一般在纳米级别或者亚微米级别,孔隙内部一般不具有自生矿物(图3.2.46a)。这些微孔隙的存在,为页岩气的游离富集提供了储渗空间。

(2)粒间孔。矿物粒间孔隙多为残余粒间孔隙,形态因压实作用多呈不规则状、狭缝状等,多在层状、片状、板柱状、长柱状刚性矿物和软塑性矿物的边界处分布(图3.2.46b)。

（3）微裂缝。微裂缝较发育，多沿矿物颗粒边缘或颗粒内部发育，许多孔隙呈缝状产出，且具有良好的连通性，可构成天然气在储层中运移的通道，宽度一般仅为几十纳米，长度一般达纳米级（图3.2.46c）。微裂缝是游离态页岩气赋存的主要场所，对页岩气藏的聚集和产出具有重要作用。

（4）有机质孔。单个有机质孔以圆形为主，其次以椭圆形、不规则状和蜂窝状为主，边缘较光滑，轮廓清晰，有些气孔边缘弯曲，有些相邻气孔彼此连通，有些较大的椭圆形、长条形或不规则形气孔由多个气孔破裂连通而成（图3.2.46d）。有机质内偶见裂隙，不完全充填黏土矿物，该类孔隙以纳米级为主，孔隙直径为100～350nm。

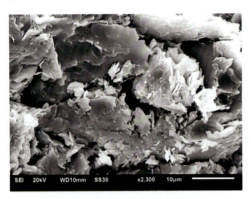
a.Y190503003-5，泥岩，矿物溶蚀孔隙

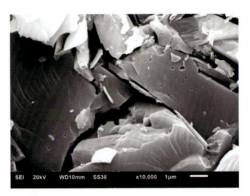
b.Y190503007-5，泥岩，粒间孔隙

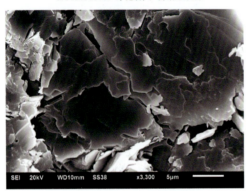
c.Y190503003-5，泥岩，微裂缝

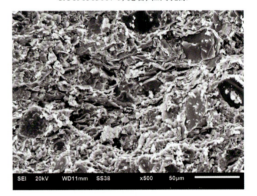
d.Y190503003-1，泥岩，有机质孔

图3.2.46 升坪组页岩氩离子抛光扫描电镜粒间孔隙照片

3.2.2 右江盆地页岩气成藏地质条件

右江盆地处于广西西北部，横跨了南丹、河池、巴马、田林、百色等地，面积约 $6.68\times10^4\,\mathrm{km}^2$，属于晚古生代—中三叠世大陆边缘断陷盆地。盆地周边受构造运动影响强烈，地层结构复杂，但盆地中部受构造运动影响较小，地层相对较稳定。该区晚古生代沉积了多套黑色页岩地层，主要集中于中下泥盆统，同时下石炭统、下三叠统也发育了一定厚度的黑色页岩。

已有的研究成果显示，下泥盆统塘丁组黑色页岩累计厚度超过47m，TOC平均为2.35%，R_o 范围 3.26%～3.59%，处于过成熟阶段；干酪根以Ⅰ型为主、Ⅱ型为辅；其脆性矿物平均含量超过55%；中泥盆统罗富组沉积中心在田林县、百色市阳圩一带，最厚达280m，一般100m。TOC平均为4.44%，R_o 范围 3.47%～3.73%，处于过成熟阶段，干酪根以Ⅰ型为主、Ⅱ型为辅，其脆性矿物平均含量超过68%。右江盆地中泥盆统泥岩孔隙度为3.65%～3.96%，渗透率为$(0.229\sim0.562)\times10^{-3}\,\mu\mathrm{m}^2$。两个层位的页岩都具低孔低渗的特征，层内发育大量的微裂缝，裂缝-微裂缝百分数0.31%～0.59%，具备较好的储集条件。

下石炭统鹿寨组泥页岩的 TOC 高值主要分布于右江盆地的东南部巴马、马山地区的含碳泥质硅质岩、含碳泥岩中,一般大于 2.66%,R_o 值整体小于 3.0%;右江盆地的西部百色阳圩、龙川地区,下石炭统的泥页岩 TOC 较低,整体约为 0.3%,R_o 值相对较高,平均为 3.28%,有机质类型属于 II_1、III_1 型。下三叠统石炮组下段有利的泥岩段岩性为含碳含粉砂泥岩、钙质泥岩及含粉砂钙质泥岩,泥页岩厚度约 45m,TOC 平均为 1.48%,R_o 平均值为 2.93%,有机质类型为 II_1、II_2,脆性矿物含量为 60%。

目前右江盆地的页岩气调查评价工作,除了百色盆地在古近系内实现油气工业化开发外,尚未发现有页岩气显示,而在巴马龙田台地二叠系生物礁灰岩中,发现生物腔体、裂缝充填的沥青,显示了该地区亦具备较好油气地质条件。

3.2.2.1 下石炭统

1. 泥页岩厚度特征

下石炭统暗色泥页岩主要分布于平果、武鸣、百色一带,鹿寨组为灰黑色薄—中层状硅质岩、硅质泥岩、泥质硅质岩夹薄层状泥岩、含锰硅质岩、(含)锰质泥岩,少量薄层状砂屑灰岩透镜体,硅质岩具水平层理,厚度 192~326m。在大新、靖西等地,鹿寨组主要为硅质岩、硅质泥岩和泥岩。在天等、扶绥和邕宁一带,主要为硅质岩夹硅质灰岩,泥岩较少,厚度普遍比桂东北小。在田林县八渡地区,鹿寨组出露不全,岩性主要为灰黑色薄层泥岩、含锰泥岩、硅质岩夹少量粉砂质泥岩、泥灰岩,有大量海底火山喷出岩,厚 109m。在隆林县隆或鹿寨组平行不整合于融县组白云质灰岩之上,岩性为紫红、灰白、灰黄色薄—中层硅质泥岩、硅质岩夹硅质粉砂岩和少量石英砂岩、灰岩透镜体,厚仅 34m(图 3.2.47)。

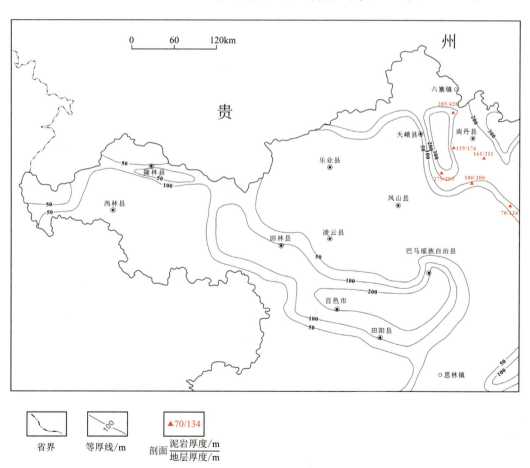

图 3.2.47 右江盆地下石炭统鹿寨组泥页岩等厚图

2. 沉积相特征

1)连井剖面对比沉积相分析

该剖面是右江盆地北西段北西—南东向的一条剖面,从北西—南东向依次经过岩友村、洞弄村、者袍村、六能村、巴马县郊、巴那屯6条剖面(图3.2.48)。

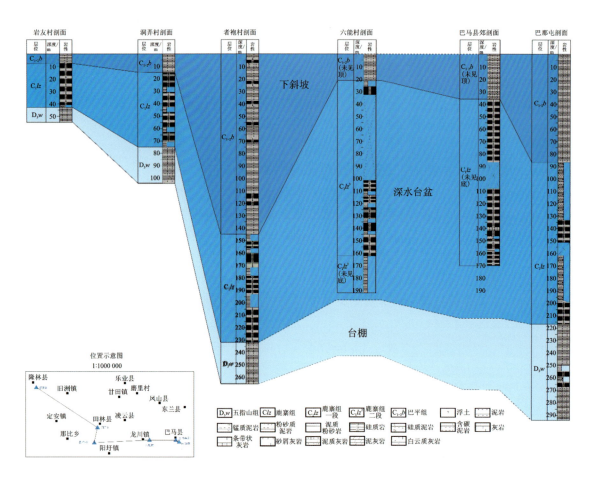

图3.2.48 岩友-洞弄-者袍-六能-巴马县郊-巴那屯连井剖面沉积相对比图

该时期相对海平面处于逐渐升高的阶段,陆源碎屑物质沉积较少,仅在巴马县郊地区一带有少量的粉砂质沉积。右江盆地隆林县岩友村、田林洞弄村、阳圩镇者袍村以及巴马六能村地区以深灰色薄层状硅质岩夹少量泥岩沉积为主,沉积厚度35～200m,自西北到东南方向,鹿寨组沉积厚度逐渐增加,反映出具有充足的可容纳空间,也在一定程度说明水体在不断加深。从该剖面上可以看出龙川镇—巴马县一带硅质岩沉积厚度较大。从沉积相来看,该条剖面从西北至东南逐渐到达盆地中心,表现为深水台盆或台沟,东南部灰岩含量增加,表现为斜坡-台盆的沉积环境。总体来看,呈现出下斜坡—台盆—台缘斜坡的沉积过程。

2)沉积相展布特征

右江盆地早石炭世早期主要为硅质岩-灰岩组合,分布于桂西地区,泥质明显减少,岩性为灰—深灰色薄层硅质岩、硅质页岩、含燧石结核或条带灰岩,夹生物泥晶灰岩、白云质灰岩,局部夹含磷硅质岩、含锰泥岩;发育水平层理、水平微细层理,含碳质、黄铁矿、锰矿及磷矿结核或团块;化石少,以浮游型生物为主,主要有牙形刺、菊石、薄壳小个体腕足类等及少量海百合茎、小型单体珊瑚。隆林—百色等狭长地带出现台沟或深水台盆相。早石炭世早期总体上呈现出台、盆或沟相间的构造格局(图3.2.49)。

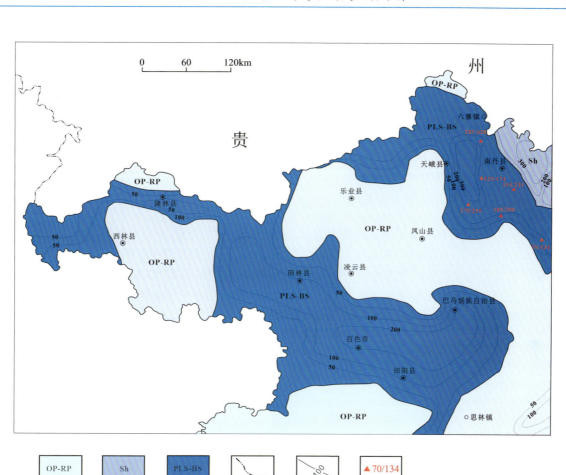

图 3.2.49 右江盆地早石炭世杜内期沉积相图

3. 有机质地球化学特征

百色龙川地区鹿寨组二段的 5 个含泥硅质岩露头样品测试结果显示，TOC 为 0.09%～0.54%，平均为 0.37%，总烃含量 HC 为 $8.05×10^{-6}$，该泥页岩的后期生烃潜力有限；由于干酪根纯度低，实验室未测到镜质体反射率，干酪根的类型在镜下也无法识别。岩石热解数据显示，T_{max} 值为 390～556℃，平均为 485℃，属于高成熟演化阶段。根据测试的干酪根同位素 $\delta^{13}C(PDB)$ 为 $-24.93‰$，依据干酪根的 $\delta^{13}C(‰)$ 与其类型的关系（SY/T 5735—1995）标准划分，有机质类型属于含腐泥的腐植型 $Ⅱ_2$。

百色阳圩地区 TD01 井钻遇鹿寨组地层厚度为 29m（井深范围 523.40～562.10m），岩性以硅质页岩为主，采集了 10 个岩心样品进行测试，结果显示 TOC 为 0.09%～0.85%，平均为 0.20%（图 3.2.50）。总烃含量 HC 为 $(4.26～9.23)×10^{-6}$，平均为 $6.95×10^{-6}$，该泥页岩的后期生烃潜力有限，有机质类型属于 $Ⅱ_1$ 型，镜质体反射率（R_o）范围为 2.96%～3.51%，平均为 3.05%，属于过成熟演化阶段。

巴马县郊地区 ZKBM01 浅钻揭示了鹿寨组中下段的灰黑色薄层（含碳）泥岩、硅质岩，厚度大于 106m，共计采集了 13 个样品进行测试，结果显示 TOC 为 1.71%～10.4%，平均为 5.16%（图 3.2.51）。总烃含量 HC 为 $(8.60～20.68)×10^{-6}$，平均为 $14.54×10^{-6}$，该泥页岩的后期生烃潜力有限；有机质类型以 $Ⅱ_1$ 型为主，局部为 Ⅰ 型；R_o 范围为 2.27%～3.36%，平均为 2.98%，属于过成熟演化阶段。

马山乔利乡地区 ZKMS01 浅钻揭示了鹿寨组下段为深灰色硅质岩、泥质硅质岩，厚度大于 100m，共计采集了 13 个样品进行测试，结果显示 TOC 为 1.50%～4.59%，平均为 2.66%。总烃含量 HC 平

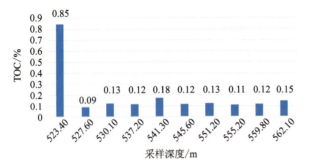

图3.2.50 TD01井鹿寨组TOC分布图

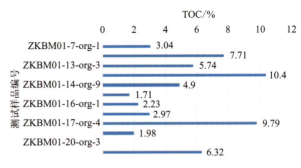

图3.2.51 巴马县郊鹿寨组TOC分布图

均为15.96×10^{-6},该泥页岩的后期生烃潜力有限;有机质类型为Ⅰ型;岩石热解数据显示,T_{max}值平均为542℃,R_o范围为2.00%~3.02%,平均为2.39%,属于高—过成熟演化阶段。

隆林沙梨乡采集的鹿寨组下段的1个硅质岩样品测试结果显示,TOC平均为4.91%,有机质类型为Ⅰ型(图3.2.52),R_o范围为3.34%~3.64%,平均为3.51%,属于过成熟演化阶段。

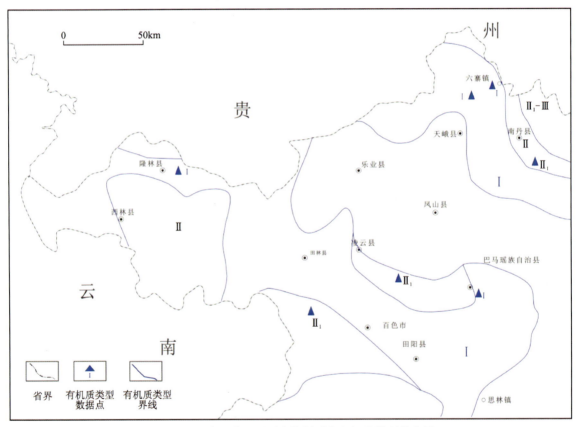

图3.2.52 右江盆地下石炭统泥页岩有机质类型分布图

在百色—河池地区,下石炭统鹿寨组泥页岩的TOC高值主要分布于右江盆地的东南部巴马、马山地区的含碳泥质硅质岩、含碳泥岩中,R_o值整体小于3.0%;在右江盆地的西部百色阳圩、龙川地区,下石炭统的泥页岩TOC较低,R_o值相对较高,平均为3.28%。

从平面分布图可以看出,右江盆地总体上TOC高值主要集中于百色—巴马—田阳一带,沉积中心最高可达5.0%以上(图3.2.53),且富有机页岩分布主要受控于沉积岩相,深水沉积环境一般TOC较高。R_o高值主要集中于百色—田阳一带,最大可达4.0%,往外逐渐降低,大部分地区R_o为3.0%(图3.2.54),且热演化成度主要受控于埋深条件。总体而言,百色—巴马—田阳一带具有较大的生烃潜力。

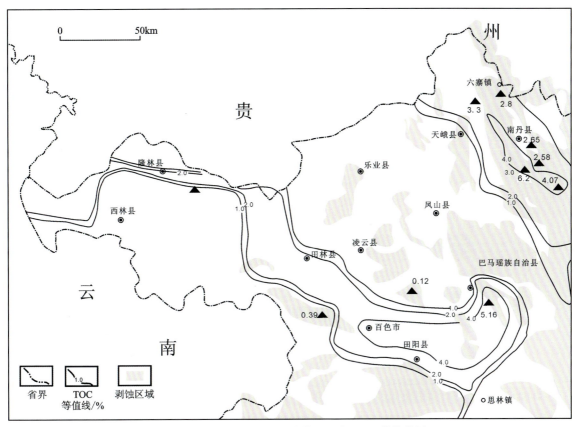

图 3.2.53 右江盆地下石炭统泥页岩 TOC 等值线图

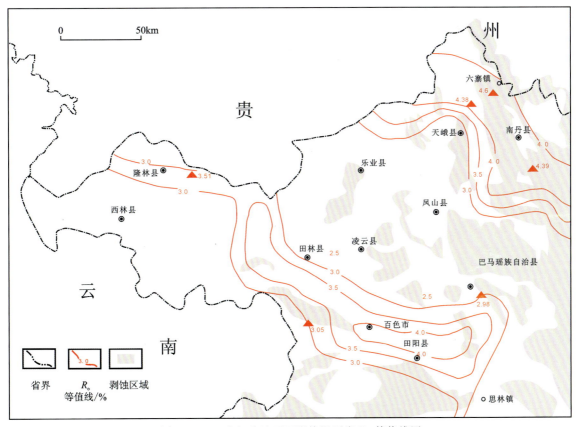

图 3.2.54 右江盆地下石炭统泥页岩 R_o 等值线图

4. 储层条件

对马山乔利乡的一口典型的浅钻岩心样品进行分析,如图3.2.55所示,右江盆地鹿寨组有机质泥页岩矿物成分主要有石英、黏土矿物,部分样品含方解石、黄铁矿。石英含量为51%~94%,平均含量为77%;黄铁矿含量为0.8%~7.3%,平均含量为2.72%,反映了一种低能缺氧的还原沉积环境。石英等脆性矿物含量高,大于50%,有利于页岩气储层后期的压裂改造试气。

黏土矿物含量较低,如图3.2.56所示,总量在9.6%~37.9%之间,平均含量为16.7%,主体是伊利石和伊蒙混层,高岭石含量也较高。高岭石、伊利石和伊蒙混层相比于绿泥石和绿蒙混层具有更大的吸附比表面(唐书恒等,2014),因此鹿寨组泥页岩中的黏土矿物具有较好的吸附性能,但高岭石遇水膨胀的特性,可能会堵塞储层压裂形成的缝网,造成气液渗流不畅。

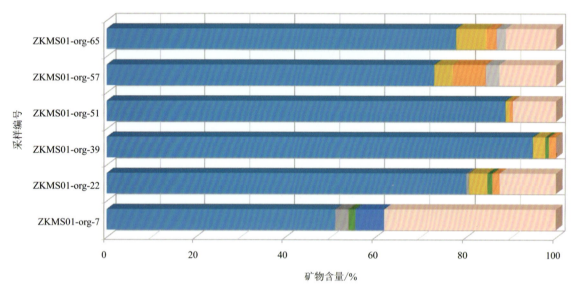

图3.2.55 浅钻MS01鹿寨组矿物成分及含量变化图

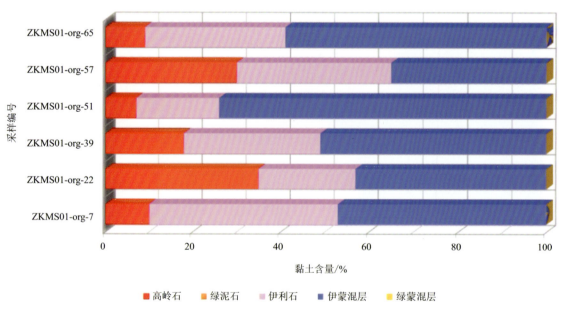

图3.2.56 浅钻MS01鹿寨组黏土成分及含量变化图

巴马地区选择浅钻 ZKBM01，马山地区选择浅钻 ZKMS01 的鹿寨组有机质页岩进行氩离子抛光及扫描电镜，其结果如图 3.2.57、图 3.2.58 所示。巴马地区鹿寨组有机质页岩孔隙发育程度好，主要存在的孔隙类型为矿物溶蚀孔隙和有机质孔隙。矿物溶蚀孔多为硅质粒间、粒内溶蚀孔，孔隙直径为 0.11~9.455μm，多呈三角状、不规则状、缝状。有机质孔隙多为椭圆形、不规则形状，局部发育，见少量黄铁矿晶间孔隙。微裂缝较发育，缝宽 0.082~0.562μm，具有一定的连通性，可为页岩气提供储集空间和渗流通道。

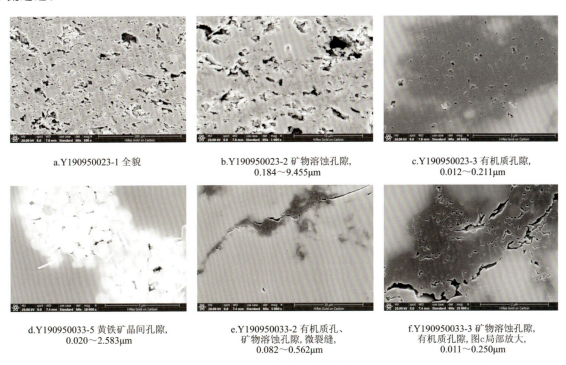

图 3.2.57　巴马地区浅钻 ZKBM01 鹿寨组页岩氩离子抛光扫描电镜典型照片

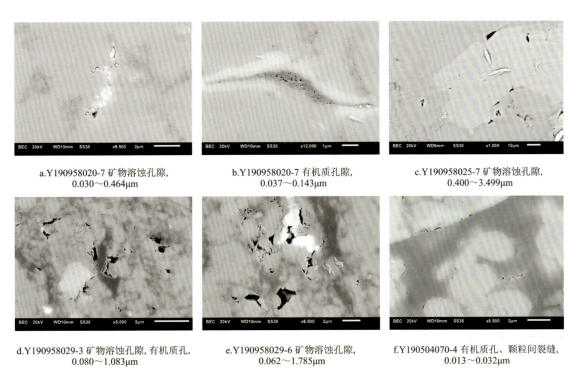

图 3.2.58　马山地区浅钻 ZKMS01 鹿寨组页岩氩离子抛光扫描电镜典型照片

马山地区鹿寨组有机质页岩孔隙发育程度一般,主要存在的孔隙类型为矿物溶蚀孔隙,见少量晶间孔隙及有机质孔隙。矿物溶蚀孔隙多为黄铁矿、石英等矿物的粒内溶蚀孔,多呈矩形、三角形、不规则状、缝状等,连通性较差。黄铁矿晶粒间见少量晶间孔隙。部分有机质颗粒内发育有机质孔隙,多为椭圆形、不规则形状。在矿物颗粒边界发育少量微裂缝,缝宽 $0.020\sim0.040\mu m$。

5. 盖层条件

受区域构造和剥蚀强度差异的影响,鹿寨组在百色—巴马一带上部盖层有巴平组和南丹组的灰岩,以及下三叠统石炮组的泥页岩,石炮组的泥页岩分布范围广,厚度在 $100\sim200m$ 之间,但在残留背斜核部有辉绿岩的侵入,靠近残留背斜区域的盖层封盖效果一般。总体上,鹿寨组上部有中上石炭统、二叠系和三叠系灰岩作为有效盖层,下部有五指山组(融县组)灰岩作为底板,对页岩气有较好的封闭作用。因此,右江盆地鹿寨组即使上覆盖层局部受破坏,但还有优越的顶底板条件,一定程度上阻挡了页岩气在垂向上的逸散。

3.2.2.2 下三叠统

1. 泥页岩厚度特征

石炮组可分为两段:下段主要为泥岩、粉砂质泥岩、含锰质泥岩、凝灰质泥岩、岩屑杂砂岩、粉砂岩、凝灰质砂岩,局部地区夹硅质岩和硅质泥岩;上段为泥质灰岩、泥灰岩夹钙质泥岩或互层,地层总厚 $122\sim777m$(图 3.2.59)。石炮组暗色泥页岩分布于该组的下段,发育 $1\sim4$ 套厚度不等的暗色泥页岩,非常污手,连续厚度 $10\sim55m$;上段有部分暗色泥页岩发育,但只要作为泥灰岩的夹层出现,夹层厚度较薄,轻微污手,含碳量一般,总体暗色泥页岩厚度在 20m 左右。

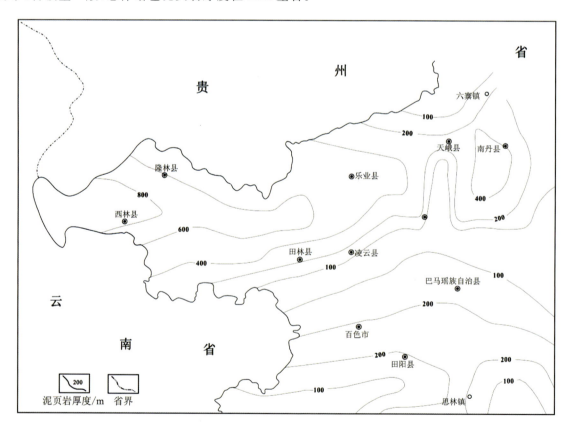

图 3.2.59 右江盆地下三叠统石炮组泥页岩厚度等值线图

巴马县坡汉地区下三叠统石炮组（T_1s）上段为灰色、深灰色薄—中层状泥质灰岩、钙质泥岩、含碳钙质泥岩夹薄层粉砂质泥岩、深灰色薄层状泥灰岩，厚约160m。下段为灰色、深灰色薄层含碳泥岩、硅质泥岩、含凝灰质泥岩、粉砂质泥岩、泥质粉砂岩，底部为一套厚约2.5m的深灰—灰黑色薄层状生物含碳泥岩，生物以双壳类为主，厚度约42m。整体石炮组属斜坡-盆地相沉积。

2. 沉积相展布特征

依据关土聪（1980）沉积环境综合模式并结合广西实际情况，将桂西北坳陷早三叠世岩相单元划分为泥坪相、碳酸盐岩台地相、浅海陆棚相三大相区，进一步再细分为若干亚相带（图3.2.60）。

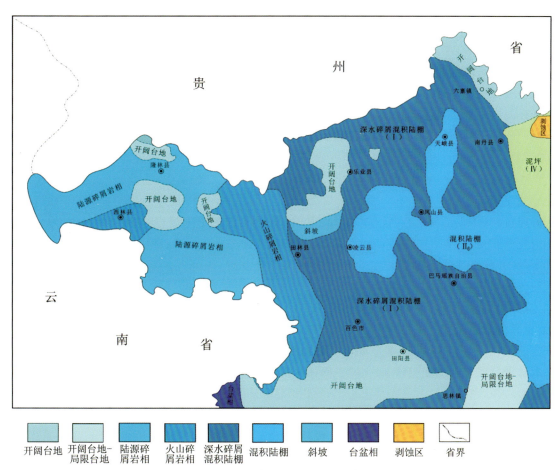

图3.2.60 右江盆地早三叠世岩相古地理图

1）泥坪相（Ⅳ）

泥坪相沿着南丹—河池一带的陆地边缘分布，地层为南洪组。由于海岸带地形起伏不大，波浪作用弱，以潮汐作用为主，水动力条件弱—中等，沉积物横向变化不大，故其岩性为深灰色薄层状泥岩、钙质泥岩，局部夹碳质泥岩，上部偶夹粉砂岩或细砂岩，水平层理发育，含菊石、双壳类化石，为陆地边缘、波浪微弱的半封闭泥坪环境的沉积。

2）碳酸盐岩台地相（Ⅲ）

碳酸盐岩台地相指发育于早三叠世海盆中相对隆起的碳酸盐岩分布区。海域范围为平均海平面至平均浪基面之间的地带，大部分继承晚古生代碳酸盐岩台地的沉积。根据其在地理上相互隔离状况，该相可分为南丹六寨碳酸盐岩台地相（Ⅲ$_1$）、靖西-平果-武鸣碳酸盐岩台地相（Ⅲ$_2$）、隆林桠权碳酸盐岩台地相（Ⅲ$_3$）3个相带。

(1)开阔台地相(Ⅲ₁、Ⅲ₃)。分布于南丹县六寨(Ⅲ₁)和隆林县桠权(Ⅲ₃)一带,地层为罗楼组和北泗组。系台地上水动力较强的潮间至潮下环境。两者岩性相似,故合拼叙述,为浅灰色厚—块状亮晶砂屑灰岩、鲕粒-核形石灰岩、泥晶灰岩、生物碎屑灰岩、藻灰岩,局部夹白云岩。常见水平层理、粒序层理、砂纹层理、交错层理。含较为丰富的双壳类、粗状牙形刺、有孔虫和菊石等化石。

(2)开阔—半局限台地相(Ⅲ₂)。分布于靖西—平果—武鸣一带,地层为罗楼组、马脚岭组、北泗组,发育于台地上水动力较强-循环不畅、盐度从正常至不正常的中—低能环境。岩性以浅灰色厚—块状亮晶砂屑灰岩、鲕粒-核形石灰岩、泥晶灰岩、生物碎屑灰岩为主,次为灰色厚层状白云岩。水平层理发育,偶见鸟眼和窗孔构造。仅见少许藻类、螺和海百合茎等生物碎屑。

3)浅海陆棚相

该相广泛分布于广西中部和西北部地区,是分布范围最广的相区。沉积范围为平均浪基面至氧化还原界面之间的海域,水深20~200m,水域辽阔,波浪作用中等,循环良好。在此环境中,广泛发育硅质碎屑与碳酸盐碎屑的混合沉积作用。混积相的划分:沉积物以碳酸盐岩为主,其他岩石为次要或夹层,称为碳酸盐质混积陆棚;沉积物以碎屑岩为主,其他岩石为次要或夹层,称为碎屑质混积陆棚。以此为标准并结合海底地形、岩性变化、生物组合等因素,可将该相区划分为水下隆起混积陆棚、浅海陆棚相。

(1)水下隆起混积陆棚相(Ⅱ)。它又称为水下潜丘或水下高地陆棚,是在晚古生代孤立的碳酸盐岩台地基础上发展而成的,地层为石炮组和罗楼组。根据其分布的地理位置,该相可划分为隆林县者保(Ⅱ₁)、隆林县德峨(Ⅱ₂)、隆林县隆或(Ⅱ₃)、田林县高龙(Ⅱ₄)、乐业县(Ⅱ₅)、凌云县-凤山县-都安县(Ⅱ₆)6个水下隆起混积陆棚亚相。其中前3者岩性特征相似,故将其合并进行叙述:岩性以灰黑色薄层状泥岩和粉砂岩为主,深灰色薄—中层状泥灰岩、灰岩次之,在剖面上为相互交替呈现,系水下隆起碎屑质混积陆棚亚相;后3者岩性特征亦为相似,故将其合并进行叙述:岩性以深灰色薄—中层状泥灰岩、灰岩为主,次为灰黑色薄层状泥岩,在剖面上为相互交替呈现,局部夹含锰泥岩、含黄铁矿晶体,系水下隆起碳酸盐质混积陆棚亚相;上述2个亚相的岩石中含有丰富的生物化石,主要有菊石,次为双壳、牙形刺、藻类及介形虫,偶见角石和箭石。此相形成于远离陆地、四周被海水包围的水下隆起海域。

(2)浅海陆棚相(Ⅰ)。该相是在晚古生代深水台盆相基础上发展而成的,据岩性可划分为深水碎屑质混积陆棚亚相(Ⅰ₁)和浅水碳酸盐质混积陆棚亚相(Ⅰ₂)。

深水碎屑质混积陆棚亚相(Ⅰ₁):分布于西林—田林—田东一带、那坡县西南部地区和大化县周鹿—武鸣县陆翰一带,其与晚古生代基性火山岩出露区有明显的继承关系,地层为石炮组和罗楼组。因3个地区的岩性相似,故将其合并进行叙述:一般以深灰—黑色薄层状含碳质粉砂质泥岩、粉砂质泥岩(图3.2.61)、泥岩(图3.2.62~图3.2.65)、粉砂岩为主,次为深灰色薄层状泥灰岩、泥晶灰岩,下部夹

图3.2.61 马山地区下三叠统石炮组含碳粉砂质泥岩与粉砂质泥岩

含锰土质泥岩和硅质泥岩,泥岩中常见黄铁矿(图 3.2.66)。在剖面上,两者互层展现。岩性在横向上亦有所变化:田林县八渡—那兄一带以砂岩为主;天峨县龙滩附近以凝灰岩为主;天峨县六坪、那雷,百色市六烟等地底部为凝灰岩;那坡地区夹基性火山岩和枕状玄武岩,水平层理发育(图 3.2.67)。岩石中富含菊石、薄壳双壳、牙形刺等浮游型生物化石,局部地区见放射虫化石。

图 3.2.62 马山周鹿镇下三叠统底部黑色泥岩

图 3.2.63 下三叠统石炮组灰黑—黑色薄层状泥岩(隆或八峰村)

图 3.2.64 下三叠统石炮组灰黑色中层状凝灰质泥岩(吊洞)

图 3.2.65 下三叠统逻楼组下部灰黑色薄层泥岩(那来村)

图 3.2.66　马山周鹿镇下三叠统石炮组泥岩结核状、纹层状黄铁矿

图 3.2.67　马山周鹿镇下三叠统石炮组钙质粉砂岩水平层理

浅水碳酸盐质混积陆棚亚相（I_2）：分布于田林县旧州一带，包括旧州 1 井和贵州省内的双 1 井，地层为罗楼组。岩性以深灰色薄—中层状泥灰岩、泥晶灰岩为主，次为灰黑色薄层状泥岩，在剖面上，两者互层展现。

3. 有机质地化特征

右江盆地下三叠统主要发育石炮组暗色泥页岩，石炮组主要分布于百色、巴马、隆林等地区，平面上，富有机质泥页岩主要分布于百色—巴马一带，沉积中心 TOC 一般大于 3.0%，以百色—巴马、隆林—西林、天峨—南丹一带为中心，其中百色—巴马一带石炮组富有机质泥页岩最为发育。热演化程度主要受控于埋深条件，埋深较大的地方一般热演化程度较高。

巴马地区露头剖面显示下三叠统石炮组（T_1s）：上段为灰色、深灰色薄—中层状泥质灰岩、钙质泥岩、含碳钙质泥岩夹薄层粉砂质泥岩、深灰色薄层状泥灰岩，厚约 160m；下段为灰色、深灰色薄层含碳泥岩、硅质泥岩、含凝灰质泥岩、粉砂质泥岩、泥质粉砂岩，底部为一套厚约 2.5m 的深灰—灰黑色薄层状生物含碳泥岩，生物以双壳类为主，厚约 42m。整体石炮组属斜坡-盆地相相沉积。总体上富有机质泥页岩厚度约 45m，TOC 平均为 1.48%，R_o 平均值为 2.93%，有机质类型为 II_1、II_2（图 3.2.68～图 3.2.70）。ZKBM02 浅钻和实测剖面样品测试结果显示该组的泥页岩主要集中于石炮组的中下段，主要岩性为含碳含粉砂泥岩、含钙泥岩、含碳含硅泥岩，TOC 为 0.01%～3.09%，平均为 1.09%，超过 0.5% 的样品占 84.21%，超过 1% 的样品占比 42.10%，总烃含量 HC 平均为 9.37×10^{-6}。干酪根同位素 $\delta^{13}C$（PDB）平均为 $-25.00‰$，有机质类型为 II_1、II_2，岩石热解 T_{max} 平均为 515℃，R_o 范围为 2.37%～3.21%，平均为 2.91%，属于过成熟演化阶段。

3 广西地区页岩气建造期成藏地质条件

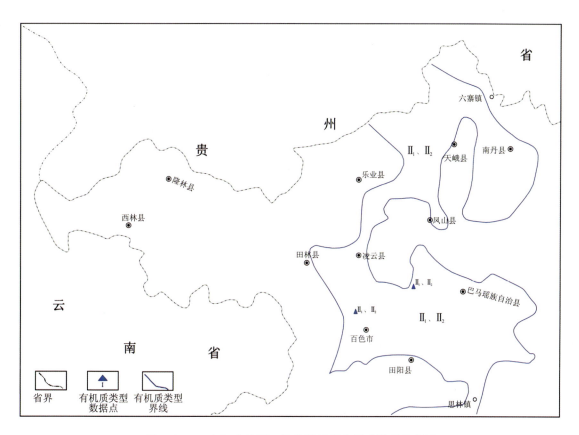

图 3.2.68 右江盆地下三叠统泥页岩有机质类型分布图

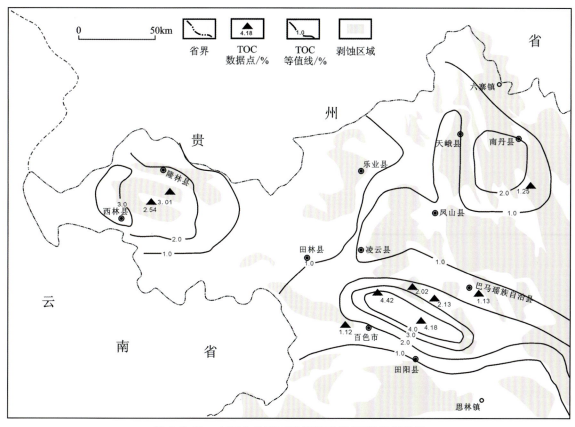

图 3.2.69 右江盆地下三叠统泥页岩 TOC 等值线图

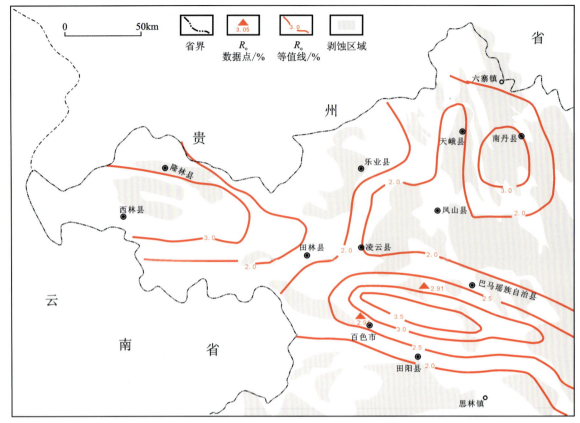

图 3.2.70 右江盆地下三叠统泥页岩 R_o 等值线图

百色地区 11 个剖面样品测试结果显示该组的泥页岩亦主要集中于该组的下段发育，主要岩性为含碳含粉砂泥岩、含钙泥岩、含粉砂钙质泥岩，TOC 为 0.15%～6.77%，平均为 1.48%，超过 0.5% 的样品占 63.63%，超过 1% 的样品占比 45.45%，总烃含量 HC 平均为 12.40×10^{-6}。干酪根同位素 $\delta^{13}C$ (PDB) 平均为 $-24.22‰$，有机质类型为 II_1、II_2，岩石热解峰温 T_{max} 平均为 545℃，R_o 范围为 2.72%～3.26%，平均为 2.93%，属于过成熟演化阶段。

4. 储层条件

巴马西北部地区石炮组泥页岩全岩和黏土 X 衍射分析显示，石炮组含碳的泥页岩层段岩性主要为黑色泥灰岩、含碳泥岩、含碳含硅粉砂质泥岩，矿物组成以石英、斜长石和黏土矿物为主。其中，石英含量为 24%～63%，平均含量为 43%；斜长石含量为 2%～9%，平均含量为 6.3%；黏土矿物含量为 34%～52%，平均含量为 40%；部分样品含少量方解石、菱铁矿、黄铁矿、硬石膏。黏土矿物中，以伊利石和伊蒙混层为主，含少量的绿泥石和绿蒙混层，反映泥页岩处于成岩晚期的早期（图 3.2.71、图 3.2.72）。

从现有的数据统计来看（表 3.2.11），下三叠统石炮组页岩孔隙度范围在 1.16%～3.80% 之间，平均值为 2.16%；渗透率范围为 $(0.0010\sim0.0062)\times10^{-3}\mu m^2$，平均值为 $0.0029\times10^{-3}\mu m^2$。

5. 盖层条件

石炮组大面积分布于百色隆林、西林、田林、那坡、河池巴马，上覆盖层主要为百逢组钙质泥岩，百逢组钙质泥岩厚度变化在 52～400m 之间，是较好的区域盖层。在百色盆地田东县平马镇以东，以及盆地中、西部边缘残留有古近系那读组暗色泥岩，在局部可成为石炮组的遮挡盖层，那读组暗色泥岩厚度在 50～600m 之间。总体上，石炮组上覆有效盖层中等，盖层封盖条件一般。

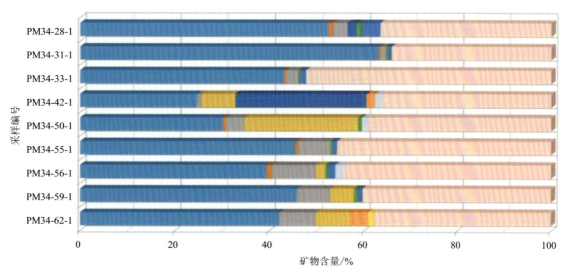

图 3.2.71 巴马西北部地区石炮组矿物成分及含量变化图

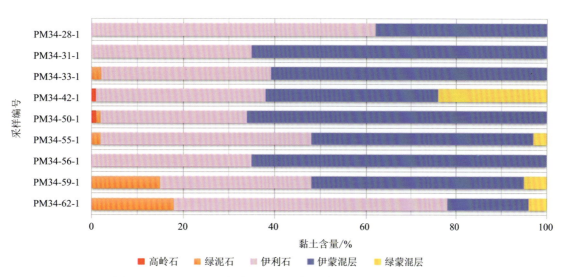

图 3.2.72 巴马西北部坡汉地区石炮组黏土成分及含量变化图

表 3.2.11 下三叠统石炮组页岩储集物性特征

岩样编号	岩性	层位	孔隙度/%	渗透率/($\times 10^{-3} \mu m^2$)
ZKBM02-5-org-6	泥岩	$T_1 s$	3.8	0.0062
ZKBM02-10-org-4	钙质泥岩	$T_1 s$	1.54	0.001
ZKMS02-9-org-1	泥灰岩	$T_1 s$	1.16	0.0015

3.2.3 十万大山盆地页岩气成藏地质条件

十万大山盆地位于桂南沿海，地跨宁明、上思、钦州等地，面积约 $1.3 \times 10^4 \text{km}^2$，属于中、新生代断陷盆地。十万大山盆地南部坳陷带于晚二叠世—早三叠世从西南向北东方向发育较大面积的浅海陆棚相或深水盆地相,沉积了数百米厚的暗色泥岩,暗色细结构碳酸盐岩为较好的烃源岩。目前盆地内调查结果显示,下三叠统石炮组泥质岩 TOC 平均值为 0.658%,超过 0.5% 的样品占 86.66%,有机质类型为 II_1,镜质体反射率(R_o)平均值为 2.30%,脆性矿物含量约 60%。同时,十万大山盆地常规油气显示总计 101 处,产出层位为下三叠统和上二叠统,盆地北部边缘分布众多的油苗和沥青,油苗主要产于下三叠统碳酸盐岩中,占油苗总数的 94.9%,固体沥青主要产于二叠系碳酸盐岩中,占沥青总数的 72.2%(茅口组中最多,占总数的 46.3%)。盆地北缘实施的万参1井,井深 1 873.08m,油、气、沥青显示明显,在井口于技术套管和表层套管的环形空间发现可燃气,经鉴定主要成分为甲烷。综合认为该盆地的油气地质条件较好。

3.2.3.1 下三叠统

1. 沉积相布特征

在十万大山盆地内,按岩性特征可将早三叠世的岩相划分为滨海相、碳酸盐岩台地相、台地前缘斜坡相和浅海陆棚相(图3.2.73)。

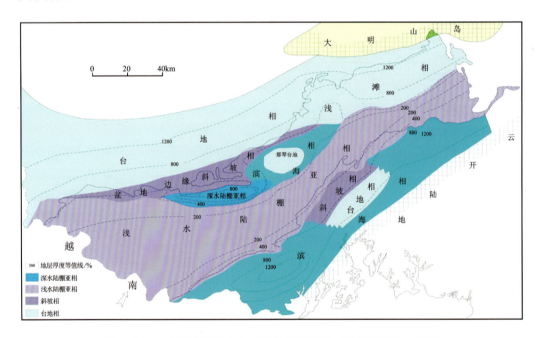

图 3.2.73 广西十万大山盆地及外围地区早三叠世岩相古地理图

(1)滨海相。分布于盆地南部之防城港市那棱—平吉—大化一带,地层为南洪组。其海域范围从浪基面之上至最大高潮面之间,而以平均高潮面与平均低潮面的前滨地带为主。岩性以灰绿色、灰黄色、灰白色等杂色薄—中层状粉砂质泥岩、泥岩为主,次为褐黄色、浅紫红色中—厚层状砂岩夹粉砂岩,局部夹砂质砾岩、砾质砂岩、含砾砂岩;在剖面上,两者呈相互交替展现;岩石具正粒序层理、交错层理及水平层理,局部见透镜状层理、楔状层理。在盆地北部,地表未见滨海相岩石,而是根据万参1井揭露的地层,其中上石炭统—三叠系缺失,故推测万参1井—那琴一带在此时期应为古陆且地势较平坦,为沉积区提供细粒陆源物,其南部发育滨海相,岩性以泥岩为主。

(2)碳酸盐台地相。在盆地北部,大面积分布于凭祥—江洲—明阳农场一线以北地区;在盆地南部,由于断裂的破坏作用及大面积岩浆岩侵入,仅在大寺—那蒙—小董一带有零星的小面积露头。地层为北泗组和马脚岭组,在岩性特征方面,盆地北部和南部大致相同。总体岩性以浅灰—灰白色中—厚层状泥-微晶灰岩、亮晶粒屑灰岩为主,次为亮晶鲕粒灰岩、亮晶核形石灰岩,上部常出现厚度不等的白云岩。含双壳、菊石、腹足及藻类等生物化石。

(3)台地前缘斜坡相。在盆地北部,分布于友谊关、板铺—哗农—柳桥—旧城一带,呈北东东向长条状展布;盆地南部露头很少,仅在大寺、小董附近有小面积出露,大致呈北东向展布。地层为罗楼组。该相是指位于台地前缘靠浅海陆棚一侧的斜坡地带。沉积界面在波基面之上。据前人研究,斜坡相坡度可达35°~40°。

整体的岩性下部为深灰色薄层状泥晶灰岩、泥灰岩与泥岩略等厚互层,夹砾屑灰岩,其中泥岩厚度向西部逐渐减薄,至板铺一带尖灭,被泥晶灰岩取而代之;中部以灰色中—厚层状微—泥晶灰岩、粒屑灰岩为主,次为灰色厚—块状砾屑灰岩;上部为绿灰色薄层状泥岩夹砂岩,于谷满村附近夹3层灰色中层状砾屑灰岩。含植物碎片、菊石、双壳和牙形刺等化石,局部较丰富。旧城以西至谷满以东较常见,局部较丰富,谷满以西则少见。砾屑灰岩之砾石呈棱角—次棱角状,大小不一,大者可达1m以上,小者约几厘米,大小混杂堆积,成分复杂,既有来自台地上的亮晶鲕粒灰岩、砂屑灰岩、泥晶灰岩等,亦有来自斜坡相的薄板状泥晶灰岩;发育水平层理、叠瓦状构造(图3.2.74)、水平虫迹、正粒序层理、滑塌构造(图3.2.75),局部见脉状层理、透镜状层理、不对称波状层理、波痕、单向和双向斜交层理、包卷层理和塑性流动等构造。

图3.2.74 大寺镇火通岭一带T_1l瓦片状灰岩

图3.2.75 大寺镇火通岭一带T_1l塌积灰质砾岩

(4)陆源碎屑陆棚相。分布于爱店—瑞参1井—大录—太平一带,地层为石炮组。海域范围为平均浪基面至氧化还原界面之间的海域,水深20~200m,水域辽阔、波浪作用中等,循环良好。据岩性特征,该相可分为深水陆棚亚相和浅水陆棚亚相。

①深水陆棚亚相。该相带分布于上思县城西部的四方岭一带,位于斜坡脚至陆棚地带,水体较深,即通常所称的陆棚洼地,在其上形成一套类复理石浊流沉积的砂泥岩组合。总体岩性:下部为绿灰—深灰色薄层状泥岩夹砂岩、粉砂岩;中—上部为绿灰—灰色中层状砂岩夹粉砂质泥岩、泥岩。其中砂岩、粉砂岩成熟度低,分选差,且多含钙质。岩层总厚度为434~985m。

在剖面上,每个单层的下—中部为砂岩、粉砂岩(E段),上部为粉砂质泥岩(C段),顶部为泥岩(E段),这就构成了浊积岩的3个层段,缺失B段和D段(一般完整的浊积岩发育A段、B段、D段、C段和E段5个层段)。A段底部可见槽模构造,C段包卷层理极发育,这些都是浊积岩特有的沉积构造。岩石中含植物碎片,局部含双壳、菊石生物化石。

关于上述碎屑岩的物源问题,据以下3点,认为来源于那琴岛:其一据《广西十万大山盆地油气勘探前期工程规划部署研究报告》(中石化内部资料),$T_{5.5}$地震反射层的地质涵义是相当于中二叠统与上二叠统的分界面(即为东吴运动界面),在《广西十万大山盆地地震层$T_{5.5}$反射层构造图》上,那琴—万参1井—大塘一带出现地层剥蚀区,这应该是受东吴运动的影响,使上二叠统及其以下的地层上升为陆,形成独岛,遭受风化剥蚀;在其上钻探的万参1井,开孔的地层为侏罗系,钻遇的地层有下石炭统和泥盆系,终孔于寒武系,其中缺失上石炭统—中三叠统,这一现象又验证地震解释结果是正确的;至早三叠世时期虽然有海侵,但未完全被掩没,仍存在孤岛,只是其范围较先前有所缩小,并继续遭受风化剥蚀,为沉积区提供陆源物。其二该亚相北部地层岩性为灰岩夹泥岩,无粗粒陆源物供给;南部为深水覆盖,更无陆源供给。其三在该亚相中,自东新三化往西至六色一带,砂岩单层厚度变薄,粒度变细,其古流向亦指向西部(古流向为260°);在六色附近中部夹灰色薄层状微晶灰岩或灰岩透镜体,这些证据都证实其物源来自那琴岛。

②浅水陆棚亚相。该相分布于盆地中部地区,即上石—瑞参1井—大塘—太平一带,地层为南洪组。该亚相水体较深水陆棚亚相相对浅一些。由于地层岩石露头不清,即除西部上石附近和东部太平一带有小面积出露及中部瑞参1井钻遇其地层外(《广西十万大山盆地早三叠世岩相古地理图》之瑞参1井柱状图),其余地区全被覆盖,故推测其总体岩性为深灰色薄层状泥岩夹粉砂岩、泥灰岩、灰岩,水平层理发育,含少量菊石化石。局部地区岩性有所变化。其中西部凭祥市上石镇弄怀—下敖一带,岩性以灰—深灰色薄层状粉砂岩为主,次为泥岩,夹少量砂岩、硅质岩,在剖面上,两者呈相互交替展现,油隘北东1.2km处见菊石碎片和双壳类化石。东部太平一带,上、下部为深灰色薄层状泥岩,中部为灰色中层状泥灰岩和灰岩。

2. 有机地化特征

十万大山盆地上思县新三化一带下三叠统石炮组(T_1s)发育黑色泥页岩,ZKSS01钻孔揭示了该地区下三叠统石炮组的中下部发育了单层连续厚度达45m的暗色泥页岩。15个岩心样品进行测试结果显示该组的泥页岩亦主要集中于石炮组的下段,主要岩性为泥岩、含粉砂泥岩、含钙泥岩,TOC为0.01%~0.90%,平均为0.656%(表3.2.12),超过0.5%的样品占86.66%,总烃含量HC平均为$9.16×10^{-6}$。有机质类型为II_1,岩石热解T_{max}平均为590℃,镜质体反射率(R_o)范围为2.18%~2.44%,平均为2.30%,属于过成熟演化阶段。

表3.2.12 十万大山上思地区下三叠统石炮组泥页岩有机地化测试结果汇总表

样品编号	岩性	深度	TOC/%	R_o/%	氯仿沥青"A"/%	总烃含量HC/($×10^{-6}$)	岩石热解/℃	有机质类型
ZKSS01-02	钙质泥岩	6.28	0.55	2.29				
ZKSS01-05		12.40	0.66					II_1
ZKSS01-07		17.38	0.66					
ZKSS01-09		22.42	0.73	2.31	1.4	6.93	590	
ZKSS01-13		33.53	0.78					
ZKSS01-15		39.45	0.67					
ZKSS01-16		46.60	0.90	2.44				II_1
ZKSS01-24	泥岩	71.30	0.61	2.35				II_1
ZKSS01-33		94.00	0.68					
ZKSS01-37		113.60	0.74	2.29	2.1	11.38	590	
ZKSS01-39		117.00	0.82					
ZKSS01-45		127.70	0.9	2.28				II_1
ZKSS01-53		138.50	0.71	2.18				II_1
ZKSS01-64		168.70	0.45					
ZKSS01-72		196.50	0.01					

结合前人的资料,十万大山盆地的 TOC 高值(>1.8%)分布于峙浪—那楠—平福—上思西南地区,呈现北东向展布,与深水—浅水陆棚沉积相展布相统一(图 3.2.76)。镜质体反射率(R_o)范围为 1.2%~2.0%,属于高成熟—过成熟演化阶段,在平福—百包一带属于低值区(1.2%~1.3%),在上思北—那琴一带存在一高值区(>1.7%),整体上,从西北向东南方向,有机质热演化程度呈现逐渐增高的趋势(图 3.2.77)。

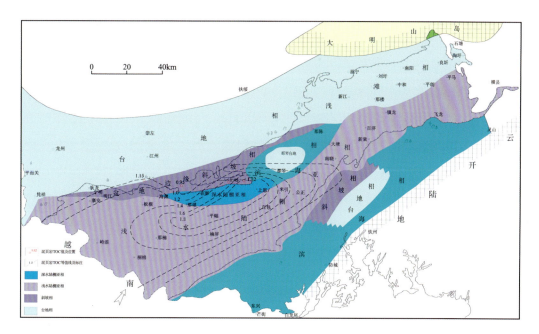

图 3.2.76 十万大山盆地下三叠统泥页岩 TOC 等值线图

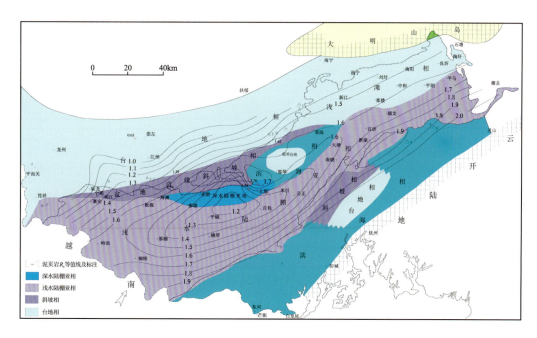

图 3.2.77 十万大山盆地下三叠统泥页岩 R_o 等值线图

3. 储层条件

下三叠统石炮组有利目标层段的岩性主要为黑灰色钙质泥页岩、黑色泥岩,根据防城港上思地区浅钻 SS01 矿物组成分析,石炮组泥页岩以石英、斜长石和黏土矿物为主,含少量方解石和菱铁矿等矿物,个别样品含黄铁矿。其中,石英含量为 34%～45%,平均为 37%;斜长石含量为 4.6%～16%,平均为 7.2%;黏土矿物含量为 43%～57%,平均为 39.2%;方解石和菱铁矿平均含量分别为 4.2%、1.1%。浅钻 SS01 石炮组泥页岩中的脆性矿物主要为石英和斜长石,石英、长石和碳酸盐等脆性矿物总含量在 49% 左右(图 3.2.78)。脆性矿物中石英和斜长石含量随深度加深略有增加。

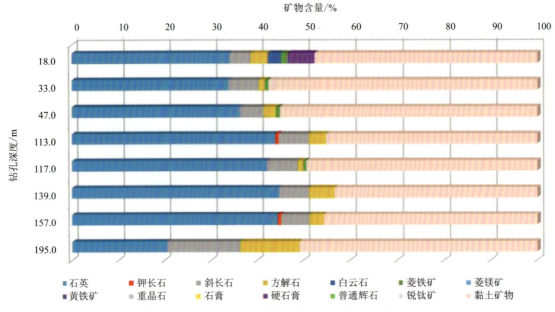

图 3.2.78　浅钻 SS01 石炮组矿物成分及含量变化图

黏土矿物中,主要含伊蒙混层,次为伊利石和绿泥石,含少量绿蒙混层。伊蒙混层含量为 44%～78%,平均含量为 60%;伊利石含量为 10%～29%,平均含量为 20%;绿泥石含量为 7%～22%,平均含量为 15%;绿蒙混层平均含量为 25%(图 3.2.79)。黏土矿物转化序列存在伊利石化和绿泥石化,反映泥页岩处于成岩晚期的早期。随埋深的加深,伊蒙混层和伊利石存在此消彼长的关系,即上覆岩层的压力可显著影响伊利石化的程度。

图 3.2.79　浅钻 SS01 石炮组黏土成分及含量变化图

针对十万大山盆地石炮组有机质页岩进行氩离子抛光及扫描电镜,其结果如图3.2.80所示。浅钻SS01石炮组黑色泥页岩样品见少量有机质,孔隙发育程度好,主要存在的孔隙类型为矿物溶蚀孔隙,见少量有机质孔隙。矿物溶蚀孔多为硅质粒间、粒内溶蚀孔,多呈不规则状,连通性较差。局部有机质孔隙发育,孔隙直径为0.012～0.211μm。矿物溶蚀孔较发育,多为长石、石英等矿物的粒内溶蚀孔,多呈不规则状,连通性一般,孔隙直径为0.184～9.455μm,可为游离气提供较大的储集空间。微裂缝较发育,缝宽0.311～2.249μm,连通性较差。晶间孔多发育于黄铁矿颗粒之间,能够提供一定的储集空间。

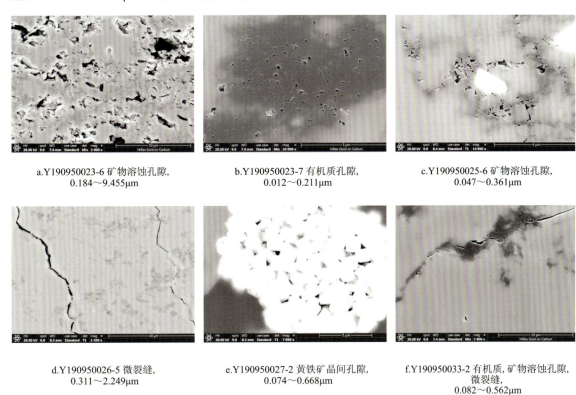

a. Y190950023-6 矿物溶蚀孔隙,0.184～9.455μm

b. Y190950023-7 有机质孔隙,0.012～0.211μm

c. Y190950025-6 矿物溶蚀孔隙,0.047～0.361μm

d. Y190950026-5 微裂缝,0.311～2.249μm

e. Y190950027-2 黄铁矿晶间孔隙,0.074～0.668μm

f. Y190950033-2 有机质,矿物溶蚀孔隙,微裂缝,0.082～0.562μm

图3.2.80 十万大山盆地上思地区浅钻SS01石炮组页岩氩离子抛光及扫描电镜典型照片

4. 盖层条件

上思县六色、新三化一带,石炮组上覆盖层主要为百逢组的钙质泥岩,百逢组的钙质泥岩厚度变化在52～200m之间,是较好的区域盖层。相比于百色巴马一带的岩性,十万大山盆地石炮组全部相变为浊积砂岩夹泥岩,局部泥岩连续厚度达30m,含砂量增多,储层孔渗条件变好,保存条件变差,不利于页岩的原位聚集成藏,但有利于短距离的运移与聚集。

4 广西地区页岩气改造期构造特征

4.1 桂中坳陷及周缘构造带划分与特征

4.1.1 构造带划分

桂中坳陷的形成主要经历了中、古生代原型期与中、新生代改造期两个阶段,其中以中、新生代的多期构造运动改造对坳陷的构造格局产生深远的影响。坳陷西部构造演化及动力学与西南侧的特提斯构造域的发展演化有着紧密联系;坳陷东部构造演化则受到东南侧钦防海槽的影响,与中上扬子地区构造演化密切相关;坳陷北部与雪峰山隆起西缘相接,受到雪峰山重力滑覆构造作用的影响。桂中坳陷的构造特征凸显出极强的分带性与分区性。

桂中坳陷东西向骨架地质剖面总长度为302.3km左右(图4.1.1),自西始于右江槐前,向东止于象州石祥河,剖面自西向东依次穿过右江断裂带(F1)、九圩-都安断裂带(F3)、加贵-古蓬断裂带(F4)、大塘-北泗断裂带(F5)以及永福-龙胜断裂带(F7)。槐前-红水河区段,穿过右江断裂带,出露地层自西向东逐渐由三叠系变为二叠—石炭系,断裂整体较为发育,为中高—高角度逆冲断层,倾向为西南,局部发育反冲断裂;褶皱变形强烈,背斜多顶平翼陡,向斜多狭窄槽尖,为典型隔槽式褶皱特征,此外可见穹隆等褶皱样式,推测为后期南北向挤压叠加改造形成,断裂常切割褶皱,使得褶皱一翼被破坏;构造样式多为薄皮构造,构造应力为挤压,可见叠瓦状逆冲推覆、冲起三角带等构造组合,总体变形程度较强,属逆冲推覆构造带中部褶皱冲断带。红水河-新地区段,穿过九圩-都安断裂带,出露地层主要为泥盆—石炭系,局部出露二叠系,该区段断裂不发育,断裂多为逆断层,部分正断层,整体西倾;构造体系以褶皱为主,变形强度大,可见复式向斜,属逆冲推覆构造带前缘褶皱带特征。新地-刁江区段,穿过加贵-古蓬断裂带,地层出露石炭—二叠系,断裂较为发育,多为逆冲断层,为高角度断裂,褶皱整体形态较为宽缓,属断裂带特征。刁江-大塘区段,出露地层为石炭—二叠系,断裂发育,多为逆冲断层,且自西向东断裂倾向由西南变为东,可见对冲构造组合,褶皱变形程度由西向东逐渐减弱,属复合构造带特征。大塘-其林区段,出露地层多为石炭系,局部零星出露二叠系,断裂不发育,多为逆断层,倾向东,可见断裂改造破坏褶皱现象;地层变形较弱,褶皱形态较为宽缓,属逆冲推覆构造带前缘褶皱带特征。其林-石祥河区段,穿过永福-龙胜断裂带,地层多为石炭系,东部出露泥盆系,自西向东断裂作用逐渐增强,多为逆冲断层,局部发育正断层,倾向大多为东,东部石祥河区域可见反冲断层;褶皱变形程度较大塘—其林区段稍强,整体属褶皱冲断带,石祥河以东属断裂带特征。

槐前-右江区段属右江逆冲推覆构造带,其中槐前-红水河区段为田东叠加褶皱冲断带,红水河-屯昆区段为天峨-东兰前缘褶皱带,屯昆-新地为南丹-马山断裂带,新地-刁江区段为都安-上林前缘褶皱带。刁江-大塘区段为北山复合叠加构造带。大塘-石祥河区段属大明山与大瑶山逆冲推覆构造带,其中大塘-其林区段为忻城-柳江前缘褶皱带,其林-石祥河为象州褶皱冲断带,石祥河东段为基底冲断带。

4 广西地区页岩气改造期构造特征

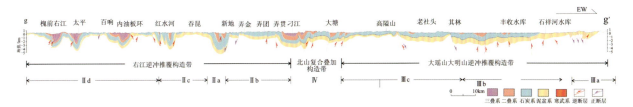

图 4.1.1 桂中坳陷及周缘 EW 向地质解释剖面（g—g′，剖面位置见图 4.1.3）

桂中坳陷北北西向骨架地质剖面总长度为 222.8km 左右（图 4.1.2），自北部始于河池白岩顶，向东止于武宣牛角塘，剖面自北向南依次穿过河池宜山断裂带（F13）、柳州来宾断裂带（F6）以及凭祥-大黎断裂带。白岩顶-桐典区段，地层出露石炭系，断裂极为发育，多为逆冲断裂，断裂倾向为北西；可见叠瓦式逆冲断层组合，褶皱变形强度一般，整体为宽缓的背斜、向斜，且多被断裂切割破坏，白岩顶以北可见压性断块及基底逆冲断层等基底卷入型构造样式，基底卷入变形并未冲出地表，而是隐伏于沉积盖层之下，属重力滑覆构造带根部特征。桐典-山井区段，地层主要出露石炭系，断裂较为发育，多为逆冲断层，剖面上可见花状构造等构造样式，表明该区域断裂同时具有走滑性质，褶皱受断裂破坏较为严重，整体排布为紧密，属断褶带-断裂带特征。山井-良江区段，地层出露泥盆—石炭系，断裂密度较上一区段减少，多见对冲断裂及三角带等构造组合，表明该区段为挤压应力交会区，自北西向南东，断裂倾向逐渐由北向南转变；褶皱形态较为宽缓，变形程度较低，属褶皱冲断带特征。良江-牛角塘区段，地层出露泥盆—石炭系，该区域断裂作用强烈，多为中高角度逆冲断裂，断裂整体倾向东南，可见基底卷入逆冲断层，由南向北逐渐由厚皮构造转换为薄皮构造。

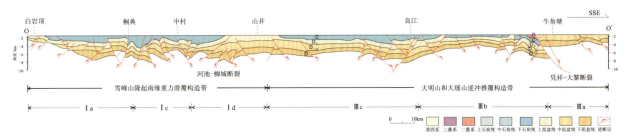

图 4.1.2 桂中坳陷及周缘北北西向地质解释剖面（o—o′，剖面位置见图 4.1.3）

白岩顶-山井区段属雪峰山隆起南缘重力滑覆构造带，其中白岩顶-桐典区段为雪峰山隆起，桐典-古村区段为融水褶皱冲断带，古村-山井为河池-宜山断裂带。山井-牛角塘区段属大明山与大瑶山逆冲推覆构造带，其中山井-良江区段为忻城-柳江前缘褶皱带，良江-牛角塘为象州褶皱冲断带，牛角塘东段为基底冲断带。

基于桂中坳陷现今各区段构造特征差异性，遵循构造单元内的演化历史、变形机制的同一性，将桂中坳陷及周缘划分为 4 个一级构造单元：雪峰山隆起南缘重力滑覆构造带（Ⅰ）；右江逆冲推覆构造带（Ⅱ）；大瑶山和大明山逆冲推覆构造带（Ⅲ）；北山复合叠加构造带（Ⅳ）。前 3 个构造单元均呈现出在各自统一的构造背景下，由基底冲断带-冲断褶皱带-前缘褶皱带的变形机制特征，它们在向桂中坳陷的中部集中时存在构造的转换复合区，可见 3 个不同构造带的构造在同一区域的联合-复合现象，同时也可见不同时期构造产生的构造叠加情况，故北山地区划分为复合叠加构造带（图 4.1.3）。

桂中坳陷逆冲推覆构造带均表现出以隆起为核部，并由根带到锋带到外缘带递进变形的特点，可见根带、过渡带、中带及锋带等多个构造变形带，可以进一步将各构造带细分为 12 个次级构造单元。其中雪峰山隆起南缘重力滑覆构造带进一步划分为雪峰山隆起（Ⅰa）、环江褶皱冲断带（Ⅰb）、融水褶皱冲断带（Ⅰc）以及河池-宜山断裂带（Ⅰd）；右江逆冲推覆构造带划分为南丹-马山断裂带（Ⅱa）、都安-上林前缘叠加褶皱带（Ⅱb）、天峨-东兰前缘褶皱带（Ⅱc）以及田东叠加褶皱冲断带（Ⅱd）；大瑶山和大明山逆冲推覆构造带则划分为基底冲断带（Ⅲa）、象州褶皱冲断带（Ⅲb）及忻城-柳江前缘褶皱带（Ⅲc）（图 4.1.3，表 4.1.1）。

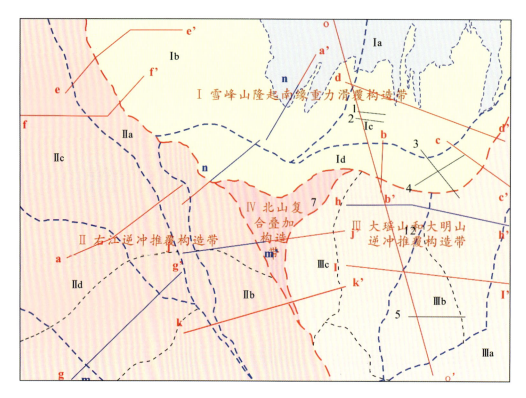

Ⅰa.雪峰山隆起;Ⅰb.环江褶皱冲断带;Ⅰc.融水褶皱冲断带;Ⅰd.河池-宜山断裂带;Ⅱa.南丹-马山断裂带;Ⅱb.都安-上林前缘叠加褶皱带;Ⅱc.天峨-东兰前缘褶皱带;Ⅱd.田东叠加褶皱冲断带;Ⅲa.基底冲断带;Ⅲb.象州褶皱冲断带;Ⅲc.忻城-柳江前缘褶皱带。地震测线:1.OGS-RS-2017-L2;2.OGS-RS-2017-L1;3.LZ15-1;4.LZ15-2;5.DZ2。

图 4.1.3 桂中坳陷及周缘构造单元划分图

表 4.1.1 桂中坳陷及周缘构造单元划分表

一级构造单元	二级构造单元	代号
雪峰山隆起南缘重力滑覆构造带	雪峰山隆起	Ⅰa
	环江褶皱冲断带	Ⅰb
	融水褶皱冲断带	Ⅰc
	河池-宜山断裂带	Ⅰd
右江逆冲推覆构造带	南丹-马山断裂带	Ⅱa
	都安-上林前缘叠加褶皱带	Ⅱb
	天峨-东兰前缘褶皱带	Ⅱc
	田东叠加褶皱冲断带	Ⅱd
大瑶山和大明山逆冲推覆构造带	基底冲断带	Ⅲa
	象州褶皱冲断带	Ⅲb
	忻城-柳江前缘褶皱带	Ⅲc
北山复合叠加构造带		Ⅳ

4.1.2 构造带特征

雪峰山隆起南缘重力滑覆构造带位于桂中坳陷北部,南部以河池宜山断裂为界,西部以南丹-罗富断裂带为界,北部与雪峰山隆起西南缘毗邻,东部以永福-龙胜断裂带为界,构造带整体作东西向展布,长度为103km左右,面积约为2.6×10^4km^2。北部发育北北东—南北向构造,代表断裂有环江断裂带(F8)、池洞断裂带(F9)、三江-融安断裂带(F11)及寿城-屯秋断裂带(F12)等,同时伴随发育相似走向的褶皱,如六岜背斜及汉度向斜。南部为东西向构造,代表断裂为河池宜山断裂带(F13)等,褶皱与断裂走向大致相同,代表褶皱为柳州县一带凤山向斜及怀远背斜等(图4.1.4、图4.1.5)。

右江逆冲推覆构造带位于桂中坳陷西部,西部以右江断裂带为界与南盘江坳陷接壤,东部以南丹-断安断裂带为界,北部边界为南丹地区鱼翁—巴雷一线,南部边界为西松—伏秀—大村—邹圩一线,构造带整体作北西向展布,面积约为2.8×10^4km^2。主要发育北北西—北西向构造,南部受到北东东向构造迹线的改造,形成部分东西向构造。代表断裂为右江断裂带(F1)、南丹-罗富断裂带(F2)及九圩-都安断裂带(F3)等;代表褶皱为南丹县一带的天峨背斜及南丹背斜等,为北北西向褶皱(图4.1.4、图4.1.5)。

大瑶山和大明山逆冲推覆构造带位于桂中坳陷东南部,西部边界为洛富—塘岭—大桑—乔贤—澄泰一带,北部以河池-宜山断裂为界与雪峰山隆起南缘重力滑覆构造带相接,东部边界为永福—百石—碧滩一线,南部边界为陶邓—通挽—碧滩一线,整体作北东向展布,面积约为1.3×10^4km^2。西北向东南构造走向逐渐由南北转为北东向,代表断裂为大塘-北泗断裂带(F5)、柳州-来宾断裂带(F6)以及永福-龙胜断裂带(F7)等,代表褶皱为象州一带的那马背斜及水晶背斜等,均为南北走向(图4.1.4、图4.1.5)。

北山复合叠加构造带位于桂中坳陷中部,呈现"倒三角"形态,东部边界为洛富—塘岭—大桑—乔贤一带,西部以九圩-都安断裂带为界与右江坳陷毗邻,北部以河池-宜山断裂带为界与雪峰山隆起南缘重力滑覆构造带相接,面积约为3.2×10^3km^2。为一构造应力交会区域,故北部主要发育东西向构造,代表断裂有河池宜山断裂带(F13),西南部发育北西向构造,代表断裂为加贵-古蓬断裂带(F4),东南部发育北东向构造,代表断裂为洛富断裂(图4.1.4、图4.1.5)。

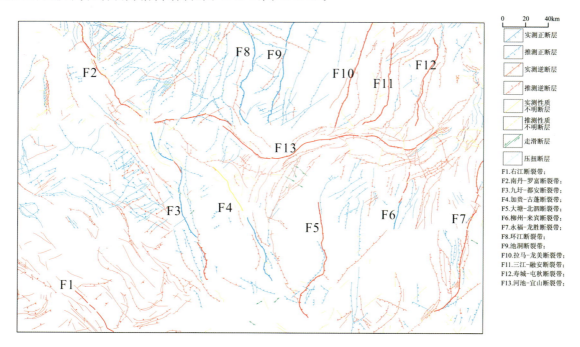

图4.1.4 桂中坳陷及周缘断裂体系图

图 4.1.5　桂中坳陷及周缘褶皱体系图

桂中坳陷主要大型断裂在早期控制着盆地及半地堑的发育,后期遭受挤压变形,形成较大规模的变形带,形成了本区的构造格架,控制了本区的构造格局。总体来说,以北西向、北北东向及东西向断层的控制构造格局的作用最为明显,它们相互作用,共同控制了本区沉积特征及后期变形格架。

以桂中坳陷西部北西向的南丹-都安断裂带(F2、F3)、东部北北东向的永福-龙胜断裂带(F7)与桂中坳陷中部东西向的河池-宜山断裂带(F13)为代表,各断裂在晚古生代时多表现为同沉积正断层,在中新生代的盆地改造阶段,伴随着这些长期活动的大型断裂往往进一步形成断裂束或褶皱带,从而形成一定走向的构造带。这些构造带则限定了桂中坳陷构造运动的边界条件,经过印支、燕山及喜马拉雅运动的改造,大多数正断层发生构造反转成为逆冲断层或者带有走滑性质的压扭性断层,形成现今桂中坳陷整体西部为北西向构造带限定、东部为北北东向构造带限定,中部为东西向构造带分割为南、北两部分的构造格局。同时由于印支—燕山—喜马拉雅期的强烈变形作用,从而发育大量次级构造,产生了如三江-融安断裂与寿城-屯秋断裂带等延伸的波状断裂-褶皱带,河池-宜山断裂带东段受到北东向构造改造,西段则受到北西向构造改造,以及忻城—柳江地区产生的"S"形断裂带,这些断裂与褶皱或改变或切断先期的构造迹线方向,使得桂中坳陷的构造格局进一步变化(图 4.1.6)。

4.1.2.1　雪峰山隆起南缘重力滑覆构造带

雪峰山隆起重力滑覆构造带位于桂中坳陷的北部,环江、罗城、融水至永福一带,北与雪峰山隆起西南缘相邻,南以河池-宜山大断裂为界,东西两侧以南丹-都安断裂带与龙胜永福断裂带为界,由南向北可进一步划分为4个次级构造单元:雪峰山隆起、环江褶皱冲断带、融水褶皱冲断带以及河池-宜山断裂带,呈现出逆冲推覆构造带由根带至锋带的特征。该区域主要发育东西向及北南—北北东向构造,在雪峰山隆起南缘主要发育南北向构造,断裂作用较为强烈,深大断裂发育,部分为基底卷入的逆冲推覆构造。融水环江地区主要发育北北东向构造,断层走向和褶皱走向相同,断裂较为发育,褶皱形态相对宽缓。东西向构造主要分布在宜山-柳州区段,属前缘褶皱冲断带特征,断裂作用强烈伴随走滑性质,褶皱多被破坏。

4 广西地区页岩气改造期构造特征

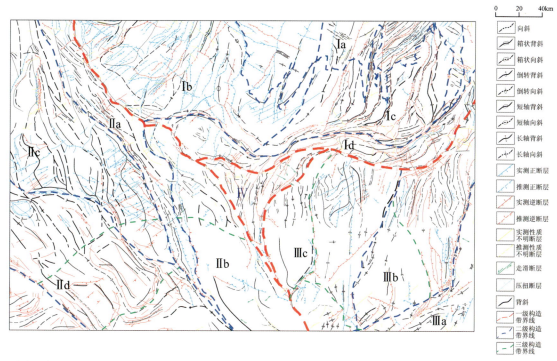

Ⅰa.雪峰山隆起；Ⅰb.环江褶皱冲断带；Ⅰc.融水褶皱冲断带；Ⅰd.河池-宜山断裂带；Ⅱa.南丹-马山断裂带；Ⅱb.都安-上林前缘叠加褶皱带；Ⅱc.天峨-东兰前缘褶皱带；Ⅱd.田东叠加褶皱冲断带；Ⅲa.基底冲断带；Ⅲb.象州褶皱冲断带；Ⅲc.忻城-柳江前缘褶皱带；Ⅳ.北山复合叠加构造带

图 4.1.6 桂中坳陷及周缘构造纲要图

1. 雪峰山隆起

雪峰山隆起单元位于雪峰山隆起南缘，构造带地层出露寒武—石炭系，主要发育近南北向构造。构造带断裂作用强烈，多为南北向大型逆冲断层（图4.1.7）。环江县东兴镇东岗岭组超覆于南沱组之上，不整合面带有明显的拆离滑动性质（图4.1.8）。融安地区东部寒武系广泛发育一系列北北东向褶皱，泥盆系未卷入变形，寒武系北东向褶皱被后期未变形的泥盆系覆盖，判断北东向构造带应为加里东时期形成，响应加里东期华夏与扬子板块拼合的挤压环境。由剖面b—b'可见，由根带到锋带构造带应力机制由拉伸转换为挤压，可见滑脱层且构造带北部可见基地卷入型正断层组合（图4.1.9）。剖面a—a'垒桐-纳翁区段，可见基底卷入的逆冲推覆构造，均为高角度逆冲断层，断裂倾向西南，均显示重力滑覆构造的根带特征（图4.1.10）。

图 4.1.7 雪峰山南缘近南北向断裂

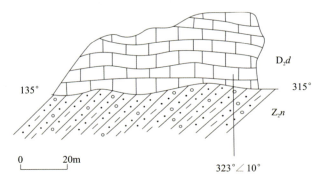

图 4.1.8　环江县东兴镇东岗岭阶超覆于南沱组（修编自《1∶20 万南丹幅区域地质调查报告》）

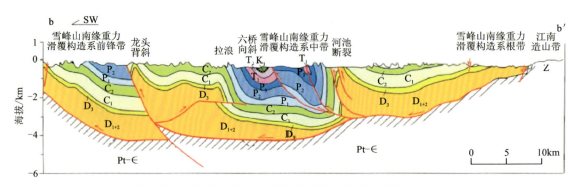

图 4.1.9　桂中坳陷西北部太阳山-杨家岭物探综合解释大剖面（据吴国干等，2009）

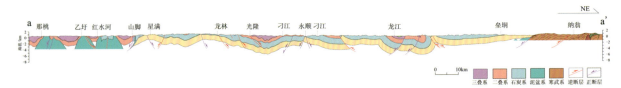

图 4.1.10　桂中坳陷那桃-龙江地质解释剖面（a—a'，剖面位置见图 4.1.3）

2. 环江褶皱冲断带

环江褶皱冲断区位于环江、河池一带，为雪峰山隆起南缘重力滑覆构造带西部，东部以池洞断裂带为界与融水褶皱冲断带毗邻。构造带地层出露石炭—二叠系，主要发育北西向与北北东向构造。断裂走向多为北东-北北东向，正断层与逆断层均较为发育；区内发育少许褶皱，均为宽缓褶皱，两翼地层平缓，轴迹方向为北西向及北东向（图 4.1.11），泥盆系至中三叠统为整合接触关系，发育协调的北东向褶皱变形，地质图可见中三叠统卷入褶皱发育，推测该期褶皱为晚印支期构造作用形成，褶皱变形幅度较低。

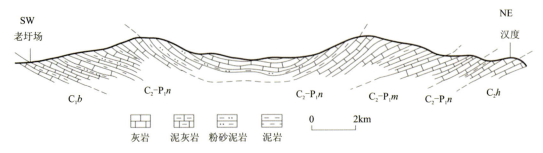

图 4.1.11　老圩场-汉度构造剖面图（修编自《1∶20 万南丹幅区域地质调查报告》）

剖面e—e'芒场-瓦寨区段,断裂较为发育,多为中—高角度逆冲断层,少量正断层,倾向为东北,褶皱形态宽缓,可见三角带冲起构造及滑脱逆冲断层等盖层滑脱型构造样式,构造带整体属褶皱冲断带特征(图4.1.12)。

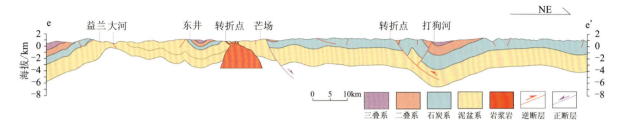

图4.1.12 桂中坳陷益兰-瓦寨地质解释剖面(e—e',剖面位置见图4.1.3)

3. 融水褶皱冲断带

融水褶皱冲断带位于融水至永福一带,为雪峰山隆起南缘重力滑覆带的东部,西部大致以池洞断裂带为界与环江褶皱冲断带毗邻。构造带地层主要出露泥盆—石炭系,主要发育北北东向构造。断裂作用较强,主要发育逆冲断层,呈北北东向展布,南部靠近河池-宜山断裂东段区域,断裂走向变为北东向,可见走滑性质,地震资料可见自西向东的冲断体系,局部发育反冲断层,可见小幅度断展褶皱,整体以断块为主(图4.1.13),构造带主要发育北北东向相对开阔的背斜、向斜,地层倾角较低,褶皱较为宽缓(图4.1.14)。

剖面d—d'可见逆冲断层较为发育,为中高角度断层,整体呈现北倾南冲的性质,褶皱整体形态宽缓,多被断层破坏,可见冲起构造及滑脱逆冲断层等构造组合,构造带性质属重力滑覆构造体系中带(图4.1.15)。

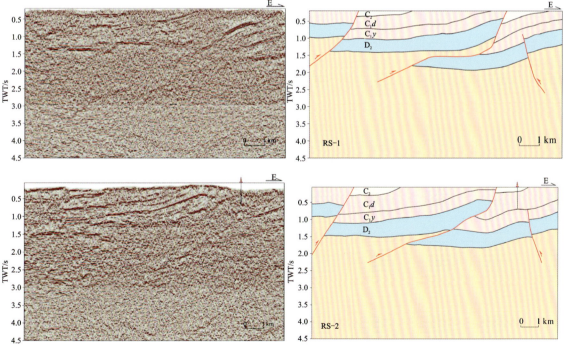

图4.1.13 融水褶皱冲断带二维地震资料解释剖面图(测线位置见图4.1.3)

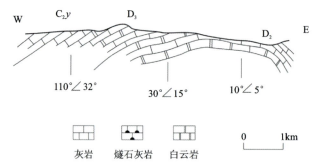

图 4.1.14 英山以北六岽箱状背斜剖面图(修编自《1:20 万融安幅区域地质调查报告》)

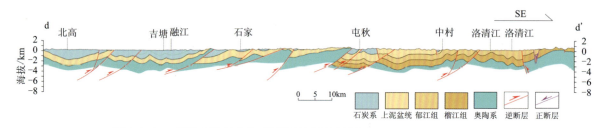

图 4.1.15 雪峰山隆起北高-洛清江地质解释剖面(d—d',剖面位置见图 4.1.3)

4. 河池-宜山断裂带

河池-宜山断裂带位于河池、宜山、柳城和鹿寨一带,整体呈东西向展布,长度为 250km 左右,形态为向南凸出的弧形形态。地层主要出露泥盆—二叠系,零星出露三叠系与白垩系。构造带断裂作用极其强烈,呈一系列东西向逆冲断裂,断裂倾向为南或北,且常伴随走滑性质,由于受到加里东期四堡断裂的限制影响,断裂划分为东、西两段(侯宇光,2005;安鹏鑫等,2018),表现为西段断裂带较宽,属左旋压扭特征(图 4.1.16);东段断裂带较窄,属右旋压扭特征,断面常见破碎带,可见压性角砾与断层泥,表明走滑作用强烈(图 4.1.17),可见多期叠加改造,后期近南北向走滑断裂切割先期北东向逆冲断裂(图 4.1.18)。自东向西,褶皱轴向由东西向转为北西西向,轴面由倾向北东转为南北,形态由倒转变为屈状,褶皱由窄变宽呈喇叭状之外形,东段可见倒转向斜,北翼倾角陡,南翼倾角缓,西段岩层平缓,褶皱变形幅度略弱。这些规律反映宜山以东近南北向挤压应力较强,以西有减弱趋势(图 4.1.19)。

地震测线 LZ15-1 剖面可见,断裂及其发育呈现南北对冲的形态,且常发育反冲断裂,形成冲起三角带,褶皱较为紧闭,可见断展褶皱,东南方向可见叠瓦式逆冲断层组合,地震测线 LZ15-2 剖面,大多发育逆冲断层,断裂倾向整体为东北,可见三角带等滑脱型构造组合,地层变形幅度较小,褶皱样式平缓(图 4.1.20)。

剖面 b—b',区段出露地层为石炭—二叠系,龙江地区可见白垩系分布,逆冲断裂较为发育,为中高角度断层,可见背冲、三角带等构造组合,均为盖层滑脱型构造样式(图 4.1.21)。剖面 c—c',区段出露地层为泥盆—石炭系,断裂多为倾向东南的逆冲断裂,局部发育正断层,大羊坪一带可见花状构造组合,反映了该地区构造作用具有走滑性质(图 4.1.22)。

雪峰山重力滑覆构造体系由北向南,直至河池宜山断裂带附近,地层逐渐变新、倾角逐渐增大,塑性变形强烈,断裂作用由强变弱再变强,褶皱形态由后缘宽缓转变为前缘的紧闭,构造样式由基底卷入的厚皮构造转换为滑脱型薄皮构造,为典型重力滑覆构造带锋带特征。

4 广西地区页岩气改造期构造特征

图 4.1.16 河池-宜山断裂带西段左旋压扭断裂

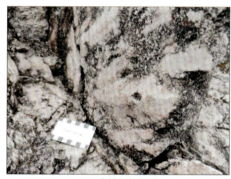

a.右旋压扭断裂　　　　　　　　　b.断面压性角砾和断层泥

图 4.1.17 河池-宜山断裂带东段断裂特征

图 4.1.18 河池-宜山断裂带东段构造叠加作用（a.早期北东向断层；b.晚期近南北向断层）

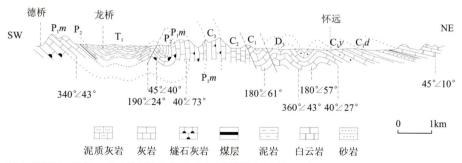

图 4.1.19 宜山县怀远、得桥一带怀远复式背斜及六桥倒转向斜剖面图（修编自《1:20万宜山幅区域地质调查报告》）

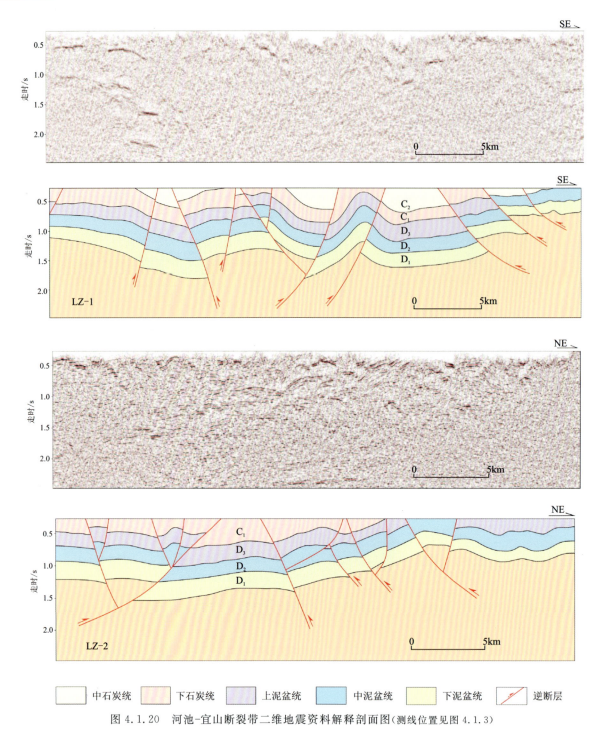

图 4.1.20 河池-宜山断裂带二维地震资料解释剖面图(测线位置见图 4.1.3)

4.1.2.2 右江逆冲推覆构造带

右江逆冲推覆构造带位于桂中坳陷西南部,西南以右江断裂为界与南盘江坳陷相邻,东部以南丹-都安断裂带为边界,本研究范围属右江逆冲推覆构造带的中前端,未见基底冲断带(Yang et al.,2021)。构造带出露地层主要为泥盆—二叠系,零星出露三叠系,为自东向西划分为以下 4 个次级构造单元:南丹-马山断裂带、都安-上林前缘叠加褶皱带、天峨-东兰前缘褶皱带以及田东叠加褶皱冲断带,整体构造迹线以北西向为主,北部为北北西向,断裂作用较为发育,褶皱变形极其强烈,多见隔槽式褶皱。

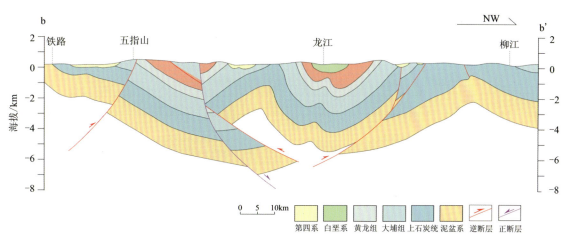

图 4.1.21　河池-宜山断裂带凤山-柳江地质解释剖面(b—b',剖面位置见图 4.1.3)

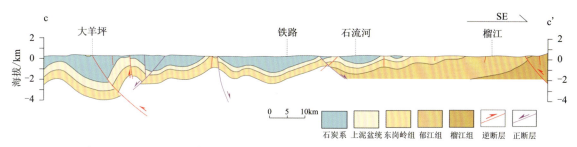

图 4.1.22　河池-宜山断裂带大羊坪-榴江地质解释剖面(c—c',剖面位置见图 4.1.3)

1. 南丹-马山断裂带

南丹-马山断裂带属于垭都-紫云-罗甸断裂带向南东的延伸方向,整体形态为一狭长断褶带,区内长度约为 120km,主要发育北西向构造。出露地层为石炭—泥盆系,断裂多为逆冲断层,且具左旋扭动性质(图 4.1.23),断层面常见方解石脉充填,具有多期性(图 4.1.24),代表断裂,如丹池断裂带,由一条北西向的主干断裂及一系列走向大致相同的次级断裂组成。褶皱多为线状褶皱,长度由 50～80km 不等,代表褶皱,如大厂背斜,为北北西向复式背斜,褶皱形态较为紧闭,属不对称褶皱,与轴面平行的逆冲断层较为常见(图 4.1.25),地质图可见上三叠统卷入北西向褶皱变形,推测为燕山早期(J_1—J_3)受到北东向挤压应力作用形成(图 4.1.23)。

图 4.1.23　南丹-马山断裂带左旋压扭性特征
(修编自《1∶20 万南丹幅区域地质调查报告》)

剖面 f—f' 可见断裂作用较弱,多为逆冲断层,西部断裂较东边稍强,倾向西南,由东向西地层变形幅度逐渐增大,可见三角带等冲起构造,构造样式以盖层滑脱型为主,金谷-红水河区段褶皱形态较为紧闭,可见复式褶皱形态(图 4.1.26)。该构造带属逆冲推覆构造带前缘特征。

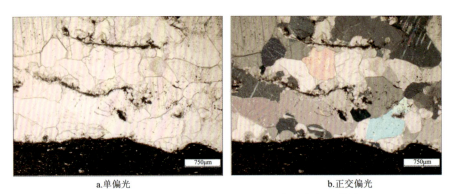

图 4.1.24 南丹-马山断裂带（北段）断面方解石填充

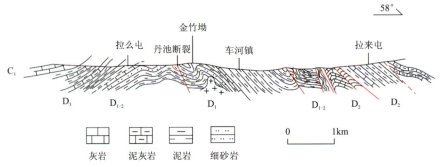

图 4.1.25 河池市金城江区侧岭乡六卡-南丹县大厂丹池背斜构造地层剖面图
（修编自《1：20万南丹幅区域地质调查报告》）

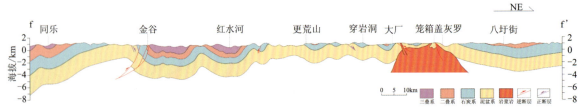

图 4.1.26 桂中坳陷同乐-伍塘地质解释剖面（f—f'，剖面位置见图4.1.3）

2. 都安-上林前缘叠加褶皱带

都安-上林前缘叠加褶皱带位于九渡—上林一带，为南丹-马山断裂带的东南延伸部，主要发育北西走向构造，地层主要出露泥盆—二叠系。构造带断裂作用较弱，断裂密度较小，为几条长期活动的基底断裂，南部可见后期北东向断裂对先期构造进行叠加改造，切割或截断北西向断裂及褶皱。发育紧密线状褶皱，背斜向斜相间，轴向为北西—北西西向，轴面大多直立，代表褶皱有大明山背斜及乔贤向斜等，均为北西向（图4.1.27）。

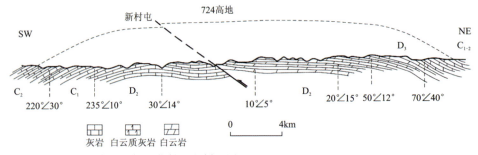

图 4.1.27 大明山箱状背斜北段剖面图（修编自《1：20万上林幅区域地质调查报告》）

剖面 k—k'可见断裂向下延伸较深,多为逆冲断裂,倾向为西或东,南岩一带可见对冲构造组合,北泗一带可见一倾向西南的正断层。褶皱变形程度大,南岩一线按区段可见倒转向斜,轴面近似直立,略微倾斜,岩层倾角较陡,约为40°～50°,新屯村地区可见箱状背斜。构造带整体属褶皱带特征,南部可见构造叠加改造,为后期北东向改造先期北西向构造(图4.1.28)。

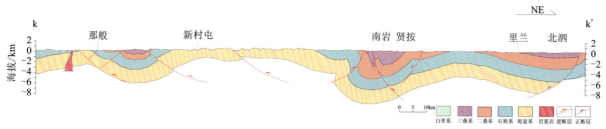

图 4.1.28 桂中坳陷同乐-伍塘地质解释剖面(k—k',剖面位置见图4.1.3)

3. 天峨-东兰前缘褶皱带

天峨-东兰前缘褶皱带位于南丹、河池一带,东北侧以南丹-河池断裂带为界,西南至天峨县,出露地层主要为泥盆—二叠系。主要发育北北西向构造,断裂作用一般偏弱,断裂性质多为北西向逆冲断层,长度为30km不等,倾向为西,保安地区发育一系列北东向张扭正断层,长度为10～15km。褶皱走向为北北西向,多为平行展布的长轴状复式褶皱,变形程度较强,代表褶皱为月里褶皱,背斜多为顶平翼陡,向斜多为狭窄槽尖,背斜和向斜组合而成隔槽式褶皱(图4.1.29)。

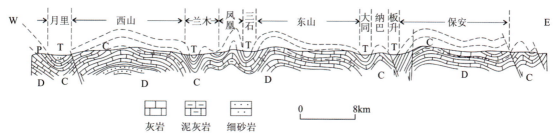

图 4.1.29 月里-保安褶皱示意图(修编自《1:20万东兰幅区域地质调查报告》)

剖面 f—f'同乐-金谷区段,断裂作用较弱,断裂倾向西南,可见三角带等构造组合。地层变形程度高,褶皱具局部箱状及拱状等形态,背斜多顶平翼陡,褶皱较为紧闭(图4.1.26),属逆冲推覆构造带中前缘性质。

4. 田东叠加褶皱冲断带

田东叠加褶皱冲断带区位于田东—六也一带,构造迹线总体为北东向,南部为北西西向,出露地层为石炭—二叠系。断裂较为发育,多为逆冲断层,伴随走滑性质,断面常见破碎带及透镜体(图4.1.30),推测为喜马拉雅期太平洋板块俯冲挤压作用的产物,其对先存北西向断裂进行叠加改造,形成北西向的剪切作用力,使得部分断裂具有走滑性质,断裂大多倾向为西南,代表断裂有右江断裂。褶皱大多为北西走向,为紧密的线状褶皱,变形程度高,地质图可见印支期辉绿岩岩席在北西向背斜区域产出,同时卷入北西向褶皱变形,其分布受到北西向断裂的控制,判断桂中坳陷主要北西走向的

图 4.1.30 田东叠加褶皱冲断带断面及挤压透镜体

褶皱变形发生于印支期之后，南部地区可见穹隆，如巴马穹隆等，推测为早期北西向褶皱发展到成熟阶段以后，又受到北西向挤压应力作用而形成的横跨在北西向褶皱上的北东向褶皱（图4.1.31）。

由剖面g—g'可见，断裂整体较为发育，为中高—高角度逆冲断层，倾向为西南，局部发育反冲断裂；褶皱变形强烈，背斜多顶平翼陡，向斜多狭窄槽尖，为典型隔槽式褶皱特征，断裂常切割褶皱。构造样式多为薄皮构造，构造应力为挤压，可见叠瓦状逆冲推覆、冲起三角带等构造组合，总体变形程度较强，属逆冲推覆构造带中部褶皱冲断带，同时具有构造叠加特征（图4.1.32）。

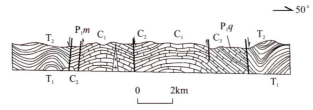

图4.1.31　巴马县龙田穹隆构造剖面图（修编自《1∶20万东兰幅区域地质调查报告》）

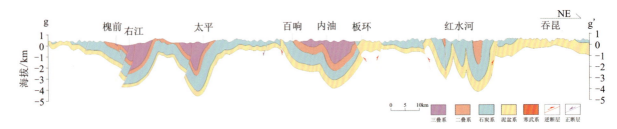

图4.1.32　田东地区龙味-巴苗地质解释剖面（g—g'，剖面位置见图4.1.3）

4.1.2.3　大瑶山和大明山逆冲推覆构造带

大瑶山和大明山逆冲推覆构造体系位于桂中坳陷东南部，由于其构造位置处于湘桂赣褶皱带与华南褶皱带的接界部位，其构造变形特征受邻区影响较大，构造带发育南北及北东向构造，由东向西可进一步划分为3个次级构造单元：基底冲断带、象州褶皱冲断带以及忻城-柳江前缘褶皱带，构造带可见由冲断变形区-冲断褶皱带-前缘褶皱带的变形特征，由东向西断裂作用逐渐减弱，褶皱逐渐由紧闭变平缓，断裂多为逆冲断层，靠近永福断裂带周围发育部分张扭性断层。

1. 基底冲断带

构造带位于象州—黄茆—武宣—桐岭—通挽一带，形态上为微向东南凸出的弧形，主要出露地层为寒武—泥盆系。主要发育北北东向构造，断裂作用强度较大，多为基底卷入逆冲断层，剖面h-h'那马-桐木区段，可见逆冲断裂近乎直立，倾向为西。构造带地层倾角较大，变形幅度较强，在碧滩一带形成北北东向褶皱群。本构造带在图幅内出露较少，总体来看应属于大瑶山与大明山逆冲推覆构造带的根部（图4.1.33）。

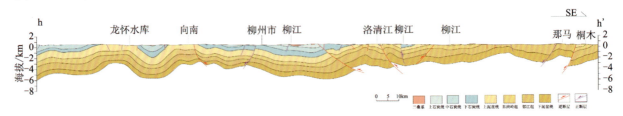

图4.1.33　忻城-象州地区土博-桐木地质解释剖面（h—h'，剖面位置见图4.1.3）

2. 象州褶皱冲断带

象州褶皱冲断带东部以妙皇—三皇—牛角塘一线为界,西部则以金章—穿山—寨却一线为界,出露地层主要为泥盆—石炭系。构造带主要发育南北向构造,断裂作用较弱,多为逆冲断裂,断裂密度较低,长度为30～40km。地震资料可见背冲构造组合,西部断裂向东倾,东部断裂向西倾,地层倾角较小,褶皱形态宽缓(图4.1.34),野外断面可见两期不同走向擦痕,压扭性擦痕揭示早期东西向挤压作用,水平擦痕揭示晚期南北向走滑作用,反映了挤压兼走滑的构造变形特征(图4.1.35)。

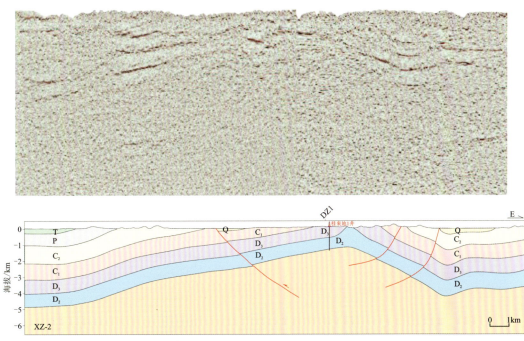

图4.1.34 象州褶皱冲断带二维地震资料解释剖面图(测线位置见图4.1.3)

①早期压扭性擦痕;②晚期水平擦痕
图4.1.35 象州褶皱冲断带两期断面擦痕叠加

褶皱较为发育,保存较为完整,为平缓的短轴状褶皱,野外可见褶皱叠加现象,主体褶皱两翼分别为北西和南东倾向,轴面走向近南北,为晚期形成;次级褶皱两翼分别为北北西和东南倾向,轴面走向近东西,为早期受到近南北向挤压应力形成,为一系列东西向宽缓褶皱(图4.1.36),可见近南北向构造中的东、西向对冲褶皱,东部褶皱轴面倾向为南东,西部褶皱轴面倾向为北西,自西向东褶皱变形逐渐强烈,东部可见近南北走向断裂穿插褶皱,还可见破碎带,长度约为25m(图4.1.37)。

图 4.1.36　象州褶皱冲断带两期走向褶皱的叠加

a.宽缓变形　　　　　　　　　　　　　　b.褶皱变形

c.破碎带　　　　　　　　　　　　　　d.倾向为北西褶皱

e.倾向南东褶皱　　　　　　　　　　　f.野外构造样式示意图

图 4.1.37　象州地区东西向对冲褶皱

剖面 h—h'向南-柳江区段,断裂作用较弱,可见滑脱型正断层组合,倾向为西,地层变形较强,褶皱幅度较东部稍强,可见箱状及复式褶皱等形态(图 4.1.33),剖面 i—i'其林-石祥河区段,可见断裂多为逆冲断裂,近直立,较向南-柳州区域断裂作用稍强,褶皱形态整体宽缓,东西两翼不对称,东翼稍陡(图 4.1.38),属褶皱冲断带特征。

4 广西地区页岩气改造期构造特征

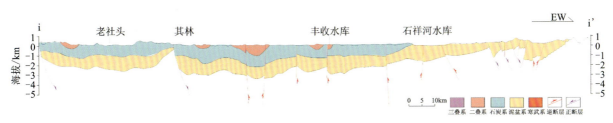

图 4.1.38 来宾县老社头-大樟地质解释剖面(i—i',剖面位置见图 4.1.3)

3. 忻城-柳江前缘褶皱带

忻城-柳江前缘褶皱带位于柳江—忻城—天山—良江一带,地层多出露泥盆—石炭系,主要发育近南北向构造。南部地区断裂较为发育,走向为北北东,断裂多为高角度逆冲断层,其次为正断层、走滑断层,长度多为20km左右,褶皱形态较为平缓,代表有三都背斜、柳江背斜及大塘向斜等,部分褶皱具有箱状特点(图 4.1.39)。

图 4.1.39 柳江县三都背斜及柳江背斜剖面图
(修编自《1∶20万宜山幅区域地质调查报告》)

剖面 h—h'土博-向南区段可见,断裂作用整体较弱,但较南部区域稍强,走向为南北向,倾向大多为东;褶皱较为发育,形态平缓,轴向为近南北向(图 4.1.33)。剖面 i—i'老社头-其林区段可见地层变形较弱,褶皱形态平缓,断裂基本不发育。北部发育一系列近乎平行的南北向构造,位于塘岭至凤凰之间(图 4.1.38),属前缘褶皱带特征。

4.1.2.4 北山复合叠加构造带

北山复合叠加构造带位于桂中坳陷中部,北部以河池宜山断裂带为界,西南部以九圩-都安断裂带为界与右江坳陷毗邻,东部边界为洛富—塘岭—大桑—乔贤一带,出露地层为石炭—二叠系。构造带主要发育东西向(北部)、北西向(西部)与北东向(东部)构造,断裂作用较强,多为逆冲断层,西部九渡、高岭一带,发育垂直于北西向褶皱和断裂的正断层或节理,断裂规模较小,长度为1~5km,沿断裂面带见破碎带,反映该组断层或节理均属张扭性质,是来自北东向挤压应力生成。褶皱作用具有由西向东逐渐减弱的趋势,西部褶皱紧闭,东部褶皱宽缓,代表褶皱为石别-嘉仁褶皱,由8个以上长轴状不对称背、向斜组成,以向斜为主,南部稀疏开阔,向北密集成束,且微成"S"形弯曲,褶皱幅度由东向西减弱,轴面由东部倾向南东东向西变为倾向北西西(图 4.1.40)。

剖面 j—j'弄贯-大塘区段,断裂主要发育逆冲断层,西部断层倾向东,东部断层倾向为西,可见背冲构造组合。西部地层变形程度明显高于东部,自西向东,褶皱形态由紧闭变为宽缓,褶皱两翼多不对称,甚至发育局部倒转(图 4.1.41)。

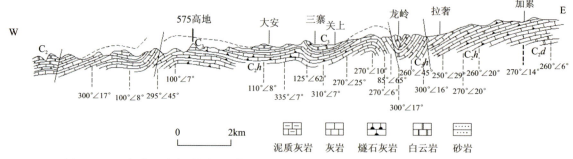

图 4.1.40　都安县大安-拉奢石别褶皱剖面图(修编自《1∶20 万宜山幅区域地质调查报告》)

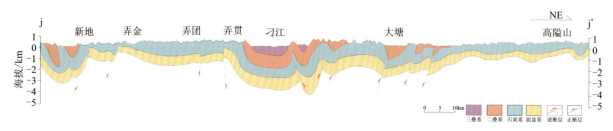

图 4.1.41　宜山县新地-高隘山地质解释剖面(j—j',剖面位置见图 4.1.3)

4.1.2.5　小结

(1)一级构造单元的展布及构造特征具有明显差异性。桂中坳陷 4 个一级构造单元在空间展布、断裂及褶皱特征等均具有显著差异,雪峰山隆起南缘重力滑覆构造带(Ⅰ)主要位于桂中坳陷北部,主要发育北北东向及东西向构造,断裂较为发育,褶皱变形程度较强;右江逆冲推覆构造带(Ⅱ),主要发育北北西—北西向构造,断裂作用一般稍弱,褶皱变形程度较强;大瑶山和大明山逆冲推覆构造带(Ⅲ),主要发育北东向与南北向构造,断裂作用强烈,褶皱形态宽缓;北山复合叠加构造带(Ⅳ),主要发育东西向、北西向及北东向 3 组构造,断裂整体较为发育,规模较小,具有挤压兼走滑性质,由西向东褶皱变形程度减弱(表 4.1.2)。

(2)各构造带的二级构造带表现出明显的分带性。一级构造带(Ⅰ、Ⅱ、Ⅲ)内各二级构造单元呈现出由根带到锋带包括冲断带-褶皱冲断带-断褶带的变形次序,由后缘到前缘体现出不同的构造变形特征,包括断裂作用的强度、褶皱变形程度以及构造样式的类型。构造带Ⅳ为构造叠加与联合的交会区,其西部、东部与北部的构造特征均与其相邻的构造单元密切相关。

3. 逆冲推覆构造带的构造变形机制上存在差异

本区构造带虽然都是以挤压为主,但变形机制上具有明显的差异。雪峰山南缘主要表现为重力滑覆作用,右江构造带、大明山与大瑶山体系主要表现为逆冲推覆作用;各构造带由前缘到后缘的构造特征也具有差异,雪峰山构造带中缘表现以断裂为主,具褶皱冲断带特征,前缘表现出断裂作用强烈,褶皱紧闭的特征;大明山与大瑶山构造体系中后缘表现以断裂作用为主,主要为褶皱冲断带特征,前缘表现为断褶带特征;右江体系中缘褶皱变形幅度较大,后缘则表现以较强断裂作用为主,具断褶带特征(表 4.1.2)。

表 4.1.2　桂中坳陷及周缘断裂和褶皱体系特征对比表

一级构造单元	二级构造单元	断裂特征	褶皱特征	构造样式
雪峰山隆起南缘重力滑覆构造带（Ⅰ）	雪峰山隆起	侏罗纪早期，形成北北东向正、逆断层，断裂作用较强	北北东向，褶皱形态较为紧闭	基底卷入型
	环江褶皱冲断带	侏罗纪早期，形成北东、北西向逆断层，北东向正断层为白垩纪反转，断裂作用较弱	北东向，褶皱形态较为宽缓	盖层滑脱型
	融水褶皱冲断带	侏罗纪早期，形成北北东向逆断层，断裂作用较强	北北东向，褶皱形态较为紧闭	盖层滑脱型
	河池-宜山断裂带	晚三叠世，形成东西向逆断层，侏罗纪早期西段北西向断裂形成，侏罗纪晚期东段北东向断裂形成，断裂作用强烈	东西向，褶皱形态较为紧闭，多被破坏	盖层滑脱型
右江逆冲推覆构造带（Ⅱ）	南丹-马山断裂带	侏罗纪早期形成北西向逆断层，具走滑性质，断裂作用较强	北西向，褶皱形态较为紧闭	盖层滑脱型
	都安-上林前缘叠加褶皱带	侏罗纪早期形成北西向逆断层，北东东向正断层为白垩纪形成，断裂作用强度一般	北西、北东东向，褶皱形态较为紧闭	盖层滑脱型
	天峨-东兰前缘褶皱带	侏罗纪早期形成北西向逆断层，断裂作用较弱	北北西向，褶皱形态较为紧闭	盖层滑脱型
	田东叠加褶皱冲断带	侏罗纪早期形成北西向逆断层，具走滑性质，断裂作用较弱	北西、北东东向，褶皱形态紧闭，可见隔槽式	盖层滑脱型
大瑶山和大明山逆冲推覆构造带（Ⅲ）	基底冲断带	侏罗纪早期形成北北东—北东向逆断层，断裂作用强	北北东向，褶皱形态宽缓，多被破坏	基底卷入型
	象州褶皱冲断带	侏罗纪晚期形成北北东向逆断层，北部断裂作用弱于南部	南北向，褶皱形态宽缓	盖层滑脱型
	忻城-柳江前缘褶皱带	侏罗纪晚期形成南北向逆断层，白垩纪部分断裂反转，断裂作用弱	南北向，褶皱形态较为紧闭	盖层滑脱型
北山复合叠加构造带（Ⅳ）	/	侏罗纪早期东西向、北西向逆断裂形成，侏罗纪晚期北东向逆断层形成，断裂作用整体较强，西部局部发育张扭性断裂	由西向东，褶皱形态逐渐由紧闭变宽缓	盖层滑脱型

4.2　桂中坳陷及周缘构造样式与形成机制

盆地构造分析中除以圈闭为代表的单一构造外，针对的往往是构造组合、构造带、构造体系，而一组有着共同特点和规律的构造组合有它们特定的构造演化和形成机制。从区域范围来看，局部构造往往在剖面形态、平面展布、排列、应力机制上有着密切联系，形成特定的构造组合，即所谓的构造样式。构造样式是同一期构造变形或同一应力作用下所产生的构造的总和。T. P. Harding 和 J. D. Lowell

(1979)提出了构造样式概念和分类,阐述了影响构造样式形态和产状变化的因素,且紧密结合油气勘探。

桂中坳陷基底为元古宇及以下岩层,沉积盖层为中、古生界。构造样式分类中首先考虑基底是否卷入。构造样式可分为基底卷入型和盖层滑脱型两大类,在此基础上根据构造的形态、力学性质、相互关系等特征进一步阐述并总结桂中坳陷构造组合及分布区域。

4.2.1 基底卷入型

桂中坳陷总体呈现出由北、西南及东南挤压向桂中部区域逆冲推覆的构造特征,但其与前陆盆地挤压存在一定的区别,没有发育同沉积地层。仅在桂北雪峰山隆起南缘与大明山与大瑶山构造带后缘一带可见基底卷入的逆冲断层或压性断块等构造样式。

基底逆冲断裂在桂中坳陷常表现为叠瓦状逆冲断层组合形式,为一系列产状相近的逆断层的组合,各断层的上盘依次相对上冲,呈屋顶盖瓦式或鳞片状依次叠覆。剖面i—i',石祥河-大樟区段,断裂作用十分强烈,断裂向下延伸较深,常形成压性断块,发育一系列东倾西冲逆断层与西倾东冲逆断层,形成背冲构造组合。局部见正断层,是后期挤压应力松弛的重力作用的结果(图4.1.40)。剖面a—a'由北向南出露地层由老变新,发育数条深大逆冲断裂,为基底卷入的逆冲断层,倾向南西(图4.1.10)。

4.2.2 盖层滑脱型

盖层滑脱型是桂中坳陷发育的主要构造样式,常沿逆冲推覆构造带的中—后缘分布。桂中坳陷发育3个逆冲推覆构造带,这些构造带的各区段构造组合具有大致相似的变形机制,在断裂、褶皱及组合特征上具有一定的差异。

一般来说,在软岩石中,逆断层与层面平行或接近平行,在硬岩层中,逆断层则与层面斜交,桂中坳陷北部雪峰山重力滑覆构造体系常见滑脱逆冲断层组合,为逆冲滑覆作用产生(图4.1.8)。同时一些逆断层上冲盘并未冲出地表,在其逆冲过程中位移逐渐减少以致在地层中消失,断层上盘及上覆地层发生褶皱变形,背斜的轴面向岩层运动的方向倾倒,形成断展褶皱(图4.1.13)。断展褶皱在桂中坳陷较发育,常见尖棱褶皱等,变形程度低时可形成箱状褶皱,递进变形强烈时可形成倒转褶皱甚至平卧褶皱,在融安小长安以及英山等地区均有发育,主要分布在桂中坳陷北部(表4.2.1)。

表4.2.1 桂中坳陷及周缘主要构造样式和分布

构造样式	构造组合	分布区域
基底卷入型	基底卷入张性断块	雪峰山隆起纳翁地区
盖层滑脱型	冲起三角带	柳州柳江、龙江,融安屯秋,南丹打狗河
	断展褶皱	融安英山,桂林地区
	滑脱逆冲断层	雪峰山隆起南缘广泛发育
	叠瓦状逆冲断层	融水褶皱冲断带,柳州地区
	花状构造	柳州大羊坪,右江槐前
	滑脱正断层组合	向南地区、芒场地区

4 广西地区页岩气改造期构造特征

桂中坳陷逆冲断裂发育,由于断裂倾向与组合模式的不同,可见对冲、背冲以及冲起构造等构造组合,图4.1.34象州三里地区可见两组相向倾斜的逆断层,为背冲构造组合。剖面b—b'龙江地区,也可见背冲组合,同时可见反冲断层发育,形成冲起三角带(图4.1.21)。剖面d—d'可见一系列逆冲断层,倾向北。屯秋等地区发育冲起构造,在洛清江地区可见对冲构造组合(图4.1.15)。剖面c—c'宜山河池断裂带东段柳州大羊坪地区,可见花状构造,为挤压伴走滑作用形成(图4.1.22)。剖面i—i'石祥河-大樟区段亦可见花状构造组合,为大明山与大瑶山逆冲推覆构造带根部地区,显示出该区域应力为压扭性质(图4.1.38)。

综上所述,桂中坳陷及周缘构造样式以盖层滑脱型为主。冲断带后缘断裂相对密集,可见基底卷入的正断层组合,发育紧闭褶皱;构造带前缘断裂较为发育,常见冲起、背冲、对冲等构造组合,在桂中坳陷中部东西向双向挤压的复合区尤为发育,同时局部地区可见伴走滑性质的花状构造;褶皱则逐渐呈现宽缓形态,可见断展褶皱等构造组合(表4.2.1)。

4.3 桂中坳陷及周缘中、新生代构造运动期次划分

中、新生代以来桂中坳陷及周缘经历了多期构造作用,地层多次抬升接受剥蚀,加大了我们认识整个盆地演化过程的难度。本次研究在分析坳陷现今构造格局及构造特征的基础上,一方面结合桂中坳陷构造地质背景,通过地层不整合记录分析构造运动,另一方面通过对断裂带或节理内充填的方解石脉体等构造作用产物内的流体包裹体测温等实验数据厘定构造期次,在此基础上确定桂中坳陷不同时期的构造作用特征,阐明桂中坳陷及周缘构造演化过程,结合区域大地构造进行动力学分析。

自三叠纪以来,桂中坳陷中、新生代主要构造期包括印支期、燕山期以及喜马拉雅期,分别对应印支运动,燕山运动以及喜马拉雅运动,Yang等(2021)在对南盘江坳陷的研究中揭示了右江逆冲推覆构造体系具有递进扩展变形特征,各构造带不同区段的构造特征也显示了由后缘至前缘的递进变形。

桂中坳陷构造事件的递进变形注定构造运动到达各个地区的时间会有所差异,即构造作用的穿时性。研究将对桂中坳陷及周缘构造期次进行划分,进一步明确雪峰山重力滑覆构造带、右江逆冲推覆构造带以及大明山与大瑶山逆冲推覆构造带扩展的路径、边界、强度以及不同时期的差异性。

4.3.1 地层不整合分布规律

不整合是指岩石地层之间由于构造作用导致的沉积间断,利用区域地层不整合可以来确定构造变形的时代以及划分构造带边界。

4.3.1.1 印支期地层不整合

印支运动使全区地壳抬升,海水退出,从此结束了本区海相沉积的历史,开创了中、新生代陆相盆地沉积的新纪元。桂中坳陷普遍缺失侏罗系,由于桂中坳陷北部、西南部以及东南部分别受到3个构造体系的影响,桂中坳陷外围同一构造带的不整合证据可以一定程度佐证桂中坳陷的构造运动时间。来宾地区白垩系仅出露下统,分布于林村、陈村、歪榜和南部的韦里、陶邓、岭头一带,为一套红色含钙质粉砂质泥岩,底部砾岩,与下伏石炭系与中三叠统成角度不整合接触。桂中坳陷东南部十万大山地区中三叠统部分缺失(图4.3.1),板八组与平垌组为不整合接触,初步将桂东南地区印支运动变形时间限定在中

三叠世之后。桂中及桂西地区可见下侏罗统与中三叠统不整合接触,荔浦地区可见下侏罗统与上二叠统角度不整合接触,田东地区普遍缺失侏罗系与白垩系,思林纳瓦村地区可见始新统与中三叠统不整合接触(表4.3.1),环江地区可见中三叠统卷入褶皱发育,推测该期褶皱为晚印支期构造作用形成(图4.1.12、图4.1.13),同时南丹断褶带可见最新地层为上三叠统卷入轴面北东倾的倒转背斜,推测为燕山早期(J_1—J_3)受到北东向挤压应力形成(图4.1.23),桂中坳陷西部右江地区上三叠统缺失(图4.3.1、图4.3.2),中三叠统与下侏罗统为不整合接触,故将印支期变形时间限制在晚三叠世。可以发现印支期激烈期于桂东南和桂中西地区,在时间上有一定的差别,桂东南地区在中三叠世构造处于强烈期时,桂中西地区仍在接受沉积。

表 4.3.1 印支期不整合分布表

分区	不整合规律	实例	
桂东南地区	K_1 ～ T_1m ～ K_1 ～ T_1	来宾县韦里圩龙安西下三叠统与下白垩统不整合接触	
桂中地区	J_1 ～ P_2 ～ K ～ T_1	荔浦平乐县岐村下侏罗统与上二叠统不整合接触	宜山县拉浪科考白垩系与下三叠统不整合接触
桂西地区	E_2 ～ T_2 ～ E_{1-2} ～ T_2	田东思林那瓦村始新统与中三叠统不整合接触	田东古一始新统与中三叠统不整合接触

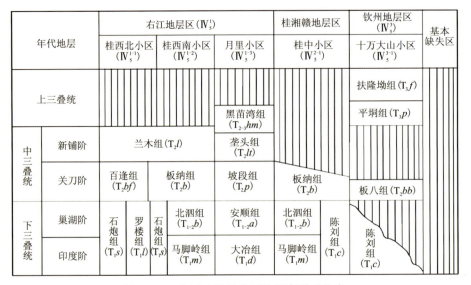

图 4.3.1 广西三叠系分区地层序列对比表

4 广西地区页岩气改造期构造特征

年代地层		广西十万大山区	桂东、桂东南区	钦州地层分区		云开地层分区	桂-湘-赣地层分区	十万大山地层分区	桂南地层分区	桂东地层分区	
上覆地层		下白垩统	下白垩统	下白垩统		下白垩统	下白垩统	下白垩统	下白垩统	下白垩统	古近系
侏罗系	上侏罗统	上统	上统	崇左组	东兴组			崇左组	东兴组		
	中侏罗统	那荡组	石梯组	石梯组	那荡组	石梯组	石梯组	石梯组	那荡组	石梯组	石梯组
	下侏罗统	百姓组	大岭组	百姓组	大岭组	西湾群	西湾群	大岭组	百姓组	那周尾组	大岭组
		汪门组	天堂组	汪门组	那周尾组			天堂组	汪门组		天堂组
上三叠统		扶隆坳组		扶隆坳组					扶隆坳组	古墓组	

图 4.3.2 广西侏罗系分区地层序列对比表

4.3.1.2 燕山期地层不整合

桂西地区古近系在南宁分布较广,主要分布于南宁盆地、左江及郁江两岸,为一套陆相碎屑岩沉积,不整合于古生界和中生界之上,上林地区可见第四系与下白垩统不整合接触,桂东道县地区可见下白垩统与中上侏罗统的不整合接触,东南地区贵县可见古近系与下白垩统角度不整合接触,判断燕山运动在桂中坳陷应至少存在两个幕次,即燕山早期与燕山晚期(表4.3.2)。

桂东地区上白垩统与中侏罗统石梯组为不整合接触(图4.3.2),桂南上白垩统瓦窑村组与上侏罗统东兴组为不整合接触,故将该地区燕山早期变形时间限定在晚侏罗世初期。百色盆地洞均组与六咀组为不整合接触,南宁盆地凤凰山组与瓦窑村组为不整合接触(图4.3.3),将该地区燕山晚期时间限制在晚白垩世初期,且燕山晚期桂中坳陷东部的变形时间略早于西部。

表 4.3.2 燕山期不整合分布表

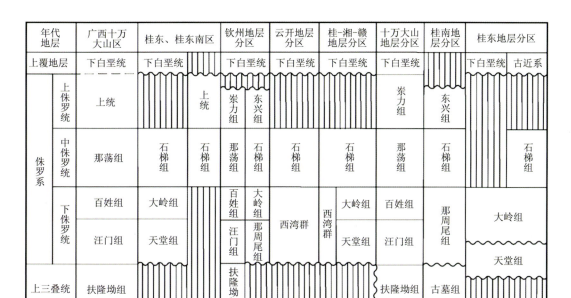

古近系	古近系	古近系	古近系	白石山群	六咀组	瓦窑村组	洞均组	凤凰山组	邕宁群	
上白垩统	上组（火山岩）						六咀组	瓦窑村组	白石山群	罗文组
	下组									西垌组
下白垩统	双鱼嘴组	上统	罗文组	罗文组	西垌组					
	大坡组（火山岩）		西垌组（火山岩）	（火山岩）						
	新隆组	下统	新隆组	新隆组						

图 4.3.3　广西白垩系分区地层序列对比表

综上所述，桂中坳陷印支期不整合具有穿时的特点，结合不整合在各个区域的限定时间以及属性显示印支期在桂中坳陷的时间大约在中—晚三叠世，且桂东南地区的初始变形时间（中三叠世）略早于桂西及桂中地区（晚三叠世），由于桂中坳陷广泛缺失侏罗系与白垩系，燕山期不整合初步认定呈现穿时特点，横向上呈现由东向西的推进规律，并且后一期变形对前期变形具有继承性（图 4.3.4）。

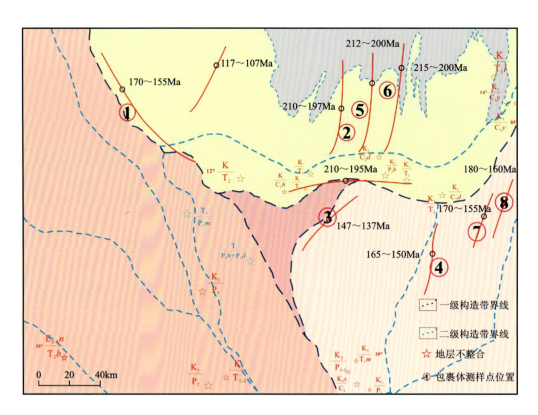

图 4.3.4　桂中坳陷及周缘中新生代地层不整合、流体包裹体采样位置及断裂形成时间示意图

4.3.2 构造期次的包裹体证据

包裹体是成岩或成岩后构造流体在矿物结晶生长的过程中,被包裹在矿物晶格缺陷或穴窝中的、至今尚在主矿物中封存的并与主矿物有相界限的那一部分物质,这一部分物质在主矿物结晶生长的过程中被捕获之后,便不再受外来物质的影响,一直保存至今,满足了用包裹体的某些物化性质反映其形成时期的地质环境的基础条件(卢焕章等,1986;卢焕章,2012)。

根据包裹体与主矿物的形成时间,可将包裹体类型分为3类:原生包裹体、次生包裹体与假次生包裹体。本文主要研究对象为前两者,原生包裹体是与主矿物同时形成的,其中包裹的流体可代表主矿物形成时的流体和物理化学条件,次生包裹体则是主矿物形成后沿着主矿物裂隙进入的热液在重结晶过程中捕获的包裹体,它与主矿物不是同一期次,有可能为后期的构造作用导致,且其常与原生包裹体呈不同特点分布,可以在镜下区分。

利用镜下观察方解石脉体的穿插关系与包裹体产状,选取合适的视域,进行样品包裹体的均一测温,样品均来自环江、融水、象州及北山等地区,可以较好反映不同期构造运动,利用埋藏史图与包裹体测温结合的方式,推算断裂的构造运动时间,进一步对桂中坳陷构造演化期次进行划分(图4.3.5)。

目前均一温度数据是在常压条件下获得的,包裹体却是在成岩成矿时的温度、压力,以及成分条件下被捕获的,因此,对目前所得到的温度,应当加以一系列的校正,以便接近当时被捕获时的物理化学条件,以获得包裹体生成时的温度,根据盐度及压强对测温进行校准,本次利用的是Potter(1997)不同浓度的NaCl溶液的均一温度与压力关系图,以求获得准确的捕获温度。

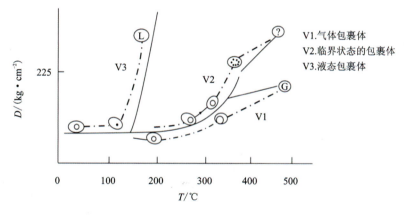

图4.3.5 流体包裹体均一状态(据卢焕章,1990)

4.3.2.1 环江地区

NO.1号地质点位于雪峰山隆起南缘重力滑覆构造带与右江逆冲推覆构造带的交会处,主要发育北西向与北东向构造,构造特征为北西向切割北东向构造,野外可见两期擦痕与劈理等多期构造现象。出露地层多为泥盆—石炭系,样品在上泥盆统北西向断裂断层面处采集(图4.3.6)。

NO.1号地质点010-1薄片镜下可见方解石脉穿插碳质灰岩中,存在较为明显的两期脉体,早期脉体多见于围岩,短而细,宽度为$10\sim80\mu m$,晚期脉体宽大且延伸较长,宽度最大可达到6mm,充填物为粒状亮晶方解石,双晶纹清晰;局部可见压溶缝,被碳质充填,切割早期方解石细脉(图4.3.7)。

a.两期擦痕叠加断层面,早期近水平左旋走滑擦痕,
晚期压性顺断面倾向擦痕

b.轴面北西走向的尖棱褶皱,被走向近南北向的破劈理切层

图 4.3.6　No.1号地质点多期构造

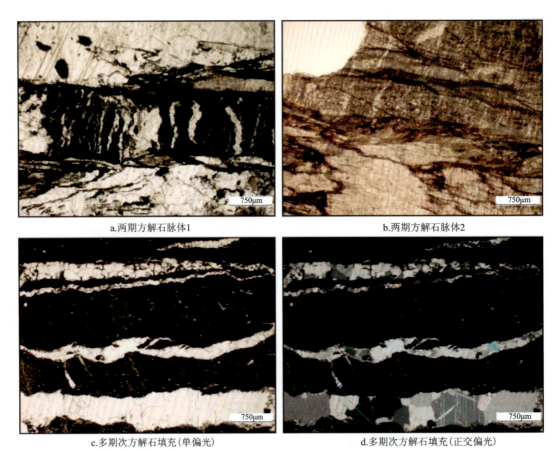

a.两期方解石脉体1

b.两期方解石脉体2

c.多期次方解石填充(单偏光)

d.多期次方解石填充(正交偏光)

图 4.3.7　NO.1号地质点 010-1 薄片镜下观察现象

　　NO.1号地质点 017-1 薄片镜下可见网状方解石脉体穿插围岩,可见多期穿插现象(至少可见 3期),脉体宽度为 20μm 到 1mm 不等,围岩为粉细晶灰岩(图 4.3.8)。

　　NO.1号地质点样品包裹体测温可见两个温度区间,通过盐度校正后,捕获温度分别为 120~125℃,145~155℃(图 4.3.9、图 4.3.10),对应埋藏史图抬升曲线(图 4.3.11),两期温度指示的两期构造运动时间分别为晚三叠世、侏罗纪早期。结合区域构造特征,东西向断裂为先期形成,时间大约在印支晚期(225~205Ma),北西向断裂为后期形成,时间大约在燕山早期Ⅰ幕(187~180Ma)。

4 广西地区页岩气改造期构造特征

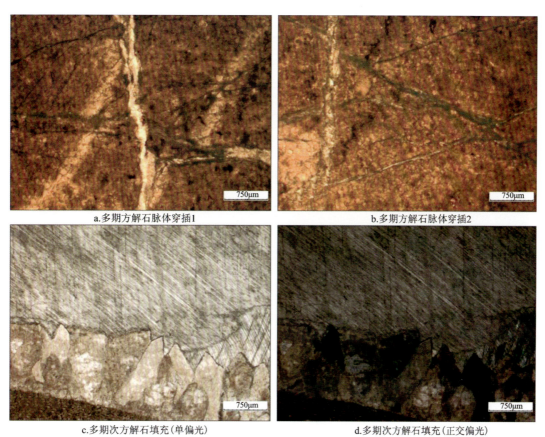

a.多期方解石脉体穿插1　　　　　　　　　　　　b.多期方解石脉体穿插2

c.多期次方解石填充（单偏光）　　　　　　　　　d.多期次方解石填充（正交偏光）

图 4.3.8　NO.1 号地质点 017-1 薄片镜下观察现象

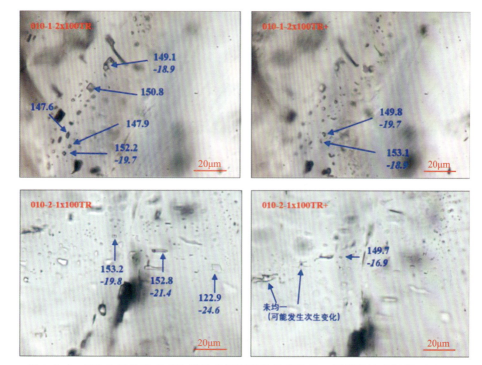

图 4.3.9　NO.1 号地质点 010 样品方解石脉体包裹体均一温度及冰点温度（单位：℃）

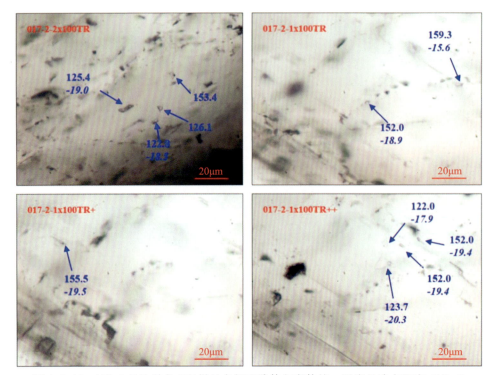

图 4.3.10　NO.1 号地质点 017 样品方解石脉体包裹体均一温度及冰点温度（单位：℃）

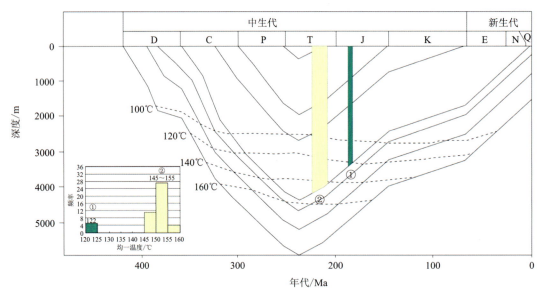

图 4.3.11　NO.1 号地质点包裹体温度对应年代示意图

4.3.2.2　融水地区

NO.2 号地质点处于桂中坳陷雪峰山隆起南缘重力滑覆构造带东部融水地区，该地区主要发育北东—北北东向构造，出露地层多为石炭系，野外可见北东向张扭断层及同期张节理，以及北西—南东向挤压应力导致的地层揉皱变形。样品为中石炭统的北北东向断裂断层面处采集（图 4.3.12）。

NO.2 号地质点 028 样品镜下观察可见，围岩为角砾灰岩，可见方解石脉体穿插围岩，方解石双晶纹清晰，局部具有环带构造（图 4.3.13）。

4 广西地区页岩气改造期构造特征

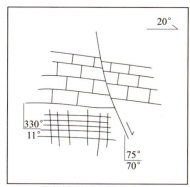
a.北东向张扭断层与同期张节理

b.北西-南北挤压应力导致地层揉皱变形

图 4.3.12　NO.2 号地质点野外多期构造

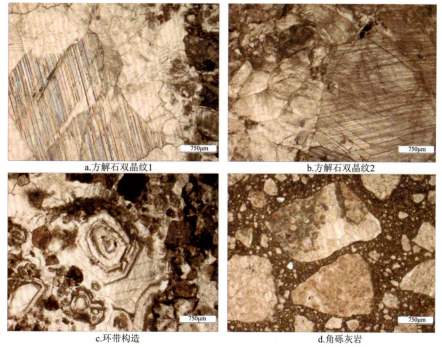

图 4.3.13　NO.2 号地质点 028 样品薄片镜下观察现象

NO.2 号地质点包裹体测温可见一个温度区间,通过盐度校正后,捕获温度为 145～160℃,对应埋藏史图抬升曲线,温度区间指示的构造运动时间为晚三叠世,结合区域构造特征,北北东向断裂为印支晚期形成,时间为 210～200Ma(图 4.3.14、图 4.3.15)。NO.5 号及 NO.6 号地质点与 NO.2 号地质点处于构造特征相似的相近区域,经相同分析测试步骤可得北北东向断裂形成时间分别为 212～200Ma、215～205Ma。

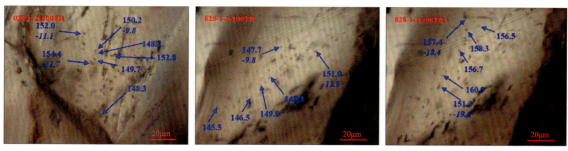

图 4.3.14　NO.2 号地质点 028 样品方解石脉体包裹体均一温度及冰点温度(单位:℃)

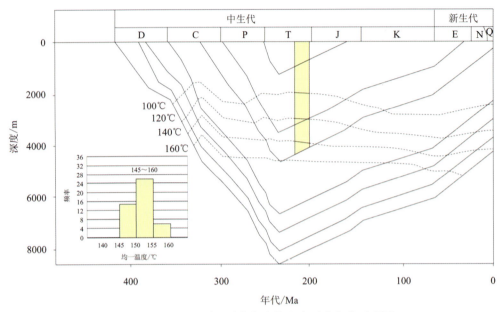

图 4.3.15 NO.2 号地质点包裹体温度对应年代示意图

4.3.2.3 北山地区

NO.3 号地质点处于北山复合叠加构造带东部,主要发育北东—北北东向与东西向构造,切割关系为北北东向切割东西向构造。野外可见早期褶皱形成的东西走向近直立岩层,后期为走向近南北向的近直立右旋走滑断面切割近直立东西走向岩层。出露地层主要为泥盆—石炭系,样品在上泥盆统近东西向断裂断层面处采集(图 4.3.16)。

图 4.3.16 NO.3 号地质点多期野外多期构造(①:先期东西向构造;②:后期南北向构造)

NO.3 号地质点 023 样品镜下观察可见,围岩为粉晶灰岩,方解石脉穿插围岩,具有多期次穿插关系,方解石脉具有多期充填特征,局部方解石颗粒形态拉长,双晶纹清晰(图 4.3.17)。

NO.3 号地质点样品包裹体测温可见两个温度区间,通过盐度校正后,捕获温度分别为 125～130℃,150～165℃,对应埋藏史图抬升曲线,两期温度指示的两期构造运动时间分别为侏罗纪早期、侏罗纪晚期。结合区域构造特征,北西向断裂为先期形成,时间大约在燕山早期Ⅰ幕(190～176Ma),北东—北北东向断裂为后期发生,时间大约在燕山早期Ⅱ幕(156～146Ma)(图 4.3.18～图 4.3.20)。

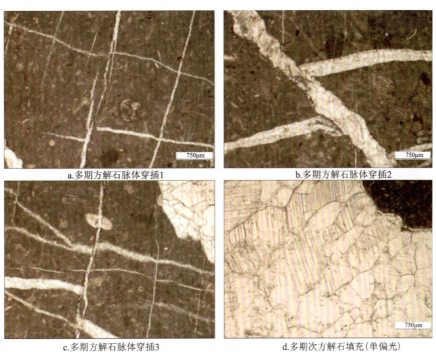

图 4.3.17　NO.3 号地质点 023 样品薄片镜下观察现象

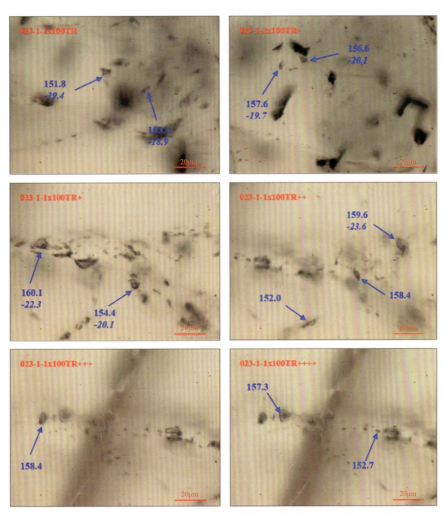

图 4.3.18　NO.3 号地质点 023 样品方解石脉体包裹体均一温度及冰点温度(单位:℃)

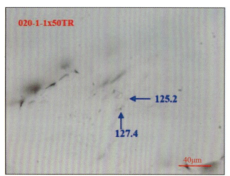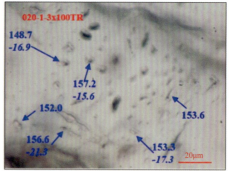

图 4.3.19　NO.3 号地质点 020 样品方解石脉体包裹体均一温度及冰点温度(单位:℃)

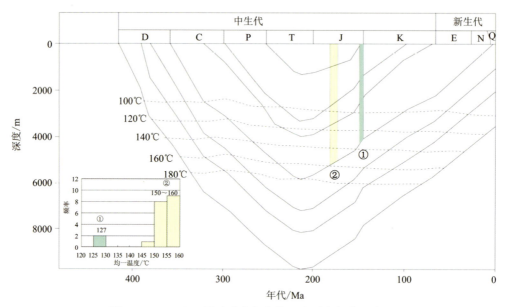

图 4.3.20　NO.3 号地质点包裹体温度对应年代示意图

4.3.2.4　象州地区

NO.4 号地质点位于象州褶皱冲断带,主要发育近南北向及北东向构造,断裂常见走滑性质,野外断层面可见张性、压性角砾共存,同时伴随擦痕;早期东西向褶皱可见后期南北、北东向改造。出露地层主要为石炭—泥盆系,样品在上泥盆统北东向断裂断层面处采集(图 4.3.21)。

NO.4 号地质点 110 样品,镜下观察可见围岩为泥晶灰岩,网络状方解石脉体穿插围岩,宽度为

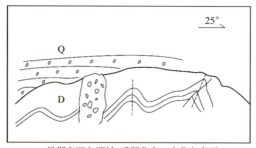

a.早期东西向褶皱,后期北东、南北向变形　　b.左旋压扭,可见两期擦痕

图 4.3.21　NO.4 号地质点野外多期构造素描图

10μm 至 4mm，双晶纹明显，为多期充填（图 4.3.22）。

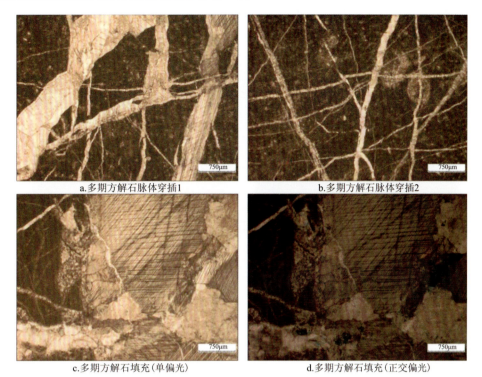

a.多期方解石脉体穿插1　　　　　　　　　　b.多期方解石脉体穿插2

c.多期方解石填充（单偏光）　　　　　　　　d.多期方解石填充（正交偏光）

图 4.3.22　NO.4 号地质点 110 样品薄片镜下观察现象

NO.4 号地质点样品包裹体测温可见两个温度区间，通过盐度校正后，捕获温度分别为 145～155℃，165～170℃，对应埋藏史图抬升曲线，两期温度指示的两期构造运动时间分别为侏罗纪中早期、侏罗纪晚期，均为燕山早期Ⅱ幕。结合区域构造特征，北东向构造形成时间大约在燕山早期Ⅱ幕（160～146Ma）（图 4.3.23，图 4.3.24）。NO.7 号及 NO.8 号地质点与 NO.4 号地质点处于构造特征相似的相近区域，经相同分析测试步骤可得北北东向断裂形成时间分别为 167～149Ma、170～152Ma。

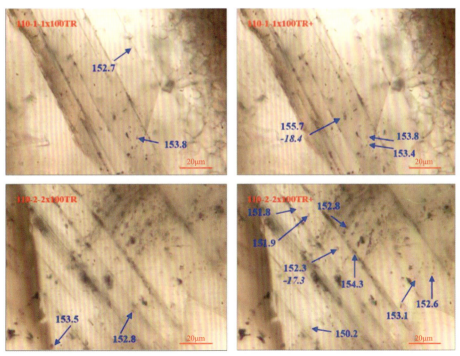

图 4.3.23　NO.4 号地质点 110 样品方解石脉体包裹体均一温度及冰点温度（单位：℃）

包裹体温度指示的断裂形成时间(图4.3.24)显示,桂中坳陷东部北北东—北东向构造由东至西时代由老到新,北部北东东—北东向构造由北东至南西时代由老到新。结合杨文心等(2021)对南盘江坳陷的变形机制研究,判断桂中坳陷构造带西部北西向、东部北东向及北中部东西向3组构造的发育具有递进变形的特点。桂中坳陷构造期次可划分为5个阶段:①210~190Ma,对应印支晚期构造运动活动;②190~180Ma,对应燕山早期Ⅰ幕构造运动,165~146Ma,对应燕山早期Ⅱ幕构造运动;③白垩纪,对应燕山晚期构造运动;④古近纪末期,对应喜马拉雅早期构造运动,结合文献资料同位素定年,其构造运动时间在115~95Ma;⑤喜马拉雅晚期(现今)。

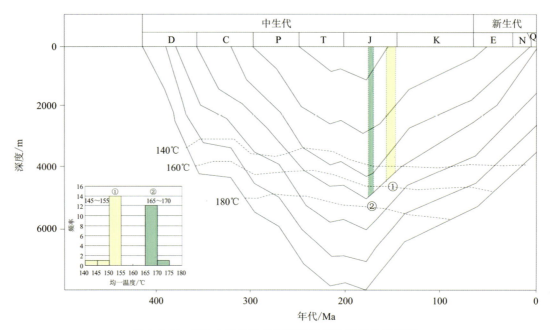

图4.3.24　NO.4号地质点包裹体温度对应年代示意图

4.4　桂中坳陷及周缘中、新生代构造演化与动力学

4.4.1　平衡剖面

平衡剖面是通过分析区域构造背景,将解释剖面上的变形构造通过几何学、运动学原理,复原成未变形形态的技术(王运所等,2003;汤济广等,2006)。其目的是认识构造形成发育的全过程,以及检验解释结果的合理性。构造研究一般假定构造是从原始水平状态起始变形的,现在保存的构造是变形的结果,要认识构造及其形成发育的全过程应进行构造复原,其基本原理是岩层厚度、面积和体积在变形前后是平衡的。构造复原有以下基本假设:①变形期间的岩石体积基本不变;②岩石体积仅被剥蚀和沉积压实改变;③主导变形方式是脆性断层;④褶皱与断层有关;⑤假设由压溶和构造压实引起的体积损失很小。

平衡剖面还遵守面积守恒、层长一致、位移一致和缩短量一致的原则。①(体积)面积不变原则:变形前后地层体积(三维空间)或面积(剖面)不变。②岩层厚度不变原则:岩层发生褶皱时,不同岩层只在顺层剪切,因此以同心圆状褶皱方式变形,即变形前后岩层厚度不变。③剖面中各标志层的长度一致原则:如果各层间没有不连续面,其恢复后的原始长度在同一剖面中应当一致(汤济广等,2006)。

选取与区域构造运动方向近于一致,北、东、西3条剖面:北部雪峰山隆起(纳翁-刁江)剖面、东南部象州(土博-桐木)剖面以及西南部右江(龙味-高隘山)剖面。

4.4.1.1 北部雪峰山隆起南缘重力滑覆构造带纳翁-刁江剖面构造演化

北部雪峰山隆起南缘构造带河池纳翁-宜山刁江剖面走向北南,垂直于区域东西向构造,从桂中坳陷雪峰山隆起南缘边界纳翁-龙江-刁江延伸至河池宜山断裂带。根据地层接触关系、区域构造和实验数据分析,该剖面经历了印支期(晚三叠世)、燕山早期Ⅰ幕(侏罗纪早期)、燕山早期Ⅱ幕(侏罗纪晚期)及燕山晚期—喜马拉雅早期(白垩—古近纪)4个主要构造变形期。各构造变形期具有递进变形的特点,印支期(晚三叠世),构造变形作用于纳翁—垒峒地区;燕山早期Ⅰ幕(侏罗纪早期),构造变形发生在垒峒—上木寨之间的区域;燕山早期Ⅱ幕(侏罗纪晚期),构造变形发生在上木寨—刁江之间的区域;燕山晚期—喜马拉雅早期(白垩—古近纪),中古—龙江之间的区域经历了北西—南东向的伸展作用(图4.4.1)。平衡剖面选取河池纳翁—宜山刁江地震剖面,现今剖面总长度为68.7km,以泥盆系顶界面作为标志线进行平衡计算,总剖面原始长度为88.9km,总剖面缩短量为20.2km(表4.4.1)。

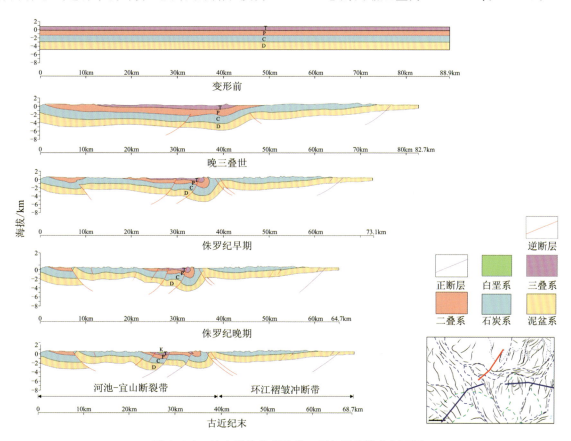

图 4.4.1 桂中坳陷北部纳翁—刁江平衡演化剖面图

印支期变形主要以挤压褶皱为主,剖面收缩挤压变形主要集中在纳翁-垒峒区段,从剖面北部边界到刁江变形前原始剖面长度为88.9km,变形后剖面长度为82.7km,缩短量为6.2km,缩短率为7.0%,受到雪峰山隆起由北向南推覆的影响,产生南北向的挤压应力,区域主要为断褶带,褶皱形态较宽缓,背斜核部主要出露石炭系,向斜核部主要为二叠系。由北东向南西褶皱的幅度由大变小,地层变形幅度由强变弱,出露地层由老变新。该变形带具厚皮结构特征,可见基地卷入型构造样式。

表 4.4.1　桂中坳陷北部纳翁-刁江平衡剖面变形量表

时期	主变形区域	变形前剖面长度 (L_0)/km	变形后剖面长度 (L)/km	缩短量 $(\Delta L = L_0 - L)$/km	缩短率 $(R = \Delta L/L_0)$/%
晚三叠世	纳翁—垒峒	88.9	82.7	6.2	7.0
侏罗纪早期	垒峒—上木寨	82.7	73.1	9.6	11.6
侏罗纪晚期	上木寨—刁江	73.1	64.7	8.4	11.5
古近纪	中古—龙江	64.7	68.7	−4	−6.2

燕山运动时期产生了多期的东西向断裂及褶皱,并且构造形迹具有明显的继承性和由北东向南西的逐级过渡特征。燕山早期Ⅰ幕(侏罗纪早期),变形推进到垒峒—上木寨区域,区段发生收缩变形,剖面整体发生挤压变形,剖面长度由82.7km变为73.1km,缩短率为11.6%。该时期构造运动强烈,地层剥蚀。平衡剖面恢复的结果可见,燕山早期Ⅰ幕以挤压作用为主,发育大量北北东向逆断层,地层变形幅度增大,少数深大断裂继承性活动。燕山早期Ⅱ幕(侏罗纪晚期),变形推进到上木寨-刁江区段,剖面整体变形前剖面长度为73.1km,变形后剖面长度为64.7km,缩短量为8.4km,缩短率为11.5%,该期构造运动以挤压为主,构造强度略弱于燕山早期Ⅰ幕,构造作用以构造带前缘的断裂作用为主。

燕山晚期—喜马拉雅运动时期,受到我国东南部整体伸展环境的影响发生伸展变形,可见环江地区大量北东向逆断层反转成正断层,反转前剖面长度为64.7km,反转后剖面长度为68.7km,伸展量为4.0km,伸展率为6.2%,该反转作用影响中古-龙江之间的区域,该变形期形成的主要构造样式为盖层滑脱型滑脱正断层。

基于包裹体测温限定的构造期次时间、地层不整合分布规律约束的变形范围以及通过平衡剖面计算的不同时期构造变形缩短量,可以计算出构造变形的传递速率。

由表4.4.2可知各时期变形传递速率具有明显的规律性,印支晚期,雪峰山隆起南缘传递量为6.2km,传递速率为0.41mm/a;燕山早期Ⅰ幕,环江褶皱冲断带传递量为9.6km,传递速率为0.69mm/a;燕山早期Ⅱ幕,环江褶皱冲断带传递量为8.4km,传递速率为0.49mm/a。

桂北地区中—新生代递进变形在燕山早期Ⅰ幕(侏罗纪早期)强度最大,自北至南构造卷入程度逐渐减弱和变浅,即由厚皮构造过渡到薄皮构造(表4.4.2)。

表 4.4.2　桂中坳陷北部纳翁-刁江地区构造变形传递速率表

时期	传递区域	经历时间(起~止)/Ma	传递量/km	传递速率/(mm·a⁻¹)
印支晚期	雪峰山隆起南缘	15(210~195)	6.2	0.41
燕山早期Ⅰ幕	环江褶皱冲断带	14(190~176)	9.6	0.69
燕山早期Ⅱ幕	环江褶皱冲断带	17(163~146)	8.4	0.49

4.4.1.2　东南部大明山和大瑶山逆冲推覆构造带土博-桐木剖面构造演化

东南部大明山和大瑶山逆冲推覆构造带宜山土博—象州桐木剖面走向北西向,垂直于区域北东向构造,从桂中坳陷象州褶皱冲断带东缘延桐木—柳江—向南至忻城褶皱冲断带。该剖面经历了印支期(晚三叠世)、燕山早期Ⅰ幕(侏罗纪早期)、燕山早期Ⅱ幕(侏罗纪晚期)及燕山晚期—喜马拉雅早期(白垩—古近纪)4个主要构造变形期,各构造变形期依次递进变形。印支期(晚三叠世),构造变形发生于桐木-那马之间的区域;燕山早期Ⅰ幕(侏罗纪早期),构造变形发生于那马—柳江之间的区域;燕山早期

Ⅱ幕(侏罗纪晚期),构造变形递进发展,发生于柳江和土博之间的区域;燕山晚期—喜马拉雅早期(白垩—古近纪),向南—柳江之间的区域经历了北西—南东向的伸展作用(图4.4.2)。平衡剖面选取宜山土博—象州桐木剖面,现今剖面总长度为104.0km,以泥盆系顶界面作为标志线进行平衡计算,总剖面原始长度为122.1km,总剖面缩短量为18.1km(表4.4.3)。

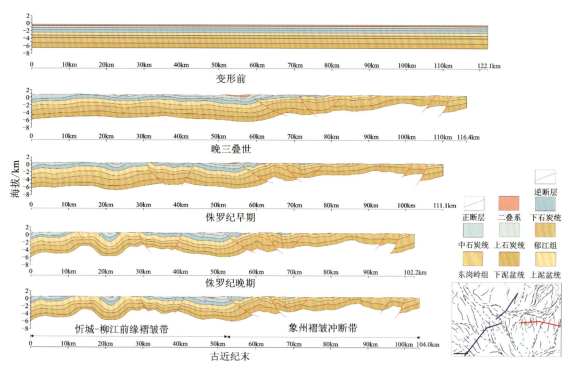

图4.4.2 桂中坳陷东部土博—桐木平衡演化剖面图

表4.4.3 桂中坳陷东部土博-桐木平衡剖面变形量表

时期	主变形区域	变形前剖面长度 (L_0)/km	变形后剖面长度 (L)/km	缩短量 $(\Delta L = L_0 - L)$/km	缩短率 $(R = \Delta L / L_0)$/%
晚三叠世	桐木—那马	122.1	116.4	5.7	4.7
侏罗纪早期	那马—柳江	116.4	111.1	5.3	4.6
侏罗纪晚期	柳江—土博	111.1	102.2	8.9	8.0
古近纪	向南—柳江	102.2	104.0	−1.8	−1.8

印支期变形主要以挤压褶皱为主,剖面收缩挤压变形主要集中在象州桐木—那马地区附近,从剖面西部边界到柳江,变形前后剖面长度由122.1km变为116.4km,缩短量为5.7km,缩短率为4.7%。受到库拉板块由东向西挤压作用的影响,产生北西—南东向的挤压应力,使得边界断裂复活产生北东向构造形迹,断裂较为发育,褶皱形态宽缓。区段属构造带后缘,由于自东向西的挤压作用,主要发育逆冲断裂等构造组合。

燕山早期Ⅰ幕,构造变形推进到柳江地区,那马—柳江区域发生收缩变形,剖面整体变形前长度为116.4km,变形后剖面长度为111.1km,缩短量为5.3km,缩短率为4.6%。根据区域资料,此时受剥蚀的地层为石炭—二叠系。燕山早期Ⅱ幕运动,由于库拉板块继续向北西方向俯冲,该时期构造运动较为强烈。柳江—土博地区地层发生变形,褶皱形态整体较为宽缓,断裂作用较强,出露地层以石炭—泥盆系为主,从东向西变新。从平衡剖面恢复的结果可知,燕山早期Ⅱ幕运动主要以挤压推覆为主,进一步改造先期平缓褶皱,在东西向挤压应力长期持续作用下,在洛清江地区附近产生南北向褶皱与断裂,可见滑脱型逆冲褶皱组合。剖面整体变形前剖面长度为111.1km,变形后剖面长度为102.2km,缩短量为8.9km,缩短率为8.0%。

燕山晚期—喜马拉雅早期,库拉板块俯冲速度减弱,受到我国东南部整体伸展环境的影响发生伸展变形,原来的逆断层反转成正断层,反转前剖面长度为102.2km,反转后剖面长度为104.0km,伸展量为1.8km,伸展率为1.8%,该反转作用影响向南—柳江之间的区域,该变形期形成的主要构造样式为盖层滑脱型滑脱正断层。

各时期变形传递速率具有明显的规律性(表4.4.4)。印支晚期,东缘基底冲断带传递量为5.7km,传递速率为0.38mm/a;燕山早期Ⅰ幕,象州褶皱冲断带传递量为5.3km,传递速率为0.39mm/a;燕山早期Ⅱ幕,忻城-柳江前缘褶皱带传递量为8.9km,传递速率为0.52mm/a。由此可见,桂东地区中—新生代递进变形由印支到燕山早期逐渐向西推进,在燕山早期Ⅱ幕(侏罗纪晚期)强度最大。

表4.4.4 桂中坳陷东部土博-桐木地区构造变形传递速率表

时期	传递区域	经历时间(起~止)/Ma	传递量/km	传递速率/(mm·a^{-1})
印支晚期	基底冲断带	15(210~195)	5.7	0.38
燕山早期Ⅰ幕	象州褶皱冲断带	14(190~176)	5.3	0.39
燕山早期Ⅱ幕	忻城-柳江前缘褶皱带	17(163~146)	8.9	0.52

4.4.1.3 西南部右江逆冲推覆构造带龙昧-高隘山剖面构造演化

西南部右江逆冲推覆构造带龙昧-高隘山剖面走向北东,垂直于区域北西向构造,从桂中坳陷田东叠加褶皱冲断带西缘延槐前—板环—大塘至北山复合叠加构造带。根据地层接触关系、区域构造和实验数据,该剖面经历了印支期(晚三叠世)、燕山早期Ⅰ幕(侏罗纪早期)、燕山早期Ⅱ幕(侏罗纪晚期)及燕山晚期—喜马拉雅早期(白垩—古近纪)4个主要构造变形期,各构造变形期表现出递进变形特点。印支期(晚三叠世),构造变形发生于龙昧—太平之间的区域;燕山早期(晚侏罗世),构造变形发生于太平—弄团之间的区域;燕山早期Ⅱ幕(晚侏罗世),构造变形递进发展,发生于弄团—高隘山之间的区域;燕山晚期—喜马拉雅早期(白垩—古近纪),新地—弄金之间的区域经历北东—南西向的伸展作用(图4.4.2)。平衡剖面选取龙昧-高隘山剖面,现今剖面总长度为174.3km,以泥盆系顶界面作为标志线进行平衡计算,总剖面原始长度为231.4km,总剖面缩短量为57.1km(表4.4.5)。

表4.4.5 桂中坳陷西部龙昧-高隘山平衡剖面变形量表

时期	主变形区域	变形前剖面长度(L_0)/km	变形后剖面长度(L)/km	缩短量($\Delta L=L_0-L$)/km	缩短率($R=\Delta L/L_0$)/%
晚三叠世	龙昧—太平	231.4	213.2	18.2	7.9
侏罗纪早期	太平—弄团	213.2	182.3	30.9	14.5
侏罗纪晚期	弄团—高隘山	182.3	170.6	11.7	6.4
古近纪	新地—弄金	170.6	174.3	−3.7	−2.2

印支期开始,该剖面的构造运动为以挤压褶皱为主的变形方式,区域受到南西—北东的挤压应力,产生北西向褶皱及断裂。由于受到西侧特提斯洋板块向北东推覆的影响,龙昧—太平地区发生变形,该期形成的褶皱宽缓,向斜核部出露三叠系,挤压作用于盖层,表现为一系列逆冲-褶皱组合。背斜核部出

露石炭系,由南西向北东褶皱隆升幅度由高变低,该期剖面原始长度为231.4km,变形后剖面长度为213.2km,缩短量为18.2km,缩短率为7.9%。

燕山早期Ⅰ幕,薄皮构造向东北方向进一步传递,太平—弄团区域发生构造变形,其中田东叠加断褶带内北西向褶皱大多呈长轴状,背斜形态紧闭、地层倾角较大,褶皱两翼常不对称,逆断层切割核部,向斜轴部形态宽缓、地层倾角较小。紧闭的背斜与宽缓的向斜相间排列,基底多未卷入盖层构造中,同时由于受到东南方向挤压应力,局部可见穹隆等褶皱样式。该期剖面变形前长度为213.2km,变形后剖面长度为182.3km,缩短量为30.9km,缩短率为14.5%。燕山早期Ⅱ幕,到早白垩世末挤压变形进一步推进到高隘山地区,褶皱变形强度减小,断裂作用较强,剖面原始长度为182.3km,变形后长度为170.6km,缩短量为11.7km,缩短率为6.4%。

燕山晚期—喜马拉雅早期,受到华南大陆整体伸展环境的构造地质背景影响,剖面发生伸展作用,大量逆断层产生构造反转,反转前后剖面长度由170.6km变为174.3km,伸展量为3.7km,伸展率为2.2%,该反转作用只影响到新地—弄金之间的区域,该变形期形成的主要构造样式为盖层滑脱型正断层组合(图4.4.3)。

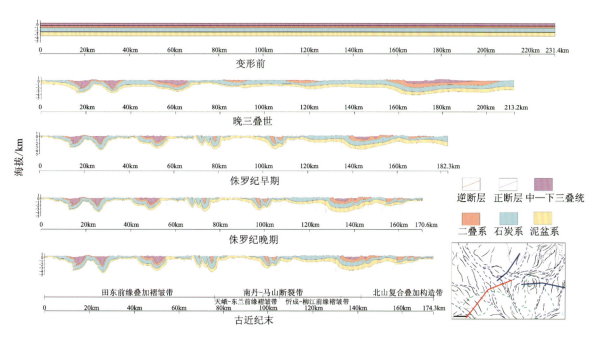

图4.4.3 桂中坳陷龙昧-高隘山平衡演化剖面

各时期变形传递速率具有明显的规律性(表4.4.6)。印支晚期,田东褶皱冲断带印支晚期传递量为18.2km,传递速率为1.21mm/a;燕山早期,都安-上林叠加褶皱带传递量为30.9km,传递速率为2.21mm/a;燕山晚期,天峨-东兰前缘褶皱带传递量为11.7km,传递速率为0.69mm/a,由此可见,桂西地区中—新生代燕山早期Ⅰ幕构造运动较为强烈。

表4.4.6 桂中坳陷西部龙昧-高隘山构造变形传递速率表

时期	传递区域	经历时间(起~止)/Ma	传递量/km	传递速率/(mm·a⁻¹)
印支晚期	田东叠加褶皱冲断带	15(210~195)	18.2	1.21
燕山早期Ⅰ幕	都安-上林前缘叠加褶皱带	14(190~176)	30.9	2.21
燕山早期Ⅱ幕	天峨-东兰前缘褶皱带	17(163~146)	11.7	0.69

4.4.2 动力学分析

桂中坳陷西南部右江和东南部十万大山等盆地的演化动力学机制，与古特提斯洋与滨太平洋板块的构造演化密切相关，表现出围绕扬子陆壳边缘、受特提斯洋碰撞造山作用而发展成的一个统一弧后-前陆沉降带（刘东成，2009）。由于桂中坳陷不同地区自身基底格架的不同，并在演化过程中受到北部"江南古陆"的影响，东、西两侧受到滨太平洋和古特提斯板块的联合交替作用（白忠峰，2006），右江弧后-前陆盆地在印支运动晚期转变为再生褶皱带，并持续向桂中地区挤压推覆；十万大山盆地亦朝着挤压环境的陆内坳陷前陆盆地的方向发展（吴国干等，2009；Yang et al.，2021）。综合平衡剖面分析，将桂中坳陷构造演化期次划分为：①晚三叠世，印支晚期挤压阶段；②侏罗纪早期，燕山早期Ⅰ幕，挤压兼走滑阶段；③侏罗纪晚期，燕山早期Ⅱ幕，挤压兼走滑阶段；④白垩纪—古近纪，燕山晚期—喜马拉雅早期伸展阶段；⑤新近纪—第四纪，喜马拉雅晚期抬升剥蚀阶段（图4.4.4）。

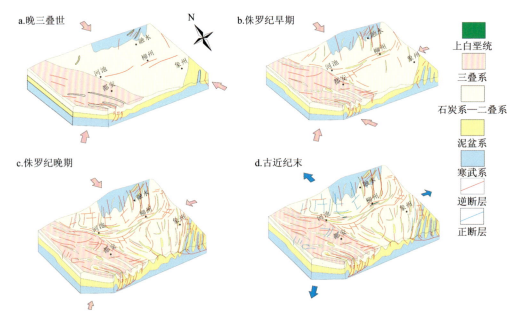

图 4.4.4 桂中坳陷及周缘中—新生代构造演化模式图

4.4.2.1 印支晚期挤压阶段

晚三叠世，由于南部特提斯洋的俯冲-碰撞与关闭，除东南方向早已隆升的云开隆起外，坳陷南部的钦防褶皱带再次发生强烈变形，南部的西大明山-马关隆起也迅速隆升（吴继远，1986）。

桂中坳陷西南及邻区，平衡剖面显示该时期龙味—太平区段发生构造变形，形成一系列逆冲断层，倾向为西南，地层发生变形，形成形态较为宽缓的褶皱，主要发育北西向构造，可见右江地区下侏罗统与中三叠统不整合接触（图4.3.2，图4.4.3）。桂中坳陷东南及邻区则形成北东向构造，平衡剖面显示该时期桐木—那马区域发生挤压变形，断裂作用较强，褶皱形态宽缓，同时韦县地区可见下三叠统与下白垩统不整合接触；在桂中坳陷北部，包裹体温度指示河池-宜山断裂带东西向构造形成时间为225~205Ma；融水地区北北东向构造形成时间为210~200Ma（图4.3.4），同时还具有由东北向南西，断裂形成时间由老变新的递进变形特征，均为印支—燕山早期运动的产物。

晚三叠世初期，印支晚期挤压阶段，桂中坳陷受到北南挤压作用，中部形成东西向宽缓褶皱，西部北

4 广西地区页岩气改造期构造特征

西向及东部北东向构造开始逐渐发育。桂中坳陷的构造格局呈现出北面以雪峰山构造带为脊柱,桂东的大明山与大瑶山构造带为前弧东翼,桂西的右江构造带为前弧西翼,形成了广西"山"形构造格局,至此,初步奠定了桂中坳陷的基本构造框架。

4.4.2.2 燕山早期挤压兼走滑阶段

侏罗纪早期,库拉板块加速向大陆俯冲消亡,使整个华南区域产生北西-东南向的挤压应力,对应燕山早期Ⅰ幕。在整个华南地区与该期构造运动有关而形成的北东、北北东向构造十分普遍,即使在远离大陆边缘的桂中坳陷也受到影响(吴继远,1986),该时期是桂中坳陷重要的构造变形期。

桂中坳陷北部的雪峰山隆起,北北东向构造继续向南西推进,逐渐递进变形至上木寨地区,同时形成北北东向的复式褶皱,褶皱形态较为紧闭(图4.4.1)。桂西南地区北西向构造逐渐递进变形至桂中地区,平衡剖面显示构造变形递进发展作用于太平—弄田区域,断裂较为发育,主要为西南倾向的逆冲断裂,褶皱变形强度逐渐增强,形态更趋紧闭,主要形成北西向构造(图4.4.3),同时局部可见北东向构造对前期构造的改造,可见穹隆等叠加褶皱样式(Yang et al.,2021)。在桂中坳陷中部地区,河池-宜山断裂带为东西向构造,在北东—南西向挤压应力作用下,新生断层产生并改造先期断裂,断裂带西段主要形成一些北西向短轴状的褶皱及逆冲断层,断裂常伴随走滑特征,包裹体温度指示北西向构造形成时间为190～176Ma。桂东南地区,平衡剖面显示构造变形作用于那马—柳江区域,断裂较为发育,褶皱变形强度较低,主要形成北东向构造(图4.4.2)。

侏罗纪晚期,为燕山早期Ⅱ幕挤压兼走滑阶段,各构造带递进变形,构造随挤压作用进一步向桂中地区推进,主要形成北西、北东、北北东向构造。桂东南地区北东向构造逐渐递进变形至桂中地区,平衡剖面显示该时期构造变形发生于柳江—土博区域。河池宜山断裂带东段构造受到北东向改造,包裹体温度指示北东向断裂形成时间为170～157Ma(图4.3.4),先期东西向构造被北北东或北东向构造叠加改造,同时伴随右旋走滑作用,仅在局部可见残留的东西向褶皱和压扭性逆断层,剖面呈现花状构造,反映该期构造兼具走滑特征,与燕山早期Ⅰ幕在西段引起的北西向改造,共同造就了断裂带的"弧形"形态。至此燕山早期运动结束,侏罗纪末期桂中坳陷的挤压构造变形已基本全部完成。

4.4.2.3 燕山晚期—喜马拉雅早期伸展阶段

白垩—古近纪,华南地壳开始伸展、变薄,局部发生造山带伸展塌陷作用(吴继远,1986),对应燕山晚期—喜马拉雅早期伸展阶段。桂中坳陷处于伸展应力下,主要发育张性断裂,在全新的动力学应力机制下,成为白垩—古近纪的伸展构造区。除在桂中坳陷南部发育南宁、桂平盆地等大型伸展断陷盆地外,还伴随发育大量中、小型断陷盆地。在未发育白垩—古近纪盆地的部分地区,中、古生界中发育一系列正断层,大部分是在印支—燕山早期形成的逆断层经过构造反转形成的。

桂东南地区,平衡剖面显示该时期向南—柳江之间的区域经历了北西—东南向伸展作用,发育一系列北北东—北东向逆断层,整体倾向为西(图4.4.2)。桂西南地区,平衡剖面显示该时期新地—弄金区域的逆断层由于伸展作用发生构造反转,发育一系列北西向正断层,断裂倾向西(图4.4.3)。桂北地区,平衡剖面显示中古—龙江区域发生伸展作用,北东向逆断层反转为正断层,同时河池-宜山断裂带可见白垩系不整合于泥盆—石炭系之上,为局部区域(柳州地区等)受重力均衡作用发育少量弱伸展的山间坳陷。

4.4.2.4 喜马拉雅晚期抬升剥蚀阶段

新近纪至第四纪,东面的库拉-太平洋洋中脊消亡殆尽,太平洋板块俯冲运动减弱,对应喜马拉雅晚期运动。本区及周缘地区强烈隆升,地层差异剥蚀,构造变形程度相对较弱。

地层隆升剥蚀表现十分明显,地表大量出露古生界及部分三叠系,其中桂中坳陷西部剥蚀厚度较小,大约为 1000m,东部象州地区泥盆系出露地区,剥蚀厚度可达 3000m 以上(刘东成,2009;李梅,2011)。地层剥蚀破坏了部分早期油气藏顶部,例如:南丹大厂、拉朝古油藏及周缘的麻江古油藏均是由于后期抬升剥蚀而造成油气藏的彻底破坏,对桂中坳陷的油气地质条件产生了较大的负面影响。

4.5 右江盆地中、新生代构造特征

滇黔桂裂谷带的右江盆地东北以水城-紫云-南丹-昆仑关断裂为界,东南以凭祥-南宁-大黎断裂为界,西北延入贵州、云南至弥勒-师宗断裂,南西与越北地块接壤。盆地内出露地层以上古生界—中生界为主,局部有寒武系和古近系分布。寒武系在西北部隆林一带为浅海台地相碳酸盐岩沉积,西大明山、大明山一带为深水盆地相陆源碎屑浊积岩,加里东运动褶皱成山,以走向近东西向的紧密线状褶皱为主。

据台地与台沟(盆)相间分布的古地理沉积格局、岩浆活动及构造等特征,将本区划分为南丹坳陷、都阳山隆起、桂西北坳陷、灵马坳陷、大明山隆起 5 个 5 级构造单元(图 4.5.1)。

1. 南丹坳陷(Ⅳ-4-3-1-1)

南丹坳陷位于南丹、河池一带,东北侧以南

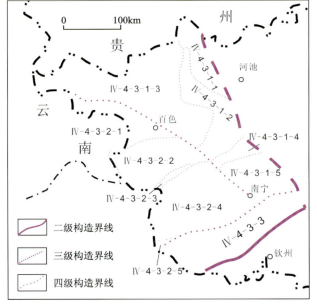

图 4.5.1 右江盆地构造单元划分图

丹-河池断裂带为界,西、南至天峨县城、东兰隘洞、河池县九圩和都安瑶族自治县三只羊一线。印支运动发生褶皱及冲断作用,构成一巨型北北西向的复式线状倒转褶皱以及伴生的同走向右旋逆冲兼走滑剪切性质的冲断带。由于南丹一带为北西向次级边幕式褶皱叠加,造成复式向斜翼部波状起伏呈花边状构造。南丹县芒场、大厂有燕山晚期花岗岩、花岗斑岩和闪长玢岩岩株或岩脉分布。物探及钻孔资料证实,大厂深部尚有一个较大的隐伏酸性侵入体存在。

该坳陷为残存的晚古生代深水沉积坳陷,泥盆系、下石炭统发育多套黑色泥页岩,在地质历史时期有油气生成与聚集成藏,并在后期被抬升,遭遇剥蚀破坏,形成大厂古油藏及局部的常规天然气藏。

2. 都阳山隆起(Ⅳ-4-3-1-2)

都阳山隆起位于天峨、凤山、东兰、都安和马山一带。沿南丹-昆仑关断裂,在都安附近发育晚白垩世火山沉积的断陷盆地,都安和马山一带燕山期辉绿岩、煌斑岩筒或岩脉较发育。印支期褶皱、断裂发育,构造线方向多为北北西向,次为南北向。箱状背斜与屉状向斜相间发育,具隔槽式褶皱组合样式;

背、向斜核部地层倾角 5°～20°，翼部达 30°～60°，其中向斜内往往具次级紧密线状褶皱。

3. 桂西北坳陷（Ⅳ-4-3-1-3）

桂西北坳陷位于隆林、西林、田林、乐业、凌云、百色、巴马一带，属晚古生代—中三叠世大型坳陷区，在盆地相区沉积了下石炭统和下三叠统多套富有机质泥页岩，南东以右江断裂为边界。在晚二叠世—早三叠世，由于古特提斯洋的俯冲消减引起区内强烈的裂谷作用，沿巴马—田林一线发育总体北西向展布的三叉式裂谷系统。该裂谷过田林分成两支：北支过隆林东侧北向伸入贵州册亨—板绕一线；西支经隆林延入云南省内，平面上构成三叉式裂谷（王刚等，2016）。

区内基性侵入岩发育，主要分布于隆林、西林、百色、巴马一带，零星见于乐业巴鱼、下坳龙林及天峨向阳一带，呈层状、似层状，多沿背斜轴侵入，时代主要为晚二叠世，如巴马民安、田东玉凤辉绿岩 $^{40}Ar/^{39}Ar$ 年龄分别为 $256.2\pm0.8Ma$、$255.4\pm0.4Ma$（范蔚茗等，2004），次为早三叠世，于西林一带出露。燕山期酸性岩脉零星地见于凌云至巴马一带。

印支运动发生褶皱、断层变形，构造线以北西向为主，在西林、隆林一带向北西西弯转，呈帚状或弧形构造。台地相区发育平缓开阔褶皱，其中乐业、凌云台地以近南北向"S"形褶皱和环台断裂为特色。台盆相区褶皱以中常褶皱为主，构成大型右江复式向斜。右江大断裂斜贯本区，破坏复向斜核部，并控制晚白垩世、新生代盆地的形成和展布。

印支运动后，地壳普遍抬升，缺失晚三叠世—早白垩纪沉积。沿右江大断裂带发育有百色-田东古近纪—新近纪走滑拉分盆地、田东晚白垩世走滑拉分盆地。

4. 灵马坳陷（Ⅳ-4-3-1-4）

灵马坳陷位于武鸣县灵马至大明山一带，东、西两端分别为南丹-昆仑关断裂、右江断裂所挟持。灵马以北有二叠纪、大化北西向有早三叠世辉绿岩脉侵入。印支期褶皱、断裂发育，区域构造线方向主体北东东向，东、西两端折往北西向，构成往北西向开口的"U"形构造带。褶皱为线状闭合-紧闭褶皱，背、向斜相间发育，地层倾角在 30°～80°之间，局部直立或倒转，其中背斜核部常见同走向断裂伴生发育。

燕山期以来，北西向右江断裂、南丹-昆仑关断裂和北东东向灵马隐伏断裂以走滑拉分活动为主，沿右江断裂发育有隆安-雁江晚白垩世和始新世、灵马隐伏断裂南侧有武鸣府城晚白垩世拉分盆地，武鸣府城晚白垩世盆地有强烈的中基性—酸性火山喷发及基性局部超基性小岩脉侵入。

该坳陷内下石炭统和下三叠统发育两套富有机质的泥页岩层，可作为页岩气的勘探目的层，该构造单元南部残存较稳定的构造向斜，利于页岩气的保存。

5. 大明山-昆仑关隆起（Ⅳ-4-3-1-5）

大明山-昆仑关隆起主要位于大明山、昆仑关一带，北与灵马坳陷相邻，南与十万大山断陷盆地接壤，西、东分别与西大明山隆起、大瑶山隆起连接。

早古生代基底主要为复理石碎屑岩，以寒武系为主，大明山一带有小面积夹中基性火山岩的下奥陶统出露。加里东运动褶皱回返，构造线方向主要为近东西向，大明山一带呈北西向展布，并有晚志留系花岗斑岩侵入。

印支运动以晚古生代地层为主体的盖层均卷入构造变形，构成一个在昆仑关以加里东期背斜为主体的复式宽缓短轴背斜-穹隆构造，走向北东东。其北翼出露完整，由一个台地相区较宽缓长轴箱形背斜与一个台（沟）盆相区相对紧闭窄长的屉状向斜组成，褶皱轴向以北东东向为主，次为北西向，后者常干扰、叠接前者，构成往北西开口、呈"U"形的褶皱样式。印支运动后，本区长期处于隆升剥蚀状态，缺失早白垩世沉积。晚白垩世以来,北西向右江断裂和南丹-昆仑关断裂、北东东向凭祥-南宁断裂发生走滑运动,沿断裂或附近发育晚白垩世、古近纪走滑拉分盆地,盆地为数百米厚的红色或杂色复陆屑、类磨拉石充填。晚燕山期岩浆活动强烈,昆仑关西北晚白垩世拉分断陷盆地内有中酸性火山喷发;昆仑关一带花岗岩体侵入;大明山一带有酸性或中酸性小岩体或岩脉分布,据物探资料推测,其深部尚有隐伏花岗岩体。

通过天峨-乐业-凌云北北东向二维地震剖面测量成果显示,在天峨-凤山-凌云一线三叠系分布比较稳定(图 4.5.2),结合早石炭世和早三叠世的沉积相特征,在凤山、凌云、天峨、巴马台地之间为深水相沉积,发育下石炭统和下三叠统多套富有机质泥页岩,是右江盆地页岩气勘查新区、新层系(如下三叠统)的主要对象。

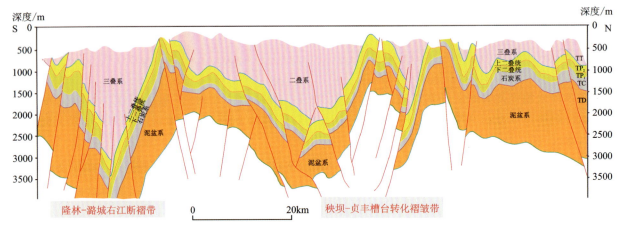

图 4.5.2　右江盆地 QN2007-65 地震剖面综合解释图

4.6　十万大山盆地中生代构造特征

十万大山盆地位于十万大山至横县西津一带,十万大山推覆构造北西前缘,是由印支期前陆盆地转化而来的一个中生代大型类前陆盆地或断陷盆地,北东东走向,西北、东南分别以峒中-小董断裂和凭祥断裂为边界。在上思南包括 J_1、T、P、C、D 地层上拱形成十万大山盆地二级隆起构造带。据此十万大山盆地自北而南划分为北部斜坡带、中部隆起带和南部坳陷带 3 个二级构造单元(图 4.6.1)。

区内以上三叠统—白垩系变形为主体,形成一复式开阔向斜,构造线方线方向总体北东东向。复式向斜两翼不对称,南东翼陡(30°~70°),局部近断裂外发生倒转,北西翼平缓(10°~30°);向斜内发育次级宽缓短轴状褶皱,呈雁列状排列,背、向斜不等同发育。喜马拉雅期褶皱分布于复式向斜北西翼西段,为宽缓短轴向斜,由古近纪类磨拉及杂色复陆屑组成,地层产状平缓,倾角 4°~14°,轴向近东西向。

4.6.1　盆地断裂构造

盆地内断裂较发育,走向以近东西—北东东走向为主,次为北西向,整体表现为向东北收敛、向西南撒开的帚状断裂系统(图 4.6.1)。主要断裂自北而南有东门、上思和扶隆断裂,倾向南南东、南东,倾角 60°~70°,以正断层为主。北西向断裂主要分布于盆地中段,相对短小,切割近东西—北东东方向组断裂,断面倾向以北东为主,倾角多数大于50°,属性以正断层为主。其中,扶隆断裂具有印支转换带或缝合线特征,在上思形成褶断带,对盆地的发展演化具有重要作用。

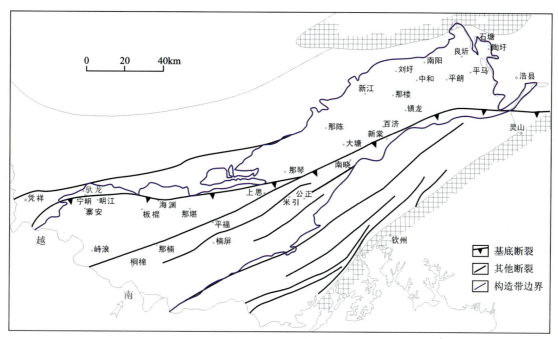

图 4.6.1　十万大山盆地断裂体系分布图

盆地内近东西—北东东向断裂主要形成于印支期,主要表现为逆冲断层,属十万大山推覆构造(郑俊章和陈焕疆,1995)的重要组成部分;燕山期发生反转,与新生的北西向正断层一起成为控盆断裂体系。喜马拉雅期,可能由于区外北部湾(南海)形成、发生沉降,区内发育近东西向断裂,叠接并激活先存北东东向断裂,盆地北西缘山前发生断陷,形成古近纪盆地。区内北西向断层均切割近东西—北东东方向组断裂,表明新构造运动以北西向断裂复活及其新生断裂活动为主。

4.6.2　盆地深部构造特征

该盆地构造形态自西往东地层由薄变厚,近扶隆断层构成明显的箕状构造盆地。盆地中部的扶隆断层及断褶带在地表的特征和深部一样,倾向东,显示盆地整体结构由东南往西北推覆形成断褶带;上思断裂深部向东南倾斜,下方逐渐与扶隆断裂交会。万参1井附近断裂构造发育,组成地垒构造(图4.6.2)。其中东部凹陷呈向南倾斜的箕状,基底深度6000~7000m;西凹陷基底向西南作分叉状,最大埋深7000m(图4.6.3)。

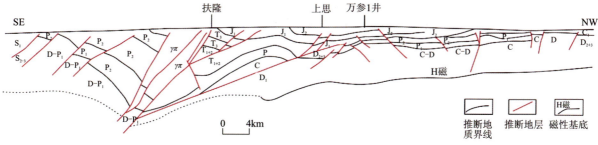

图 4.6.2　十万大山盆地 SD-94-Ⅳ 线地震解释成果图

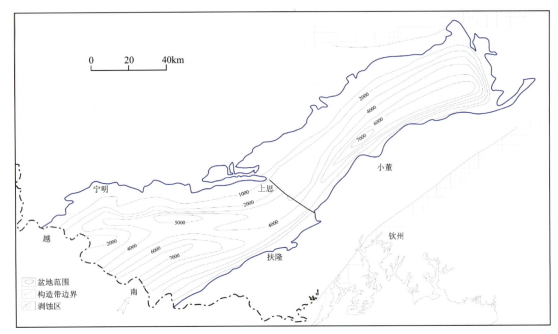

图 4.6.3　十万大山盆地基底构造埋深图

4.7　改造期宏观构造保存条件小结

广西地区构造位置特殊,处于多构造体系和应力作用交接部位,具有十分复杂的构造格局,北、东、西周缘构造体系截然不同,具明显区域性。例如,桂中坳陷及周缘主要发育南北向、东西向、北东向及北西向4组构造,呈现由3组深大断裂(东西向、北东向及北西向)以及相关构造体系围限的"倒三角"形态。在多期次、多方向、多应力类型背景下,其构造演化过程也极为复杂。因此,对于经历了中、新生代以来强烈改造的桂中坳陷而言,对中、古生界页岩气勘探目的层现今的构造格局进行以构造改造为切入点的、全新的构造单元划分,可以更有效地服务于中、古生界页岩气保存条件分析和评价。

基于改造格局的构造带划分方案将中、新生代构造划分为雪峰山隆起南缘重力滑覆构造带、右江逆冲推覆构造带、大瑶山和大明山逆冲推覆构造带及北山复合叠加构造带4个一级构造单元。前3者均呈现出由冲断带-褶皱冲断带-前缘断褶带的变形特征,北山构造带则为构造的叠加与联合的交会区。4个一级构造单元下又细分为12个二级构造带。桂中坳陷及周缘共发育北西向、北东向、东西向、南北向4个走向的断裂体系,各组断裂之间存在性质差异、断层平面密度差异、断裂活动时间差异。同时协调发育了4个方向的褶皱(北西向、北东向、东西向、南北向),各方向褶皱的平面发育密度、褶皱类型、幅度、形成时间都存在差异,局部还存在两个方向的褶皱叠加。桂中坳陷北部、西南部、东南部分别受到3个构造体系的影响。中、新生代构造演化在印支晚期表现出东南地区早、西部和中部地区晚的特点,印支期构造运动的影响主要在中—晚三叠世时期,桂东南地区的初始变形时间(中三叠世)略早于桂西地区(晚三叠世),中部地区在印支期整体上呈东西走向的大隆大凹格局,隆起相对紧闭,凹陷区相对宽缓。燕山运动显示两幕强烈期,区域上具有自东向西推进的特点,后一期变形对前期变形具有继承性。各一、二级构造单元,在空间展布、断裂、褶皱、构造样式、构造带形成时间和期次等方面均具有显著差异,这些差异性导致了各构造带的中、古生界页岩气宏观构造保存条件的差异。

4个一级构造带都受到印支期构造活动的影响,但波及程度、范围、形式有所差异,其内部的部分二级构造带尚未被印支期构造活动波及,或是在印支期处于宽缓的构造低部位,较有利于中、古生界页岩气层系的保存条件;燕山期全区主体构造面貌基本成型,两幕强烈挤压作用于侏罗纪早期和晚期分别波及了西部、北部地区和东部地区,整体构造面貌基本定型,若干二级构造带构造变形程度相对小,或者局部构造样式较好、埋深适中则仍可保留较有利的页岩气构造保存条件;燕山晚期—喜马拉雅早期的伸展作用波及部分二级构造带,不利于页岩气的保存;部分二级构造带在3期不同方向、不同性质的构造作用期间都处于构造高部位,构造保存条件相对较差。

雪峰山隆起南缘重力滑覆构造带(Ⅰ)内下属的河池-宜山断裂带(Ⅰd)在晚三叠世处于相对紧闭的构造高部位,后期该带又经历了燕山早期挤压作用、燕山晚期—喜马拉雅早期伸展作用的叠加,整体中、古生界页岩气层构造保存条件整体相对较差,可能埋藏适中的某些局部构造会具有相对好的保存条件。另外3个二级构造带在印支期处于构造低部位,在燕山运动侏罗纪早期主体褶皱变形,其中雪峰山隆起构造较为紧闭,断裂作用强,页岩气构造保存条件一般;环江褶皱冲断带(Ⅰb)燕山早期褶皱变形相对宽缓,断裂作用比其他3个构造带弱一些,页岩气保存条件较好,但白垩纪时期的伸展作用可能是个不利因素;融水褶皱冲断带(Ⅰc)燕山期整体褶皱变形强烈,但局部也发育燕山期的较宽缓的褶皱,局部页岩气构造保存条件较好。

右江逆冲推覆构造带(Ⅱ)印支期开始发育,但该时期褶皱变形主要波及田东叠加褶皱冲断带(Ⅱd),再向北东方向的二级构造带褶皱作用较弱;燕山早期的两幕强烈变形期在右江逆冲推覆构造带(Ⅱ)属于对印支期西南方向挤压构造作用的继承性变形,构造带内大多数压性断裂和褶皱发生于侏罗纪早期、基本定型于侏罗纪晚期,但在侏罗纪早期还叠加了北东方向挤压应力作用,因此该构造带内的都安-上林前缘叠加褶皱带(Ⅱb)、田东叠加褶皱冲断带(Ⅱd)、都安-上林前缘叠加褶皱带(Ⅱb)属于构造叠加区,整体页岩气构造保存条件一般。天峨-东兰前缘褶皱带(Ⅱc)还发育明显的白垩纪时期的伸展构造,不利于页岩气保存。南丹-马山断裂带(Ⅱa)未基本受到北东方向挤压应力的影响,晚期伸展作用也不明显,虽然整体褶皱较为紧闭,但存在构造保存条件相对较好的局部构造。

大瑶山和大明山逆冲推覆构造带(Ⅲ)也是印支期开始发育,但该时期褶皱变形主要波及南东区域的基底冲断带(Ⅲa),尚未影响其他几个二级构造带;侏罗纪早期构造作用以宽缓变形为主,强烈褶皱断裂主要定型于侏罗纪晚期;相较于右江逆冲推覆构造带(Ⅱ)而言,大瑶山(Ⅲ)和大明山逆冲推覆构造带燕山期运动以第二幕更为强烈。基底冲断带(Ⅲa)的页岩气构造保存条件较一般;象州褶皱冲断带(Ⅲb)构造变形主要开始于侏罗纪晚期,南部褶皱多较为宽缓,晚期伸展作用表现较少,整体保存条件较好;忻城-柳江前缘褶皱带(Ⅲc)构造变形主要开始于侏罗纪晚期,存在较为宽缓的褶皱,但晚期伸展作用明显,整体保存条件相对于南部较好,晚期伸展作用有一定负面影响。

前述3个一级构造带均呈现出由冲断带-褶皱冲断带-前缘断褶带的变形特征,北山复合叠加构造带(Ⅳ)则为构造的叠加与联合的交会区。印支期处于宽缓的构造低部位,燕山早期是构造发育和定型时期,侏罗纪早期形成东西向和北西向构造,侏罗纪晚期叠加北东向构造,断裂作用较强,褶皱由西向东逐渐由紧闭变宽缓,燕山晚期—喜马拉雅早期的伸展作用表现不明显,整体页岩气保存条件一般。

5 广西地区典型页岩气区块解剖

5.1 南丹-环江页岩气区块

5.1.1 结构构造特征

本区构造发展经历了海西期、印支期—燕山期、喜马拉雅期三大历史阶段,其中印支—燕山运动结束了海相沉积历史,为本区重要构造形成阶段,区内大部分褶皱、断裂均在该时期形成,在强烈构造作用下于西部、东部分别形成了北西向、北东向两种不同的构造迹线。构造形态主要有箱状、线状、宽缓、倒转等不同类型褶皱和各种不同性质的断裂。根据沉积建造和构造特征差异,以丹池大断裂为界将南丹-环江页岩气区块内划分为南丹线状断褶带和环江断褶带。

5.1.1.1 褶皱系统

1. 南丹线状褶皱带

南丹线状褶皱带位于区块西部,整体构造迹线方向为北西向,由一系列紧密狭长型线状北西向褶皱(个别背斜形态较宽缓)组成,呈雁行排列(图 5.1.1)。几乎所有褶皱两翼不对称,背斜为南西翼陡,北东

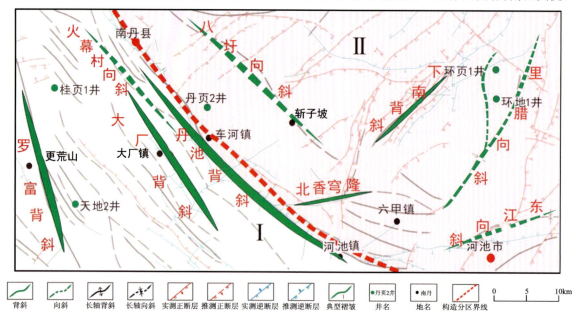

图 5.1.1 南丹-环江页岩气区块构造体系图(Ⅰ.南丹线状褶皱带,Ⅱ.环江宽缓断褶带)

翼缓,局部直立或倒转。平面上构造走向稍有变化,自丹池大断裂东侧八圩向斜-丹池背斜-火幕村向斜-大厂背斜-罗富背斜由东往西,整体褶皱轴向由北东向逐渐过渡为北北西向,一直延伸到南丹-环江页岩气区块西侧的天峨地区,褶皱轴向变为近南北向,反映出该时期受到来自北东向挤压应力由西向东逐渐减弱的趋势。区带内靠近丹池大断裂的东部次级褶皱轴向一般与主轴平行,西部次级褶皱与主轴相交10°~30°,其锐角指向北,向南撒开,褶皱叠加不明显(表5.1.1)。

整体构造特征以浅-表构造层次变形为主,存在两期构造作用形成两套完全不同的构造样式和变形组合:①燕山早期受挤压应力形成以北西向为主的挤压线性褶皱、劈理化构造带及逆冲断层,南丹线状断褶带则是在燕山早期受到北东-南西方向的强烈挤压发生纵弯褶皱作用所形成的,整体上来自北东向的主应力要强于南西向,因此造成区内部分褶皱斜歪甚至倒转的现象,东部南丹、大厂首先遭受北东向挤压应力作用,故较构造作用更强烈,影响更大,响应区内自东向西褶皱轴向由北西西向过渡到北西向再到近南北向的构造特征。②燕山晚期—喜马拉雅早期(K_2—E_1)构造反转作用形成以层间伸展剪切褶皱、拉断石香肠构造、张性间扭性为主的断裂构造,反映了一种以区域拉张应力为主的伸展机制。

2. 环江宽缓断褶带

环江宽缓断褶带位于本区块东部,构造走向为北东、北西向,均为宽缓开阔褶皱。以拔贡断裂为界,东侧轴向多为北东向或近东西向,属于印支晚期江南-雪峰隆起向南逆冲形成的构造体系。西侧以北西向为主,属于燕山早期南丹线状褶皱构造体系,与南丹断褶带北西向褶皱一致,且因燕山晚期—喜马拉雅早期构造反转发育的大量走向北东的正断层切穿地层,断裂破碎较为强烈,使褶皱构造相对复杂化。中部北香一带属于构造叠加区,在空间上具有叠加关系,形成以东西向构造为主体的北香穹隆,很好地反映了这种叠加特征。

5.1.1.2 断裂系统

区内断裂走向可划分3组:一是北西向断裂,二是北东向断裂(包括部分近东西向断裂),三是南北向断裂。以北西向断裂为主,多为逆断层,北东向正断层、逆断层亦有发育(图5.1.1)。北西向逆断层是在南西翼陡、北东翼缓的斜歪褶皱基础上发展而来的,单条断距不明显,在车河—大厂一线组合呈现南西向逆冲的叠瓦扇式逆冲推覆构造。丹池大断裂是区域性大断层,从测区南丹经大厂、河池、金城江至五圩一带,因在不同地区该断裂对两侧的沉积、构造影响不同,具有明显的分段特征,分为3段:南丹-河池断裂带、河池-金城江断裂带、五圩段,由一系列北西向韧性断裂和走滑断裂组成,具多期次活动特点,既有张性又有压性,甚至表现走滑特征。丹池断裂在中元古代四堡期就已存在,断裂两侧相变迅速,基底断裂附近常见同生褶皱、包卷构造、同生滑塌和崩落堆积等现象(表5.1.2)。

南丹-环江页岩气区块主要经过丹池大断裂的北段(南丹-河池断裂带)、部分中段(河池-金城江断裂带)。北段北起南丹,经大厂河池一带,由一条北西向的主干断裂及一系列走向大致相同的次级断裂组成,次级断裂多与主干断裂平行,断裂之间的地层均发育构造变形较陡的背、向斜构造,褶皱强烈,局部倒转(向南西方向倒转),主要为挤压-逆冲褶断(图5.1.2)。

环江地区正断层发育密集,其中拔贡断层为区域性大断裂,切穿下南背斜,出露泥盆系和石炭系,发育断层三角面和宽2~15m的断层破碎带,带内由断层角砾岩、方解石脉和劈理化组成,具多期次活动特点,属长期活动断裂,兼具走滑性质。

表 5.1.1 南丹-环江地区褶皱特征表

分区	编号	名称	轴向	长度/km	宽度/km	出露地层 轴部	出露地层 翼部	翼部岩层倾角		形成时期	形态特征
南丹线状断褶带	1	罗富背斜	340°~350°	>74	12~16	D_1l	C-P	40°~60°		早燕山期	宽阔略呈箱状
	2	火幕村向斜	320°	25	6	T_3	T_2-P	SW30°~50°	NE60°~70°	早燕山期	复式
	3	大厂背斜	325°	25	3	D_1yl	D_2l-C_2P_1n	SW70°~80°	NE15°~58°	早燕山期	复式
	4	丹池背斜	330°	40	2~6	D_1yl	D_1yl-C_2P_1n	SW40°~70°	NE20°~45°	早燕山期	复式线状
	5	八圩向斜	315°	>20	7~20	P_2	C_2h-C_2P_1n	SW70°~80°	NE15°~58°	早燕山期	宽缓
环江宽缓断褶带	6	北香弯隆	110°	9	7	D_2l	D_3w-C_2P_1m	N20°	S10°~25°	晚印支期	弯隆
	7	下南背斜	60°	>15	5~15	D_3r	C_1lz-C_2P_1m	SW9°~40°	NE10°~38°	晚印支期	复式
	8	里腊向斜	40°	36	13	C_2	C_3y	SE20°~30°	NWW20°~32°	晚印支期	短轴分枝状
	9	东江向斜	180°	30	4~12	P_1	C_2	SW15°~30°	NNE14°~45°	晚印支期	复式

表 5.1.2 南丹-环江地区断裂要素表

编号	断层名称	断层、主节理产状 走向	断层、主节理产状 倾向	断层、主节理产状 倾角	断裂、节理带规模 长/km	断裂、节理带规模 宽/m	断裂、节理带规模 断距/m	性质	断层、节理带特征
F1	吾隘(益兰)断层	340°~350°	东、西	>60°	25	20~50		逆	角砾石、方解石脉
F2	南胃断层	315°	北东	>38°	>30			正	角砾石、方解石脉
F3	大厂断层	325°	北东	23°~70°	14	数百米		逆	角砾石、方解石脉、硫化物矿床
F4	坡村断层	50°	南东	70°~80°	25	2~5		逆	角砾石、压碎岩
F5	丹池断裂	28°~70°	北西	50°	>50	数米至百余米		逆	硅化、角砾岩
F6	拔茉断层	15°~40°	100°	60°~70°	>42	2~15	200~1500	正	方解石脉、断面平直、发育擦痕
F7	优响断层	105°	北东	50°~70°	18	5~20	200~1000	逆	断面平直有挤压破碎带
F8	广南扭断层	20°~40°	北西、南东	32°~50°	52		100~500	正	断层角砾岩、充填方解石及石英脉、破碎带宽 8m、地貌反映清楚、断面扭转

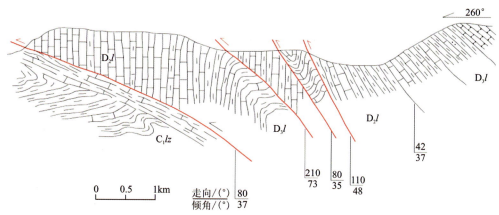

图 5.1.2 南丹县东拉所村附近南丹断裂带逆冲推覆构造素描图

5.1.2 构造样式类型及分布规律

5.1.2.1 构造样式类型

构造样式研究是页岩气构造保存条件研究的重要基础内容之一,决定了页岩气保存的有利构造,而构造样式类型是构造变形的直接产物,能直接反映区域差异性构造变形特征以及其成因机制。一个特定的地质构造(一条断层,一个褶皱)往往在一定区域内与其他构造在平面展布、应力机制、形成时期等方面存在着密切的联系,能够形成特定的构造组合,因此对桂中坳陷构造样式类型及分布规律的研究与认识是厘清页岩气构造与保存的必要条件。

1. 宽缓褶皱

宽缓褶皱在区块西部边缘南丹县龙灯、罗更一带发育,受到北东—南西方向的挤压应力较弱,形成轴面近于直立、两翼对称的宽缓背斜,如罗富背斜(图 5.1.3),在剖面上呈近弧形、箱状,两翼及靠近核部发育许多次级不对称层间从属小褶曲及与其伴生的层间滑劈理。桂页1井钻探的构造就是一个轴面近于直立、两翼对称的宽缓背斜(图 5.1.4),局部构造稳定,断裂基本不发育。

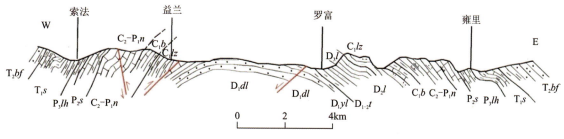

图 5.1.3 罗富背斜构造剖面图

环江宽缓断褶带内宽缓褶皱以北东向为主,北西向次之,近东西向最少。其中规模最大的北西向褶皱-八圩向斜(图 5.1.5)位于拔贡断裂西侧,靠近丹池大断裂,与整个南丹线状断褶带轴向一致。其向斜核部为中二叠统四大寨组,翼部以二叠系南丹组为主,向斜两翼产状较平直,两翼地层不对称,北东翼为石炭系台缘-斜坡相变区,南西翼为石炭系盆地-斜坡相区。该向斜受后期多条近平行的北东向断裂影响,向斜枢纽起伏弯曲,向斜形态受断裂分割影响呈块体展布。在区带东缘地区发育一系列轴向北东

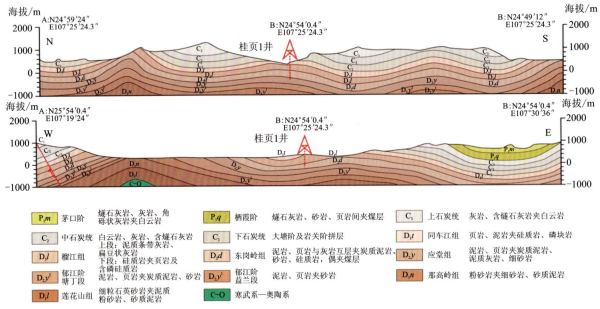

图 5.1.4 桂页 1 井地质剖面

东、近东西的平缓向斜,其中里腊向斜为一短轴分枝状平缓向斜(图5.1.6);东江向斜为一长轴分支状平缓向斜,北翼具穹隆状小褶曲,轴向平行主轴,且受断裂影响较小;下南背斜为典型北东向宽缓背斜褶皱(图5.1.7),位于拔贡一带,部分地层受拔贡断层影响缺失。两翼地层不对称,轴部大致位于六圩乡南木一带,核部地层岩性为上泥盆统融县组灰岩,翼部以石炭系为主。

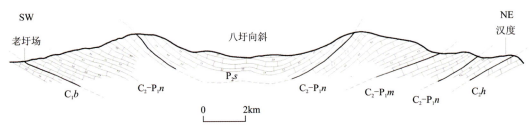

图 5.1.5 老圩场-汉度构造剖面图

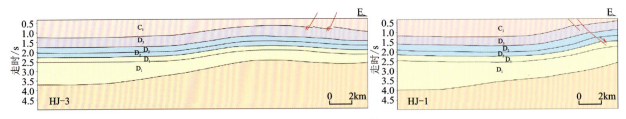

图 5.1.6 里腊向斜北翼

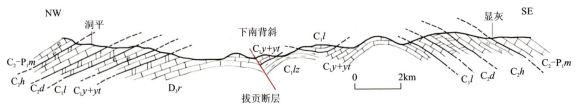

图 5.1.7 洞平-显灰构造剖面图

2. 隔档式褶皱

罗富至大厂之间地区在北东-南西挤压应力作用下形成一系列互相平行的北西向线状褶皱,表现出背斜紧闭、向斜平缓开阔的特征,为隔档式褶皱,又称过渡型隔档式褶皱(图5.1.8),为区块西缘龙灯、罗更地区的宽缓型背斜、向斜与大厂、车河斜歪褶皱的过渡型构造。在南丹-环江页岩气区块往南延伸的岜岳向斜(图5.1.9)西翼的三叠系褶皱也属于此种构造样式,轴部和东翼发育典型断坡、断坪结构的小型低角度逆冲断层、斜歪褶皱和倒转褶皱。

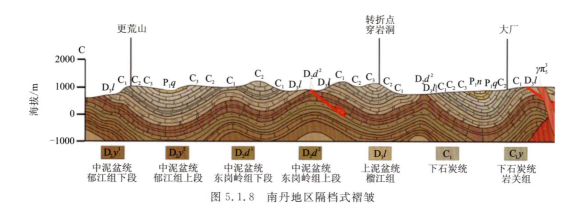

图5.1.8 南丹地区隔档式褶皱

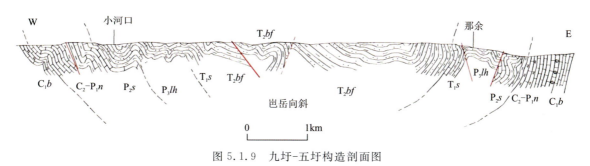

图5.1.9 九圩-五圩构造剖面图

3. 斜歪、倒转褶皱、叠瓦扇式逆冲推覆构造

南丹大厂至车河一带构造作用强烈,褶皱形态受断裂控制,发育歪斜褶皱,如大厂背斜(图5.1.10)。大厂背斜属丹池背斜与罗富背斜之间的复式背斜,呈北西向展布,核部出露泥盆系,翼部地层为石炭系和二叠系,属不对称褶皱,为东翼缓西翼陡的斜歪褶皱,翼部纵向次级褶皱发育,形态与主背斜相似,亦为北东缓、南西陡,反映了挤压应力的方向为北东-南西向,且往西呈逐渐减弱的趋势。该地区岩浆活动较为强烈,存在晚燕山期的中酸性岩体沿断层或节理侵入。

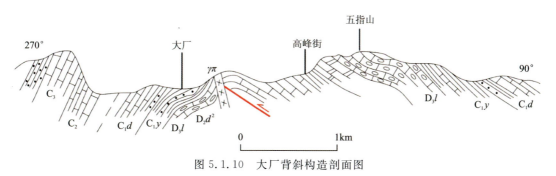

图5.1.10 大厂背斜构造剖面图

在南丹—河池一线发育一系列倾向北东东、倾角较大的逆断层,它们是在一系列北东东翼缓、南西西翼陡的斜歪褶皱的基础上发展而来的,单条断层断距不太明显,但总体组合呈向南西逆冲的叠瓦扇式的逆冲推覆构造(图5.1.11)。其特征均体现在复式背斜-丹池背斜上,由于丹池大断裂破坏,地层缺失明显,延续南丹线状断褶带南西翼陡、北东翼缓的形态,且因位于北东向挤压应力作用前端,相较于大厂附近斜歪褶皱斜歪幅度更大,局部直立、倒转,在大背斜北段的芒场背斜、南段的河池背斜均发育倒转褶皱。西北、东南端次级褶皱发育,其中次级褶皱背斜形态与主轴相似,包括往西南逆冲的叠瓦扇式逆冲推覆构造。

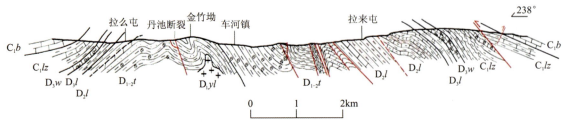

图5.1.11　丹池背斜构造地层剖面图

4. 穹隆

北香穹隆位于拔贡镇北香村、拉腊、那朝一带,在平面上呈近圆形,边缘部分岩层平缓(图5.1.12)。穹隆由西部北西向一转折端圆滑的宽缓褶皱、东部北东向褶皱以及南部东西向褶皱构成。近东西向褶皱(图5.1.13)横穿整个穹隆,为北香穹隆的主体构造,主要由平行展布的坡电背斜、拉寒向斜和北香背斜组成,均为短轴褶曲,在剖面上形成开阔的"M"形构造,其中南部的北香背斜规模最大。

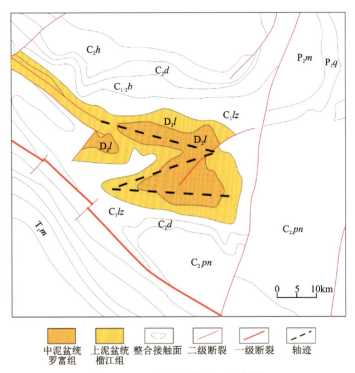

图5.1.12　北香穹隆平面示意图

北香穹隆属于北西向车河背斜、北东向下南背斜和东西向北香背斜的交会部位,其整体为一三期构造作用叠加形成的复合构造,属于典型的弯褶型叠加褶皱。晚印支期北东向褶皱先形成,到早燕山期受

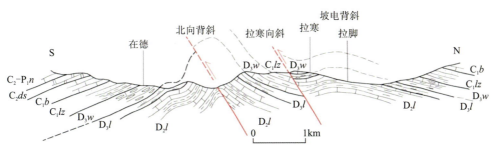

图 5.1.13 北香在德-拉脚构造剖面图

来自北东向挤压应力使褶皱的北端往北西方向弯转,最后在晚燕山—早喜马拉雅期构造反转作用下南端往东西方向协调弯转,形成"Z"字形弧形褶皱,也反映了区块内三期应力的作用顺序。北香背斜两翼灰岩和砂岩的层面上发育3组层面擦痕,倾向分别为北东向、北西向和近南北向,其中近南北向擦痕最为发育和稳定,北东向、北西向擦痕产状则随岩层产状的不同而有所变化。根据切割关系,擦痕形成的先后顺序为北西向、北东向、近南北向,其内部发育的3组主要平面"X"形共轭节理也能反映三期应力作用的先后顺序。

5.1.2.2 构造样式空间分布规律

1. 南丹线状断褶带

由于受来自北东-南西方向挤压应力自东向西逐渐减弱,南丹线状褶皱带整体褶皱轴向由东向西逐渐发生变化,从八圩向斜→丹池背斜→火幕村向斜→大厂背斜→罗富背斜由北西西→北东→北北西→近南北向呈一个逐渐过渡的趋势。构造样式空间分布规律表现出自西向东构造强度逐渐增大,而形成的褶皱变形幅度逐渐变大的特征。整体分布规律由西向东为:宽缓背斜(箱装)→隔档式褶皱→斜歪褶皱→倒转褶皱(图5.1.14)。

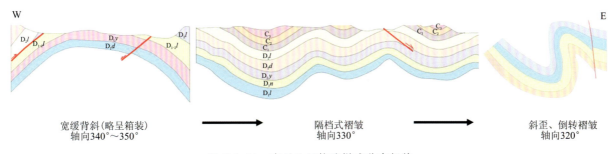

图 5.1.14 南丹地区构造样式分布规律

2. 环江宽缓断褶带

环江地区褶皱自西向东从八圩向斜→北香穹隆→下南背斜→里腊向斜→东江向斜其轴向变化为北西向→叠加走向→北东向,再往南河池-宜山变成近东西向,同样也是由于三期构造应力的影响。拔贡断裂切穿整个下南背斜,以其轴线为界,西侧北西向褶皱为南丹断褶带的延伸,成因与其一致,因处于挤压作用前端,影响相对更大,轴向呈北西西向;东侧北东向褶皱为晚印支期受到江南-雪峰隆起的向南逆冲作用形成的;中部近东西向褶皱为两期构造作用叠加改造,表现出过渡趋势,往南靠近宜山断裂均为近东西向褶皱。整体分布规律由西向东为:宽缓向斜(北西向)→叠加褶皱(北西、北东、近东西向)→宽缓背向斜(北东向),往南→宽缓背向斜(东西向)(图5.1.15)。

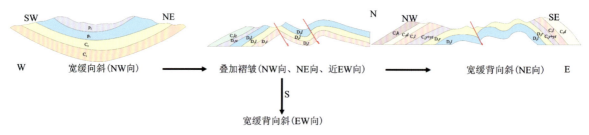

图 5.1.15　环江地区构造样式分布规律

5.1.3　单井热史模拟

南丹-环江区块内实钻井位于构造高部位,且缺失石炭系至上泥盆统部分地层,因此根据桂中坳陷构造演化特征,结合野外剖面和钻井资料,在桂页1井附近石炭系和泥盆系发育较全处建立一口虚拟井(WELL-1井)开展热史模拟分析(图 5.1.16)。根据区块内5口钻井资料、地震剖面确定虚拟井的地层厚度,基于前人研究明确热流、剥蚀厚度等数据,使用 PetroMod 软件进行盆地模拟,来实现埋藏史的恢复。根据实测镜质体反射率标定,对模拟结果进行验证和约束(图 5.1.17)。

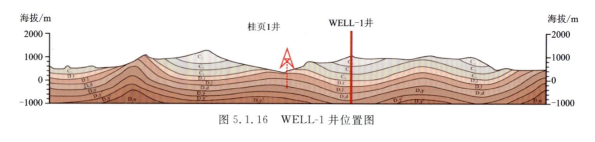

图 5.1.16　WELL-1 井位置图

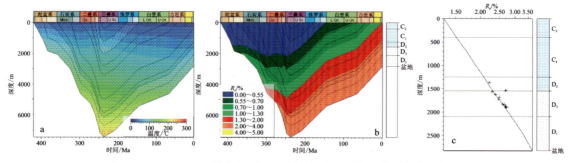

图 5.1.17　WELL-1 井热史图(a)、生烃史图(b)、镜质体反射率拟合图(c)

南丹-环江页岩气区块中泥盆统泥页岩在晚石炭世初期 R_o 达到 0.75% 开始进入大量生油阶段,此时埋藏深度约为 3000m,在早二叠世进入生湿气阶段,在晚二叠世进入生干气阶段,晚三叠世遭受抬升,生烃停止;下石炭统泥页岩在早二叠世 R_o 达到 0.75% 开始进入大量生油阶段,在晚二叠世进入生湿气阶段,晚三叠世开始抬升。

5.1.4　含气性特征

页岩气含气性特征研究方法主要有测井-录井含气性显示、等温吸附模拟实验和现场解吸气含量等方法。南丹-环江区块目前已有天地1井、桂页1井、丹页2井、环页1井、环地1井5口页岩气调查井，根据这几口井的钻井数据展开含气性分析。

1. 测井-录井含气性显示

南丹-环江页岩气区块内钻遇石炭系、泥盆系泥页岩的几口井含气性显示存在较大差别。桂天地2井全井共发现5处气测异常，但未发现油气显示。最大气测异常出现在1227m处，岩性为灰黑色泥岩。在南丹车河的1175、ZK1钻孔曾发生过井喷，表明该地区地层仍具有含气性和可勘探价值。

2. 等温吸附模拟实验

南丹-环江地区页岩的部分样品等温吸附模拟实验表明泥页岩具有良好的吸附性（毛佩筱，2018），环页1井页岩样品饱和吸附气量平均值为1.16m³/t（表5.1.3），表明该目的层位页岩具有较强的吸附能力，保存条件较好的情况下能够聚集页岩气，且吸附气含量与TOC、R_o、孔隙度、脆性矿物的含量都有良好的正相关性（图5.1.18、图5.1.19）。

表5.1.3 环页1井岩关组泥页岩物性参数及甲烷吸附量表（据毛佩筱，2018）

样品	井深/m	孔隙度/%	渗透率/×10⁻³μm²	最大吸附量/(cm³·g⁻¹)
H009	20.0	1.45	0.031 0	0.74
H076	51.4	1.86	0.007 2	0.82
H099	80.6	2.63	0.006 1	0.82
H127	109.7	3.44	0.010 3	
H152	140.5	5.80		1.04
H181	170.3	4.20	0.016 9	0.98
H200	200.4	5.20	0.049 1	1.35
H218	230.5	6.80		
H246	260.1	6.40		1.70
H274	305.7	7.17	0.010 5	1.83

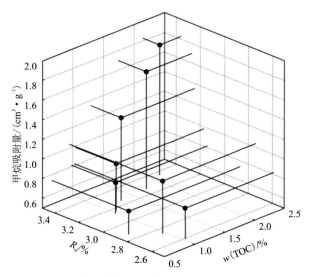

图5.1.18 环页1井吸附气含量与TOC、R_o的关系（据毛佩筱，2018）

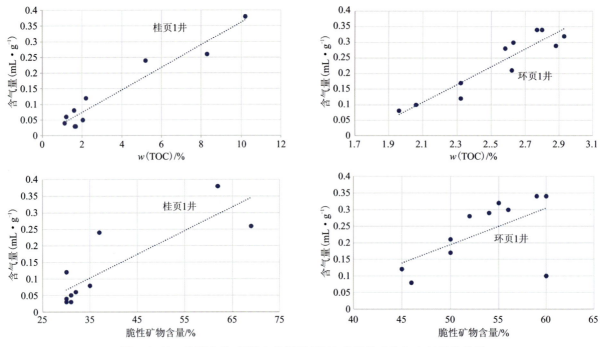

图 5.1.19 桂页 1 井、环页 1 井泥页 TOC、岩脆性矿物与含气量的关系

3. 现场解吸气含量

桂页 1 井各页岩层系含气量为 0.03～0.38mL/g，700～800m（榴江组下段）含气量相对较高。环地 1 井 38 个现场含气量解吸实验结果显示，由于未钻遇页岩气储层层段，在储层温度条件下解吸气量分布在 0.000 4～0.117 8m³/t 之间，平均为 0.042 2m³/t，含气量较差（图 5.1.20）。

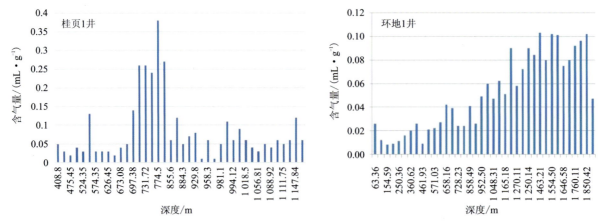

图 5.1.20 桂页 1 井、环地 1 井泥页岩现场解吸气含量

环页 1 井下石炭统岩关组中段含气量相对较高，最高到达 0.34mL/g，但普遍在 0.1～0.3mL/g 之间，气体以 N_2 为主，CH_4 含量非常少（图 5.1.21，表 5.1.4）。

总体而言，虽然南丹-环江页岩气区块已有钻井含气性显示相对较差，含气量较低，但部分样品的实验结果表明该地区泥页岩吸附气含量较高，具有较好的吸附性，而且 TOC、R_o、脆性矿物含量都相对较高，可能是由于保存条件较差，发生了页岩气的逸散。

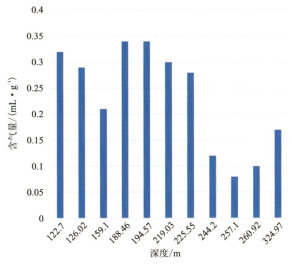

图 5.1.21 环页 1 井解吸气含量

表 5.1.4 环页 1 井解吸气组分特征表(据毛佩筱,2018)

成分编号	对应百分比例值/%			
样品号	CO_2	N_2	CH_4	C_2H_6
HY1-Q1	4.611 61	95.238	0.075 122	0.075 122
HY1-Q2	2.047 402	97.507	0	0.445 143
HY1-Q3	4.127 446	94.749	1.032 1	0.091 068
HY1-Q4	6.243 453	93.652	0.104 609	0
HY1-Q5	5.582 116	94.417	0	0
HY1-Q6	4.022 383	95.977	0	0
HY1-Q7-1	9.702 182	88.042	2.235 238	0.020 32
HY1-Q7-2	10.190 19	89.796	0.031 851	0.015 925

5.1.5 保存条件分析

1. 物质基础

南丹-环江页岩气区块大部分区域在早中泥盆世、早石炭世为台盆相沉积,属于有利的较封闭沉积环境,TOC 含量介于 0.73%~3.37%之间,R_o 介于 2.56%~4.51%之间,有机质类型均为 Ⅰ 型、Ⅱ 型,具有良好的页岩气生烃物质条件。下泥盆统塘丁组泥页岩的厚度分布范围为 30~500m;中泥盆统罗富组泥页岩厚度分布范围为 60~600m;下石炭统鹿寨组泥页岩厚度分布范围为 20~500m;页岩沉积厚度大,有利于页岩气的生烃和保存。同时泥页岩具有高脆性矿物、低黏土矿物的组成特征,有利于压裂;低—中孔、低—中渗的特点表明整体具有较好的储集能力;丰富的储集空间类型,孔隙、微裂缝发育,提供了良好的储集空间。

2. 构造保存条件

南丹-环江页岩气区块位于桂中坳陷西北部,整体构造作用相对较弱,在晚三叠世开始抬升剥蚀,地层较为平缓,构造运动引起的地层褶皱变形对3个主要目的层页岩气的富集造成一定的影响。后期又受到两期构造作用形成两套完全不同的构造样式和变形组合:一是燕山早期受挤压应力形成的北西向线状褶皱、劈理化构造带以及逆冲断层;二是燕山晚期—喜马拉雅早期(K_2—E_1)的构造反转作用形成以层间伸展剪切褶皱、张性兼扭性为主的断裂构造(拔贡断层),并在环江地区形成大量正断层(图5.1.7)。该区块整体表现为南丹地区自西向东构造强度逐渐变强的递进变形特征。

在车河—大厂一带形成典型的"侏罗山式"褶皱、罗富地区的宽缓背斜均是页岩气保存的有利构造。环江地区西部正断层发育密集,以拔贡断层为界,西侧为八圩向斜,考虑到张性断层未切穿目的层,为浅表层构造,对页岩气的保存影响不大;而被区域大断裂拔贡断层切穿的下南背斜,断层封闭性是其为页岩气保存有利构造的主控因素,东侧断裂发育较少,且无大断裂经过,地层平缓,如里腊宽缓一带的宽缓褶皱为页岩气保存有利构造。

总体而言,南丹-环江页岩气区块相对于整个桂中坳陷其构造作用较弱,构造形态稳定、地层平稳连续、宽缓褶皱样式、走滑性质较弱的逆断层发育区域为页岩气有利保存区域圈定的重要因素。

3. 含气量

区块内目前已完成桂页1井、丹页2井、天地2井、环地1井、环页1井共计5口页岩气调查井,均未见工业性页岩气产出,但存在一定的含气显示,环江地区泥页岩具有良好的吸附性,且吸附气含量与TOC、R_o、孔隙度、脆性矿物的含量都有良好的正相关性,在现场解吸中环页1井下石炭统岩关组中段含气量相对较高,最高到达0.34mL/g,但普遍在0.1~0.3mL/g之间,因此在构造保存条件较好的情况下,页岩气应有一定的富集程度。

4. 顶底板岩性及厚度

桂页1井中泥盆统罗富组富有机质泥页岩有效累积厚度可达100m,以灰黑色钙质泥岩为主,夹薄层状状灰岩,顶板为上泥盆统榴江组厚层灰岩,厚度为200m,底板为罗富组下段及纳标组泥灰岩、泥岩,厚度超过300m。顶底板具有厚度大、展布稳定、岩性致密、封隔性好的优越条件,在页岩气生成时及时对页岩气的聚集起到重要的作用(图5.1.22)。

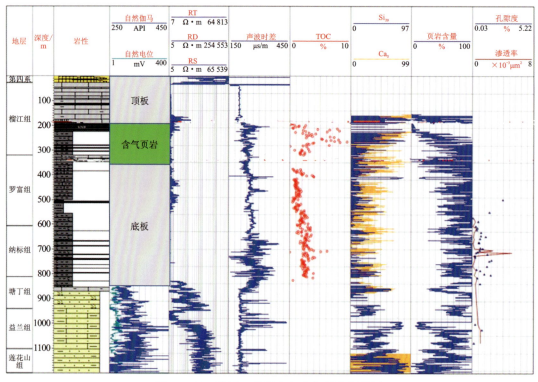

图5.1.22 桂页1井罗富组含气页岩划分图

5. 目的层埋深

随着页岩埋深增大，地层压力越大，页岩气的吸附能力越强，更容易吸附在页岩孔隙当中，不会发生逸散，适当的埋深有利于页岩气的保存。南丹-环江页岩气区块在晚三叠世前一直处于持续埋藏阶段，之后开始抬升剥蚀，但石炭系和泥盆系目的层整体保存较完整，仅丹池背斜、大厂背斜、罗富背斜等部分背斜核部剥蚀严重，泥盆系出露，导致其埋深较浅，中泥盆统罗富组埋深介于500～1000m之间，下泥盆统塘丁组埋深介于500～1500m之间；区块内普遍出露石炭系，下石炭统鹿寨组埋深在1000～3000m内，与四川盆地内大部分产气井目的层埋深大致相当，处于有利于页岩气保存的深度。

5.2 融水-柳城页岩气区块

5.2.1 结构构造特征

融水-柳城页岩气区块以宜山断裂为界，北侧为融水地区、南侧为柳城地区。区内经历了4次主要构造运动，其中加里东、印支期构造运动强烈。

5.2.1.1 褶皱系统

融水地区褶皱卷入变形地层主要为泥盆系、石炭系，构造迹线方向稳定，主体为近南北向、北北东向，褶皱平缓，幅度小，岩层倾角缓，部分近水平，呈"川"字形平行排列，褶皱形态多为平缓大型长轴-短轴复式褶皱，向斜较背斜更发育，背斜轴部的同向断层发育，故大多仅保留背斜一翼，为区内主要构造；柳城地区以近东西向褶皱为主，幅度小，平缓。印支晚期受到江南-雪峰隆起的逆冲作用以及早燕山期的挤压兼走滑作用下形成的4个北东—北北东向典型褶皱(图5.2.1，表5.2.1)。

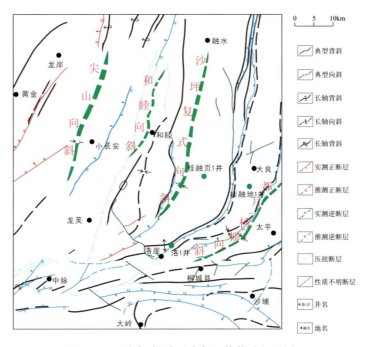

图5.2.1 融水-柳城页岩气区块构造纲要图

表 5.2.1 融水-柳城典型褶皱特征表

名称	轴向	长度/km	宽度/km	出露地层 轴部	出露地层 翼部	翼部岩层倾角		形成时期	形态特征
都月-杨柳向斜	40°	50	4	C_1h	D,C	W:15°~30°	N:70°	晚印支—早燕山期	紧密向斜
和睦背斜	0°~20°	20	2.5	C_2h-C_2d	C_1y-C_1yt	10°~30°		晚印支—早燕山期	宽缓,长轴状
尖山向斜	10°~30°	>19	7	C_1h	$C_1h-C_{1-2}l$	30°		晚印支—早燕山期	宽缓,长轴状
沙坪复式向斜	0°~30°	23	4~5	C_1yt	C_1yt-D_2x	20°~35°		晚印支—早燕山期	长轴状
高桥向斜	35°~45°	3	1	C_1yt	C_1yt	25°~45°		晚印支—早燕山期	短轴状
西安背斜	70°	2	1~2	C_1yt	C_1yt	20°~45°		晚印支—早燕山期	紧闭线状
标江水库向斜	50°	1~2	1~2	C_1yt	C_1yt	20°~40°		晚印支—早燕山期	紧闭线状
沟滩背斜	50°	1~2	1	C_1yt	C_1yt	15°~30°		晚印支—早燕山期	紧闭线状

5.2.1.2 断裂系统

融水-柳城区块内以逆断层为主,发育少部分正断层。中部、北部地区断层走向主要为北北东向、北东向,南部发育东西向断层。断裂与褶皱是受东西方向的作用力所形成的,多属于平行褶皱轴走向的纵断层,倾向北西向,倾角大于45°,延伸较远,断距较大(图5.2.2)。断层又根据切割地层及相互切割穿插和对地层的控制作用,可分为加里东期、印支期、燕山期断层,其中区块北部融水地区加里东—印支期形成的4条北北东向主干断层控制了地层的沉积分布和岩相变化(表5.2.2,图5.2.2)。

表 5.2.2 融水-柳城页岩气区块断层要素表

编号	断层名称	走向	断层、主节理产状		断裂、节理带规模			性质	形成时期
			倾向	倾角	长/km	宽/m	断距/m		
F1	小长安断层	20°~50°	北西	33°~44°	15	1	500~1000	平移—正	印支期
F2	犀牛山断层	10°~30°	北西	33°~70°	>30	10~120	200~5000	逆	加里东—印支期
F3	和睦断层	350°	北东	30°	>22	>10		逆	加里东—印支期
F4	浮石断层	30°~35°	北西	40°~80°	>30	20~200	垂向断距1000	逆	加里东—印支期

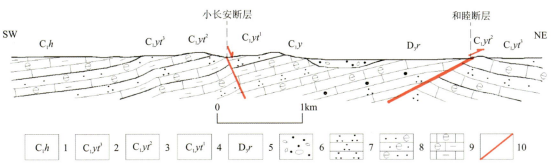

1.黄金组;2.英塘组三段;3.英塘组二段;4.英塘组一段;5.尧云岭组;6.浮土;7.石英砂岩;8.含生物屑泥岩;
9.含生物屑泥灰岩;10.断层

图 5.2.2 小长安断层、和睦断层素描图

5.2.2 构造样式类型及分布规律

5.2.2.1 构造样式类型

1)宽缓褶皱

宽缓褶皱主要发育于融水-柳城区块西北部龙岸—小长安地区,因构造作用相对稳定,地层较平缓,断裂发育较少,褶皱保存完整,如尖山向斜(图5.2.3),东南翼倾向南东、倾角15°~25°,北西翼倾向北西,倾角20°~34°,两翼夹角120°,轴部为上石炭统大埔组,岩层产状平缓。

2)基底卷入型-断展褶皱

因北部江南-雪峰隆起向南的逆冲作用,在桂融页1井附近主要发育断展褶皱构造样式(图5.2.4)。

3)复式向斜

在融水县城一带发育的复式向斜由两个次级背斜和两个次级向斜组成,褶皱轴部地层出露为石炭系黄金组,翼部地层为石炭系英塘组,岩层产状较缓,为开阔箱状褶皱;褶皱东翼为单斜构造,被大村断层切割,西翼被和睦断层切割,致使地层错移或缺失明显,西翼形成次级褶皱,轴向北东,以大角度横跨式叠加,构成边幕式叠加褶皱(图5.2.5)。

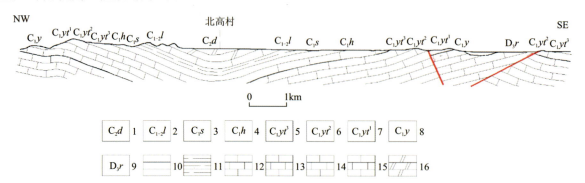

1.大浦组;2.罗城组;3.寺门组;4.黄金组;5.英塘组三段;6.英塘组二段;7.英塘组一段;8.尧云岭组;9.融县组;10.砂质泥岩;11.含碳质页岩;12.砂屑灰岩;13.生物屑灰岩;14.鲕粒灰岩;15.泥质生物屑灰岩;16.白云岩

图5.2.3 尖山向斜素描图

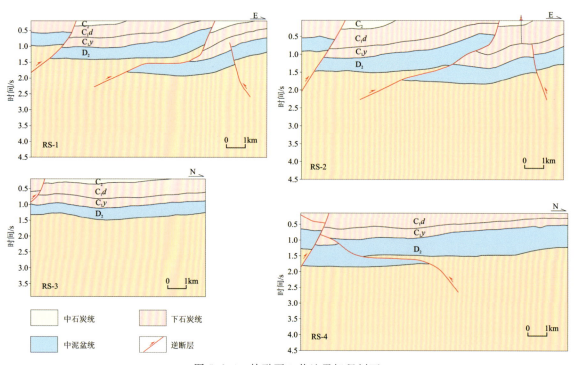

图5.2.4 桂融页1井地震解释剖面

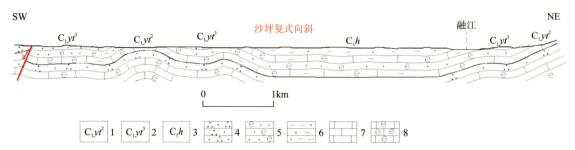

1.英塘组二段;2.英塘组三段;3.黄金组;4.石英砂岩;5.生物屑砂岩;6.砂质泥岩;7.灰岩;8.生物屑灰岩

图5.2.5 沙坪复式向斜素描图

4)隔档式褶皱

在龙岸-小长安-和睦一带发育的由一系列平行的北北东向褶皱组成的背斜紧闭且完整,而向斜则为平缓开阔的隔档式褶皱(图5.2.6)。

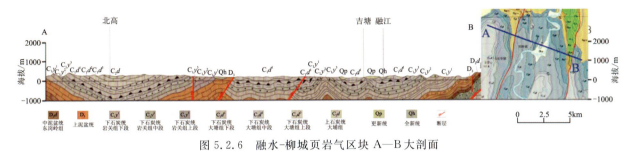

图 5.2.6　融水-柳城页岩气区块 A—B 大剖面

5.2.2.2　构造样式分布规律

融水-柳城区块主要发育宽缓褶皱、隔档式褶皱、复式向斜、断展褶皱、基底卷入型逆冲推覆构造等构造样式。区块内西北部融水-龙岸地区发育宽缓向斜、龙岸-小长安-和睦一系列平行的北北东向褶皱组成的隔档式褶皱、复式向斜,中部大良-龙芙一带以断展褶皱为主,地层倾角逐渐减缓(图5.2.7),越靠近东南部宜山断裂,变形程度越大,逐渐过渡到南部柳城地区的基底卷入型逆冲推覆构造。

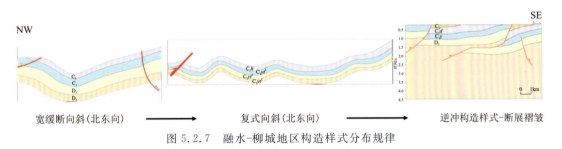

图 5.2.7　融水-柳城地区构造样式分布规律

5.2.3　单井热史模拟

融水-柳城区块内实钻井位于构造高部位,且缺失石炭系,根据桂中坳陷构造沉积演化特征,结合野外剖面和钻井资料,在桂融页1井、桂融地1井附近石炭系和泥盆系发育较全的低部位建立一口虚拟井(WELL-2井)开展热史模拟分析(图5.2.8)。根据区块内2口钻井资料、地震剖面确定虚拟井的地层厚度数据,基于前人研究明确热流、剥蚀厚度等数据,使用PetroMod软件进行盆地模拟,来

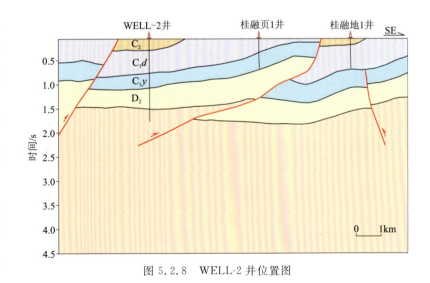

图 5.2.8　WELL-2 井位置图

实现埋藏史的恢复,根据实测镜质体反射率标定,对模拟结果进行验证和约束(图5.2.9)。

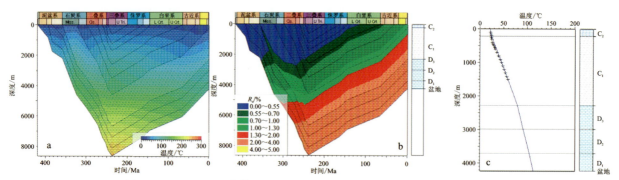

图 5.2.9　WELL-2 井热史图(a)、生烃史图(b)、镜质体反射率拟合图(c)

融水-柳城页岩气区块下石炭统泥页岩在晚石炭世末期 R_o 达到 0.75% 开始进入大量生油阶段,此时埋藏深度约为 4000m,在中二叠世进入生湿气阶段,早三叠世进入生干气阶段,中三叠世末期开始抬升。

5.2.4　含气性特征

1)页岩气测井-录井显示

融水-柳城页岩气区块内有桂融页 1 井、桂融地 1 井两口井,均存在含气性显示。桂融地 1 井在罗城组、黄金组共发现 4 个异常显示,异常层段累计厚度 5.90m,未见较好油气层显示;在 1 460.40~1 461.00m 处钻遇本井最大气测异常层段,累计厚度 0.6m(表 5.2.3)。桂融页 1 井共发现 8 个异常显示,异常层段累计厚度 193.5m,全井气测全烃值最高 33.99%(1 547.5m),甲烷含量占 90% 以上,解吸气体点火可燃,含气性显示非常好(图 5.2.10)。

表 5.2.3　桂融地 1 井气测异常层段

层位	井段/m	厚度/m	岩性	解释结果
罗城组	252.6~253.8	1.20	灰岩	异常层
黄金组	1 300.0~1 303.0	3.00	灰岩	异常层
黄金组	1 394.0~1 395.1	1.10	灰岩	异常层
黄金组	1 460.4~1 461.0	0.60	灰岩	异常层

2)现场解吸气含量

桂融地 1 井暗色泥页岩段及气测异常段 22 件样品的现场解吸测试显示(图 5.2.11),最大总解吸量(解吸气+损失气)为 0.03m³/t,该样品深度为 1301.20m,岩性为灰黑色灰岩夹泥岩薄层。桂融页 1 井的 12 个岩心现场解吸气量值为 0.43~1.21m³/t,平均 0.80m³/t,最高达 1.21m³/t(1612m 处),含气量(不含残余气)为 0.71~2.61m³/t,最高 2.61m³/t(1612m 处),平均 1.50m³/t,岩心浸水试验见串珠状气泡,解吸气体点火可燃,火焰高度为 10~15cm。

桂融地 1 井、桂融页 1 井均具有良好的含气性,说明融水-柳城页岩气区块的下石炭统鹿寨组具有较高的页岩气勘探价值。

3)商业试采

在融水-柳城页岩气区块内,2023 年广西设置首个页岩气开发示范项目,首口水平井桂融页 2-HF1 井完成钻探施工、压裂作用并成功点火。

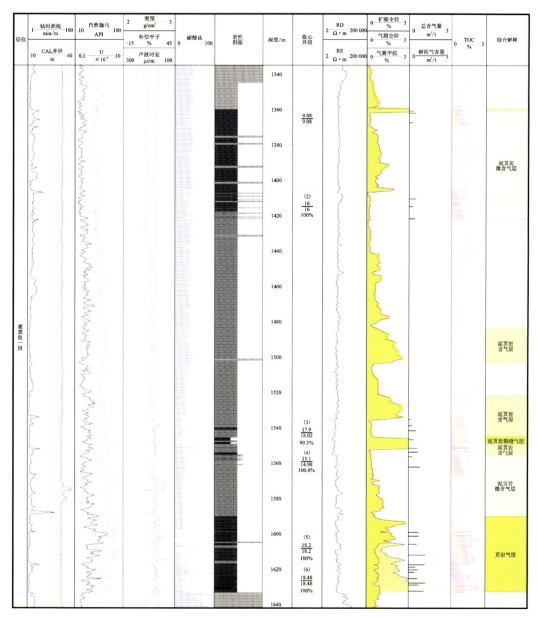

图 5.2.10 桂融页 1 井目的层石炭系鹿寨组一段录井综合柱状图

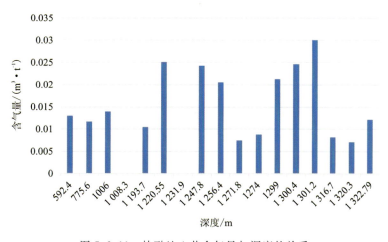

图 5.2.11 桂融地 1 井含气量与深度的关系

5.2.5 保存条件分析

1）物质基础

融水—柳城地区主要目的层为下石炭统鹿寨组泥页岩,为泥岩型台盆相沉积,TOC 大于 2.0%,R_o 约为 2.0%,具备良好的页岩气生烃物质条件,富有机质泥页岩厚度超过 300m,有利于页岩气的生烃和保存,同时页岩脆性指数较高,具备低—中孔、低—中渗的特点,储集空间类型丰富,有利于页岩气的富集成藏。

2）构造保存条件

融水地区靠近江南古陆,由于古陆隔挡和刚硬特征,对融水地区具有一定的保护作用,使其在后期构造运动中受到的破坏较小。区块内整体无岩浆侵入,近南北—北北东向的逆冲大断裂呈北西向,具有良好的侧向封闭性。褶皱平缓,变形幅度小,岩层倾角缓,部分近水平,向斜较背斜更发育,断裂以走滑性质较弱的逆断层为主。整体而言,具有断层侧向封堵向斜、断展褶皱、局部断背斜、冲起构造稳定的对冲三角带为页岩气保存的有利构造样式。

3）含气量

区块内目前已完成桂融地 1 井、桂融页 1 井两口页岩气调查井,且均具有较好的油气显示,其中桂融地 1 井在罗城组、黄金组发现 4 个异常显示,异常层段累计厚度 5.90m,经综合解释未见较好油气层显示。其中,在 1 460.40~1 461.00m 处钻遇本井最大气测异常层段,累计厚度 0.6m。桂融页 1 井所钻地层单层暗色泥页岩最大厚度达 70m,富有机质优质页岩甜点段连续厚 43m,主要岩性为灰黑色灰质页岩和黑色碳质页岩,全井气测全烃值最高 33.99%,甲烷含量占 90% 以上,解吸气体点火可燃,含气性显示非常好。

4）顶底板岩性及厚度

根据桂融地 1 井完井数据,顶板为上石炭统大埔组,岩性以灰白色白云岩、角砾白云岩为主,厚度为 215m,底板以上泥盆统五指山组厚层灰岩为主。顶底板均具有良好的封堵条件,能够对页岩气的聚集起到非常重要的作用。

5）目的层埋深

融水-柳城页岩气区块在晚三叠世前一直处于沉积埋藏阶段,燕山—喜马拉雅期构造作用开始抬升剥蚀,区块内大面积出露上石炭统,但因上石炭统较厚,普遍介于 1000~2000m 之间,而下石炭统鹿寨组为该区块内主力烃源岩层系,埋深在 500~2000m 内,有利于页岩气的保存;因区域内泥盆系基本无出露,且页岩气调查井钻也未钻到泥盆系,目前无法判断泥盆系埋深。

5.3 柳州-鹿寨页岩气区块

5.3.1 结构构造特征

5.3.1.1 褶皱系统

柳州-鹿寨页岩气区块东部主要发育近南北向、北北东向褶皱,形态一般宽缓开阔,发育有穹隆、构造盆地及长轴状、短轴状褶皱;北部北东向和近东西向褶皱叠加发育,几乎所有褶皱由于断层破坏而不完整,局部直立或倒转,纵断层和横断层均发育,由南向北逆冲,组成一系列叠瓦状构造;西部主要发育近南北向宽缓褶皱,区域内构造活动较弱,北部受宜山断裂带的影响,轴向往北东、北西向偏转,背斜具箱状特征(图5.3.1,表5.3.1)。

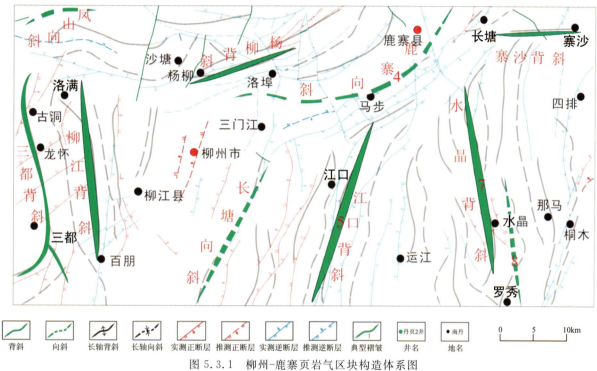

图5.3.1　柳州-鹿寨页岩气区块构造体系图

5.3.1.2　断裂系统

柳州-鹿寨区块内断裂东区江口-那马地区以北北东向、近南北向断裂发育为主,水晶地区发育少量北西向断裂,以逆断层为主,次为正断层、平移断层,多数多期活动特征明显。北部鹿寨地区以近东西向、近南北向、北西向断裂叠加发育,几乎全部为逆断层,少数几条为正断层,构造变形强烈。西部柳江地区以正断层为主,构造活动相对较弱(表5.3.2)。区块内经过两条区域性大断裂——龙胜断裂、永福大断裂,其中龙胜断裂早期属压扭性左旋断层,晚期以扭性为主兼具张性,表现为左行张性-走滑断层;永福断裂表现为右行走滑断层性质,具脆-韧性变形特征,发育斜歪褶皱,示其左旋逆冲。

根据构造体系展布特征及其关系,可将其分为归并型、反接型、斜接型。归并型表现为区块北部先期形成的东西向复杂构造带在后期"山"字形构造形成的过程中,其构造组分重复叠合改造并入,成为"山"字形构造的一部分,但其中仍保留部分东西向构造片段。

反接型包括:①西部南北向构造带与"山"字形构造互相直交,在"山"字形构造中可见南北向构造组分;②东部南北向构造带与东西向构造带直交,在寨沙附近南北向褶皱在遇到东西向褶皱后均消失;③新华夏系构造与"山"字形构造大角度相交,部分新华夏系褶皱插入,使得"山"字形构造内部分褶皱轴向发生改变,呈北东向。

斜接型包括:①新华夏系构造组分与南北向构造组分斜交,在江口以东褶皱走向呈渐变过渡的形式,在柳州西南一带新华夏系断裂斜切西部南北向褶皱、断裂;②"山"字形构造东翼的龙胜区域性大断层斜切东部南北向构造带的褶皱。

表 5.3.1 柳州-鹿寨区块典型褶皱特征表

编号	名称	轴向	长度/km	宽度/km	出露地层 轴部	出露地层 翼部	翼部岩层倾角	形成时期	形态特征
1	黄冕向斜	10°~50°	70		C_2d–C_1lz	D_3w–D_1l	20°~45°	晚印支–早燕山期	复式、短轴状
2	堡里向斜	340°~350°	>35	7	C_1lz	D_3w–D_1l	20°~45°	晚印支–早燕山期	长轴状
3	独岭背斜	30°~90°	35	10	D_2d–D_3w	C_1lz–C_1l	NW24°~45°、SE30°~60°	晚印支–早燕山期	短轴状
4	鹿寨向斜	30°~85°	42	8~10	C_2d	C_1l–D_2d	NW20°~40°、SE40°~55°	晚印支–早燕山期	短轴状
5	江口背斜	10°	>37		D_2d	D_3l–C_2p n		早燕山期	长轴状
6	长塘向斜	340°~5°	25	5	D_2d–D_3w		10°~40°	早燕山期	短轴状
7	水晶背斜	近南北	40	6	D_1d	$D_{1-2}s$–D_2d	W20°~40°、E18°~25°	早燕山期	短轴状
8	罗秀向斜	近南北	50	8~10	C_1lz	D_1d–D_2d	W15°~25°、E15°~40°	早燕山期	短轴状

表 5.3.2 柳州-鹿寨页岩气区块断层要素表

编号	名称	走向	倾角	长/km	宽/m	断距/m	性质	形成时期	断层、节理带特征
F1	龙胜断裂	近南北	38°~87°	>125	30~100	400~2000	逆、多期	海西–燕山期	碎裂岩、构造角砾岩、硅化
F2	永福大断裂	15°~50°	50°~82°	>90	10~120	>1500	逆、多期	加里东–燕山期	碎裂岩、构造角砾岩、糜棱岩、劈理
F3	马步断层	35°	W	>22	数米至数十米		逆、正断层	印支–燕山期	构造角砾岩、硅化、褐铁矿化
F4	龙江断层	345°~45°	>47°	>30	30~100			印支–燕山期	构造角砾岩、糜棱岩、白云岩化
F5	罗秀断层	315°~355°	75°	30	30~100		多期	印支期	硅化破碎、方解石脉充填、擦痕线理
F6	紫花山断层	355°~10°		>24	数米至百米	数十米		印支期	构造角砾岩、方解石脉充填、滑石矿化

5.3.2 构造样式类型及分布规律

5.3.2.1 构造样式类型

1)宽缓褶皱

宽缓褶皱发育于构造活动较弱的柳江地区,以三都背斜、柳江背斜(图 4.1.39)最为典型,其中三都背斜轴线往北西向分支出 3 个次级鼻状背斜,分枝背斜轴与主背斜轴相交呈"人"字形,其锐角指向北,核部出露上泥盆统,中部倾角平缓,翼部倾角急剧变陡,具箱状特点。柳江背斜位于三都背斜东面,轴向大致南北向,为一大型复式箱装背斜,中部出露上泥盆统,在东翼南部北东向扭断层及新华夏系断层较为发育,但断距很小,对深部构造影响不大。东塘向斜两侧被发育的逆冲断层封闭,对目的层页岩气的侧向运移具有良好的封堵性能,属于断层封闭向斜(图 5.3.2)。

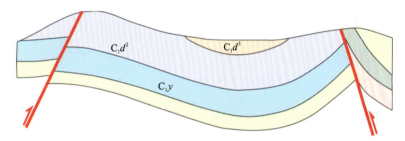

图 5.3.2 鹿寨地区东塘向斜构造示意图

2)基底卷入型-逆冲构造样式

该构造样式类型主要发育于鹿寨地区,由一系列近于平行的逆冲断层及多条或多组逆冲的方向相对或相背组成对冲构造、背冲构造、断展褶皱(图 5.3.3)。

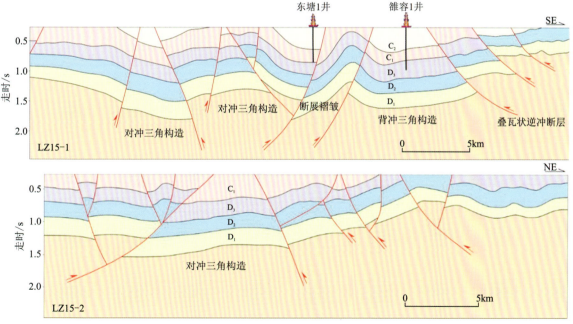

图 5.3.3 测线 LZ15-1、LZ15-2 地震剖面

3）斜歪、倒转褶皱、叠瓦扇式逆冲推覆构造

柳江、江口地区受新华夏系断裂所控制，逆断层密集，褶皱破坏严重，在强烈挤压环境下形成斜歪、倒转褶皱，属盖层滑脱型逆冲构造样式，由南向北逆冲，组成一系列叠瓦式构造，局部形成倒转、斜歪褶皱（图5.3.4）。

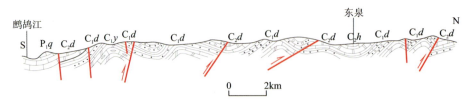

图5.3.4 柳州"山"字形构造前弧构造剖面图

5.3.2.2 构造样式分布规律

柳州-鹿寨页岩气区块东西向构造样式空间分布规律自西向东为：宽缓型（箱装背斜）褶皱→盖层滑脱型逆冲构造样式→宽缓褶皱＋断层遮挡斜坡；南北向构造样式空间分布规律为北部基底卷入型逆冲构造样式（冲起构造、断展褶皱），南部断层＋冲起构造样式（图5.3.5）。

地区	构造样式类型	模式	典型实例
西北部	断背斜	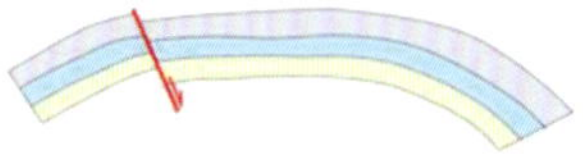	三都背斜
西北部	宽缓背斜（箱状）	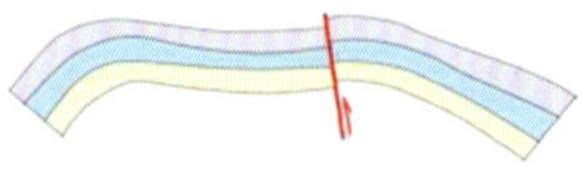	柳江背斜、杨柳背斜
北部鹿寨地区	断向斜	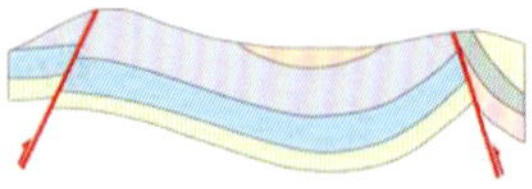	东塘向斜、凤山向斜
北部鹿寨地区	断展褶皱	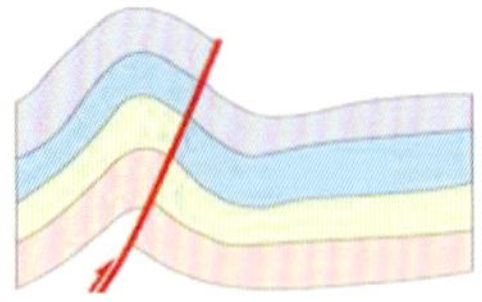	东塘、雒容地区褶皱
北部鹿寨地区	冲起构造	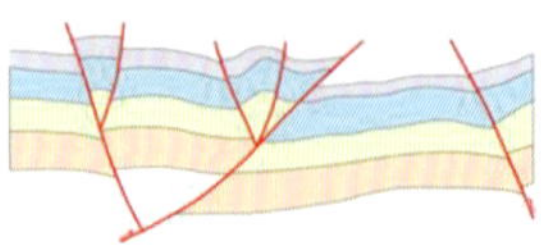	鹿寨地区褶皱
南部	断展＋冲起	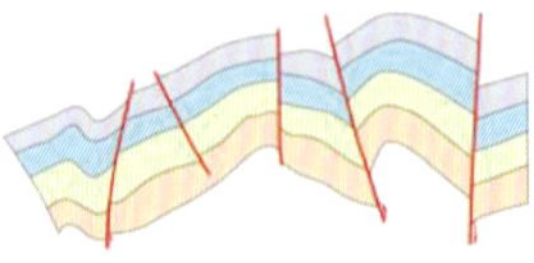	柳江、江口地区褶皱

图5.3.5 柳州-鹿寨地区构造样式类型分布规律

5.3.3 单井热史模拟

根据柳州-鹿寨页岩气区块内东塘1井、雏容1井的钻井分层数据以及桂中坳陷构造沉积演化特征,在该区块石炭系和泥盆系发育较好的构造低部位建立一口虚拟井(WELL-3井)开展热史模拟分析(图5.3.6)。根据区块内2口钻井资料、地震剖面确定虚拟井的地层厚度数据,基于前人研究明确热流、剥蚀厚度等数据,使用PetroMod软件进行盆地模拟,来实现埋藏史的恢复,根据实测镜质体反射率标定,对模拟结果进行验证和约束(图5.3.7)。

柳州-鹿寨页岩气区下石炭统泥页岩在二叠世初期 R_o 达到0.75%开始进入大量生油阶段,此时埋藏深度约为3800m,在晚二叠世末期进入生湿气阶段,未进入生干气阶段,晚三叠世开始抬升。

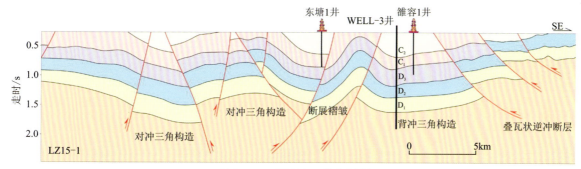

图 5.3.6　WELL-3 井位置图

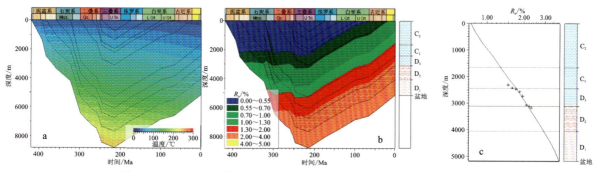

图 5.3.7　WELL-3 井热史图(a)、生烃史图(b)、镜质体反射率拟合图(c)

5.3.4 含气性特征

1)页岩气测井-录井显示

柳州-鹿寨区块内目前已有东塘1井、柳城水井、柳江1井、桂柳地1井等几口钻井,存在一定的含气性显示。其中东塘1井在302~355.8m层段存在气测异常,岩性为灰黑色泥岩、灰黑色含粉砂质泥岩,存在含气显示;桂柳地1井在鹿寨组三段550~650m、850~1050m位置处分别存在两处气测异常,1800m以后裂缝不发育的岩心解吸燃烧3d多时间,仍有数值变化;柳江1井存在含气性显示,总烃含量0.45%,并且在柳城水井有气体产出。

2)等温吸附

鹿寨组一、二段25块样品 N_2 的等温吸附实验显示鹿寨组具有4类孔隙结构特征:①氮气吸附量大,此类黑色页岩具有 H_3 型滞后回线特征,对应似片状颗粒组成槽状孔;②具有 H_2 型滞后回线特征,对应墨水瓶孔、细颈孔;③属于 H_4 型,略带 H_3,对应狭缝孔,孔隙性较差,氮气吸附量小;④孔隙氮气吸附量最小,属典型 H_4 型,对应狭缝孔,孔隙性极差(图 5.3.8)(李小林,2018)。等温吸附曲线表明该区块内鹿寨组泥页岩孔隙类型多样,主要以似片状颗粒组成的非刚性聚合物的槽状孔为主,少量细颈墨水瓶孔、狭缝孔。

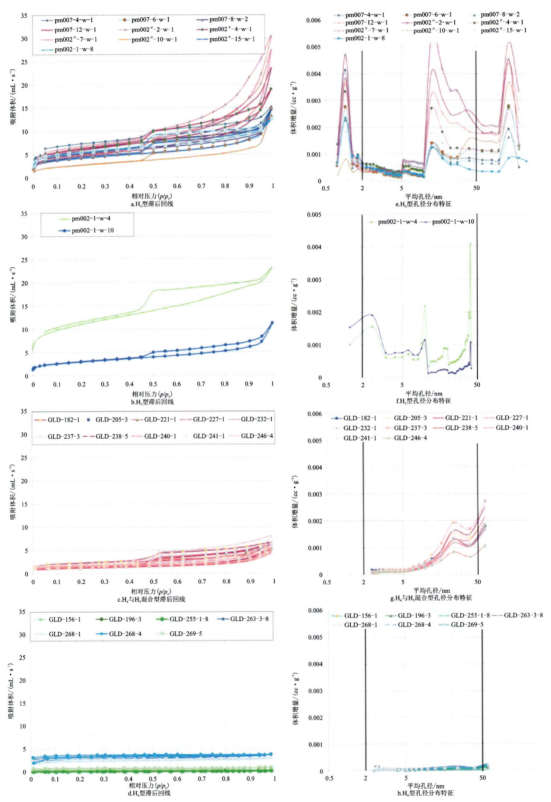

图 5.3.8 鹿寨组泥页岩吸附等温线及孔径图(据李小林,2018)

3）现场解吸气含量

东塘 1 井钻至 355.8m 时发生井涌,开始气量较大、气体无异味,用排水法收集气体样品并点燃,火焰呈淡蓝—蓝色。鹿寨组三段发现页岩气显示,现场解吸气量 1.67m³/t,校正后的数值为 2.88m³/t。桂柳地 1 井目的层段为下石炭统鹿寨组一段、二段潜质页岩,泥岩现场解吸气量为 0.39～2.9m³/t,平均为 1.24m³/t,现场解吸含气性数据高值主要集中在 1850～1944m 层段。

5.3.5 保存条件分析

1）物质基础

柳州-鹿寨页岩气区块大部分区域在早石炭世为台盆相沉积,为有利的较封闭沉积环境,TOC 含量为 2.23%～4.32%,R_o 值为 1.56%～2.95%,有机质类型以 II_2 型、III 型为主,具有良好的页岩气生烃物质条件。下石炭统鹿寨组泥页岩厚度分布范围为 50～200m,具有高脆性矿物、低黏土矿物的组成特征,有利于页岩气的生烃与富集。

2）构造保存条件

柳州-鹿寨页岩气区块在晚泥盆世—早三叠世时期均为稳定的沉降区,区内两条区域性大断裂对沉积相具有明显的控制作用。总体以挤压构造为主,构造变形具有分层性,基底构造层为前寒武系,上覆盖层构造层为泥盆系,形成的基底卷入型-逆冲构造样式,包括页岩气保存条件良好的对冲-背冲构造样式。

3）含气量

东塘 1 井、桂柳地 1 井现场解吸气含量均较高,前者为 1.17～1.67m³/t,封闭井口引管点火可燃,火焰高度约 1.2m,后者最高可达 2.9m³/t,1800m 以后裂缝不发育的岩心解吸燃烧 3d 多,仍有数值变化,这些均表明了柳州-鹿寨页岩气区块下石炭统鹿寨组存在较高的含气量,具备良好的生烃能力。

4）顶底板岩性及厚度

区块内生烃主力层段为下石炭统鹿寨组,其上覆地层为一套深灰色中—薄层泥晶灰岩夹深灰色泥岩、灰色细砂岩,岩石发育水平纹层理,下伏地层为上泥盆统五指山组灰色扁豆状灰岩、块状灰岩,厚度适中,具有较好的顶底板配置,与涪陵焦石坝地区五峰—龙马溪组黑色泥页岩的顶底板条件相似(图 5.3.9)。

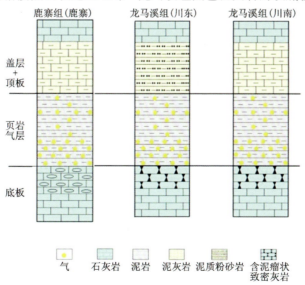

图 5.3.9　雒容地区鹿寨组与涪陵焦石坝龙马溪组页岩气藏储存模式对比图

5)目的层埋深

雒容1井钻探数据显示鹿寨组一段在向斜内的鹿寨水泥厂附近底界埋深超过2500m,往雒容镇一带,埋藏的深度超过3500m,总体上目的层埋深在1000~2000m之间,为页岩气保存的有利埋深条件。

5.4 凤凰-来宾页岩气区块

5.4.1 结构构造特征

5.4.1.1 褶皱系统

凤凰-来宾区块晚印支期受到北部江南雪峰隆起向南逆冲,但没有强烈褶断,以形成近东西向宽缓褶皱为主,燕山早期受东部挤压应力作用,形成北东向和近南北向构造。区块内北部以褶皱构造为主,呈近南北向展布,南部以断裂构造为主,南北向、北东向、北西向几组断裂叠加发育,呈放射状排列,褶皱以北东向为主,也有些呈"S"形弯曲,大部分为短轴褶皱且平缓开阔(图5.4.1)。区块内褶皱保存完整,在印支—喜马拉雅期形成的褶皱主要有来宾向斜、洪江背斜、古榄向斜、城厢向斜(表5.4.1)。

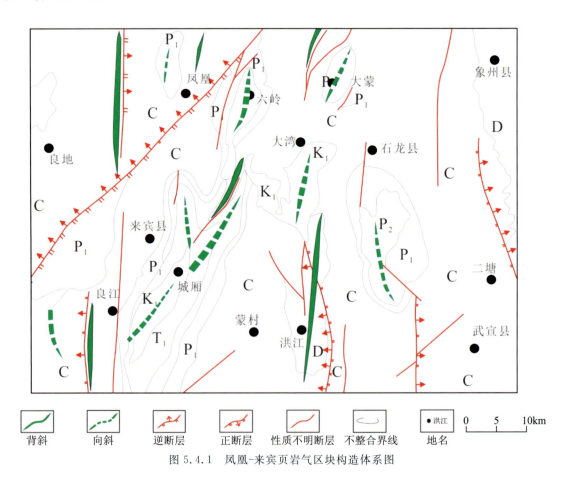

图5.4.1 凤凰-来宾页岩气区块构造体系图

表 5.4.1 凤凰-来宾区块褶皱特征表

编号	名称	轴向	长度/km	宽度/km	出露地层 轴部	出露地层 翼部	翼部岩层倾角/(°)		形成时期	形态特征
1	来宾向斜	北北东	44	10	P_1	P_2	10～36	20～45	晚印支期	紧密褶皱、倒转
2	洪江背斜	南北	36	12	D_2	D_3	15～35	15～20	晚印支期	多高点短轴状
3	古榄向斜	北东	40	7	P_1	P_3	60～80		晚印支期	复式、长轴状
4	城厢向斜	北东	18	4			15～30	15～45	早燕山期	宽缓开阔

5.4.1.2 断裂系统

印支—燕山两次剧烈的构造运动使得区块内断裂较为发育，南部更为明显，断层性质多为延地层走向、倾角较陡的逆冲断层，其次为正断层及走滑断层，近南北向、北东向、北西向叠加发育。整个区块内主要断裂特征如表 5.4.2 所示。

表 5.4.2 凤凰-来宾区块断裂特征统计表

顺号	编号	名称	走向/(°)	倾向	倾角/(°)	长/km	断距/m	性质	时期
1	F1	下李-蒙村断裂	65	南东		11		逆断层	印支—燕山期
2	F2	福隆断裂	129	北东东		2.5		逆断层	印支—燕山期
3	F3	蒙村断裂	170	北东	35～45	13	150	逆断层	印支期
4	F4	思畔断裂	123	北东		7		逆断层	印支—燕山期
5	F5	盘龙-尧村断裂	180～210	东		23		逆断层	印支—燕山期
6	F6	六保-樟村断裂	170～180	西—南西西	23～44	22	80	逆断层	印支—燕山期
7	F7	石井-高岭断裂	176	西	51～62	13	105	逆断层	印支—燕山期
8	F8	南泗断裂	119	北东东		5.5		逆断层	印支—燕山期

根据桂来地 1 井附近的二维地震测线 DZ-1、DZ-2 解释结果(图 5.4.2)，洪江背斜的西翼发育一条逆冲断层，呈北西西向展布，断层呈现上陡下缓的铲式断裂特点，切割中下泥盆统并到寒武系基底，整体断距较小，断层活动性较弱，具有印支—燕山同期活动特点。洪江背斜东翼分布有两条逆冲断层，一条呈现北段走向北北西、南段近南北向展布，另一条走向近南北，均具有活动性弱，且活动时期为印支—燕山期的特点，切穿基底，对中泥盆统泥页岩以及下石炭统具有一定的破坏作用，且由于中下泥盆统以泥岩、泥灰岩为主，断层封闭性较好，有利于页岩气的保存。

5.4.2 构造样式类型及分布规律

5.4.2.1 构造样式类型

1) 宽缓褶皱

宽缓褶皱分布于旧来宾向斜的轴部，岩层倾角两翼不等，南东翼 15°～30°，北东翼 15°～45°，轴部 15°～18°，岩层倾角平缓，次级褶皱不发育，为一平缓开阔的向斜(图 5.4.3)。

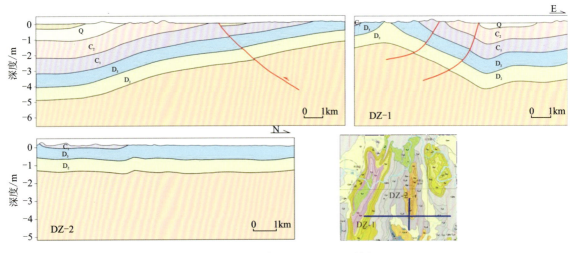

图 5.4.2　测线 DZ-1、DZ-2 地震剖面

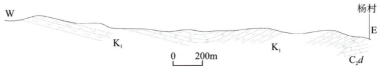

图 5.4.3　来宾县平缓开阔向斜素描图

区内整体上以洪江背斜为中心，呈宽缓的背斜构造特征，两侧为宽缓的向斜，表现为低角度断层斜坡；断层呈现上陡下缓的铲式断裂特点，整体断距较小，断层活动性较弱，断层破碎带以泥岩、灰岩为主，断层封闭性较好。

2）斜歪、倒转褶皱

区块内南部因挤压剧烈而倒转，形成了南部的倒转向斜（图 5.4.4），并被断裂破坏；北东端由 3 个分支褶皱组成，挤压较剧烈，形成紧密褶皱（图 5.4.5）。

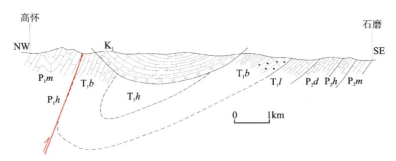

图 5.4.4　旧来宾向斜南部倒转向斜

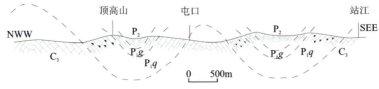

图 5.4.5　旧来宾向斜北东端紧密褶皱

5.4.2.2 构造样式分布规律

根据前人对该地区洪江背斜附近的重磁电剖面解释成果,恢复了3条东西向切穿洪江背斜的地质剖面(图 5.4.6),自北向南地层变形幅度逐渐减小,断层分布范围有限,断距不明显,表明区块南部洪江背斜区域褶皱宽缓,埋藏深度适中,构造相对稳定。

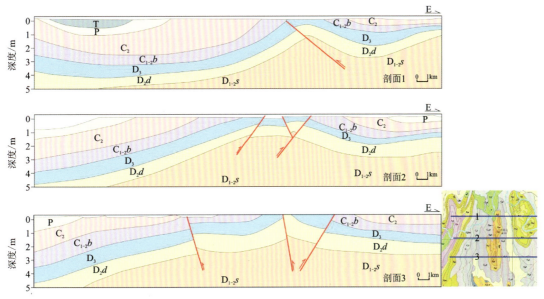

图 5.4.6 来宾地区东西向剖面

综上所述,凤凰-来宾区块内褶皱类型大部分为宽缓开阔的短轴状背斜、向斜,整体构造样式较为简单,受基底的垂向差异运动表现为背斜、向斜,南部断裂发育较为密集,构造作用力更强,形成的斜歪、倒转褶皱较多。构造样式无明显分布规律,主要包括宽缓背、向斜＋断块＋低角度斜坡＋冲断的组合形式。

5.4.3 单井热史模拟

根据来宾-凤凰页岩气区块内桂柳地1井的钻井分层数据以及地震解释、野外剖面,确定一口虚拟井 WELL-4 井如图 5.4.7 所示。根据区块桂柳地1井钻井资料、地震剖面确定虚拟井的地层厚度数据,基于前人研究明确热流、剥蚀厚度等数据,使用 PetroMod 软件进行盆地模拟,来实现埋藏史的恢复,根据实测镜质体反射率标定,对模拟结果进行验证和约束(图 5.4.8)。

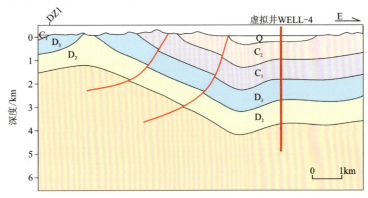

图 5.4.7 WELL-4 井位置图

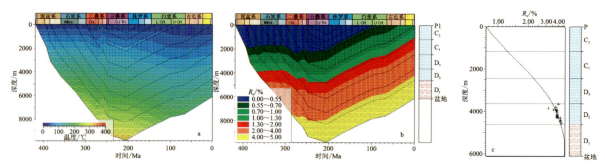

图 5.4.8 WELL-4 井热史图(a)、生烃史图(b)、镜质体反射率拟合图(c)

中泥盆统泥页岩在晚泥盆世末期 R_o 达到 0.75% 开始进入大量生油阶段,此时埋藏深度约为 3000m,在中石炭世进入生湿气阶段,在晚石炭世进入生干气阶段,中三叠世 R_o 已经达到 4.0%以上,晚三叠世遭受抬升。整个来宾地区中下泥盆统的演化程度过高,属于过成熟阶段,生烃潜力较弱。

5.4.4 含气性特征

来宾区块内目前仅有桂来地 1 井一口页岩气调查井,所钻遇的暗色泥页岩主要分布于东岗岭组中,为本井页岩气勘探查主要目的层,东岗岭组黑色页岩段 297.15~345.38m、375.32~794.45m,地层倾角 10°~20°,暗色泥页岩厚度 467.36m(图 5.4.9)。气测录井无异常显示,现场进行侵水实验未见有气泡。

桂来地 1 井有机质垂向变化显示,四排组顶部(0~120m)岩性为灰黑色泥页岩,总有机碳含量(TOC)较高,在 0.60%~0.65%之间,而在 120m 以下岩性为泥岩、泥质粉砂岩、粉砂质泥岩,总有机碳含量较低,因此中下泥盆统四排组顶部含气的可能性更高。

5.4.5 保存条件分析

1)物质基础

凤凰-来宾页岩气区块的主要目的层系为中泥盆统东岗岭组、中下泥盆统四排组泥页岩,为台盆相沉积,TOC 含量为 1.82%~6.35%,R_o 值为 3.58%~4.74%,有机质类型以 II 型为主,具有良好的页岩气生烃物质条件。泥页岩厚度 100~300m,分布连续,脆性指数较高,具备良好的成藏物质基础。

2)构造保存条件

凤凰-来宾区块位于整个桂中坳陷东南部,全区以挤压式平缓褶皱构造样式为主,受印支期和燕山期两期构造作用叠加改造,构造保存条件相对较差,在宽缓构造部位以及活动性较弱、封闭性较好的逆断层附近能够有页岩气较好地保存下来。

3)顶底板配置

页岩顶底板盖层指页岩层上下岩层,为页岩的直接盖层,泥页岩、碳酸盐岩和膏盐等岩层均可作为页岩的顶底板盖层,泥页岩本身的非均质体是页岩气封闭的天然条件。桂来地 1 井钻井数据显示,中泥盆统东岗岭组、中下泥盆统四排组发育厚度为 800m 的泥页岩,其中东岗岭组上段为生烃主力层段,其上覆地层中上泥盆统巴漆组主要发育中、厚层状泥晶灰岩;下伏地层为四排组,发育灰黑色硅质泥岩夹灰岩,顶底板封闭性均较好。

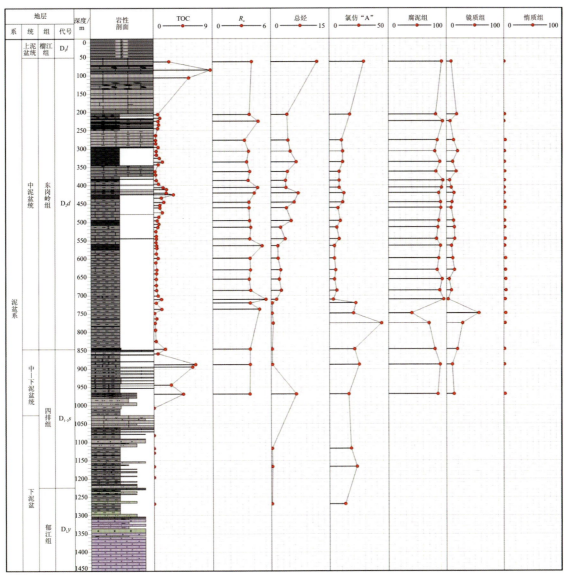

图 5.4.9　桂来地 1 井泥页岩有机质丰度垂向变化图

4）目的层埋深

区内仅部分地区出露泥盆系，大部分地区出露石炭系，泥盆系整体埋深范围为 2000~3000m，有利于页岩气的保存。

5.5　都安-忻城页岩气区块

5.5.1　结构构造特征

5.5.1.1　褶皱系统

都安-忻城区块内中部、北部地区整体构造形迹展布的主要方向呈北西向，多发育复式褶皱，拉甫-

百旺-高岭复式向斜横跨整个区块。南部地区主要包括里当向斜、弄江背斜，前者为一次圆形开阔平缓的向斜，核部地层出露茅口组灰岩，翼部地层出露上石炭统、栖霞组灰岩；后者为一长轴状不对称的背斜，呈现西翼缓东翼陡的特征，核部地层为中、下石炭统白云岩、灰岩，翼部地层为上石炭统灰岩（图5.5.1）。

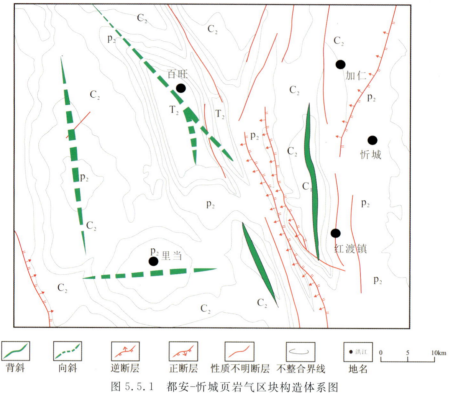

图 5.5.1　都安-忻城页岩气区块构造体系图

通过野外地质剖面观测，在下石炭统巴平组内部发现挤压层间滑动形成的北西向宽缓褶皱，在薄层能干性相对较弱的地层形成尖圆褶皱，表明存在一期近北东-南西向挤压变形事件，主要形成了褶皱轴迹近北西-南东向的宽缓褶皱变形和近北西向挤压逆冲断层（图5.5.2a）；在上二叠统合山组和上石炭统马平组剖面可见叠加了北西-南西向褶皱的近东西向复式褶皱，表明存在一期北北西—南南东向的挤压褶皱作用，叠加了早期东西向宽缓褶皱变形，形成褶皱轴迹近东西向展布的宽缓复式叠加褶皱变形和近南北向断层（图5.5.2b）；野外观测到大量的北东向和北西向浅层的脆性正断层和灰岩层内发育的垂直层面的张性方解石脉以及大量的（雁列式排列）张性方解石（图5.5.2c、d），表明存在一期近东西向的伸展运动。结合全区应力分析，三期构造作用力分别为晚印支期的西南部右江逆冲推覆体系形成的北东-南西向挤压应力、早燕山期的北北西—南南东向挤压应力、晚燕山期的构造反转形成的张应力。

图 5.5.2　都安-忻城地区地层构造变形

5.5.1.2 断裂系统

都安-忻城区块内大断裂主要集中发育在中部、东部地区,以逆断层为主,正断层仅在局部发育(图 5.5.1),从马泗、猫峒一带至六分、塘红地区,总体走向 335°~345°,切穿上石炭统至中三叠统岩层,断面倾向北东,倾角 50°,岩断层线岩层破碎,角砾岩发育。区块西部复式向斜内发育大量的北东向和北西向正断层,但均是浅表的脆性断层,向下延伸不远,基本不改造目的层。区内部分断裂特征要素见表 5.5.1。

表 5.5.1 都安-忻城区块断裂特征要素表

名称	走向	长/km	切割地层	性质	断层特征
联堡断层	北西	26	茅口—罗楼组	逆断层	略呈弧形弯曲,地层直立
六分断层	北西	>16	大埔—茅口组	逆断层	地层错动及重复,中段分叉
渡口断层	北西	>11	茅口—上二叠统	正断层	岩层破碎,并有小褶皱、小断裂
独山断层	北西西	>18	栖霞组—上二叠统		岩层角度相交,有破碎带

5.5.2 构造样式类型及分布规律

5.5.2.1 构造样式类型

1) 宽缓向斜

都安-忻城页岩气区块以拉甫-百旺-高岭复式向斜、里当向斜、弄江背斜这 3 个构造为主体,其中两个向斜内部虽然发育大量正断层,但都是一些浅表的脆性断层,向下延伸不远,地层保存完整,横向连续性好,未遭受断裂破坏,百旺向斜整体呈屉状(图 5.5.3)。

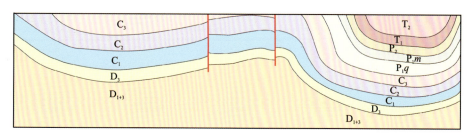

图 5.5.3 百旺-高岭复式向斜

根据百旺向斜的广域电磁资料进一步证实了其向斜内部构造稳定,无大型断裂发育,仅存在浅层断裂对向斜构造进行改造,在向斜两翼形成对向逆冲,向斜核部形成类似对冲三角带构造的特殊形态,有利于页岩气的保存(图 5.5.4)。

2) 倒转褶皱+逆冲推覆构造

区块最西缘的外围高岭地区(区块西边界)由于处于南丹-都安断裂带附近,构造活动强烈,地层破坏严重,形成挤压逆冲相关的褶皱构造样式(图 5.5.5),越靠近断裂带褶皱变形越大,局部出现倒转褶皱(图 5.5.6)。

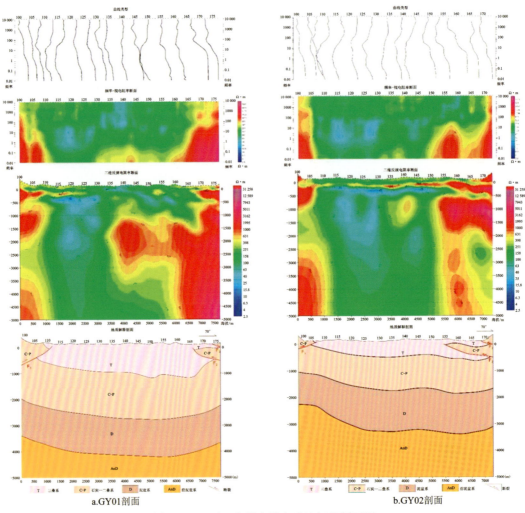

a.GY01剖面　　　　　　　　　　　　　　　　b.GY02剖面

图 5.5.4　百旺向斜广域电磁法解释剖面图

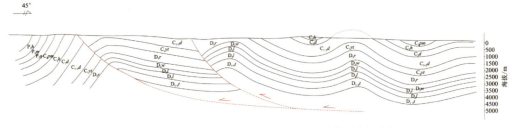

图 5.5.5　都安县北高岭镇石炭—二叠系构造剖面图

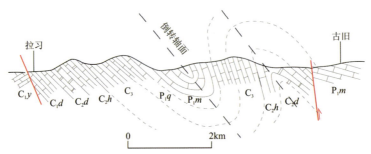

图 5.5.6　都安县城北拉习至古旧倒转褶皱构造剖面图

5.5.2.2 构造样式分布规律

已有剖面显示,都安-忻城区块西部靠近南丹-都安断裂带的高岭一带受到强烈的挤压应力作用,形成往东或北东东向逆冲的逆冲推覆构造,与南丹-环江页岩气区块车河地区类似,均受深大断裂控制,形成与挤压逆冲相关的构造样式。区块内则以里当、高岭、百旺3个宽缓向斜为主体,构造作用较弱,地层横向连续性好,向斜内部可能存在低角度斜坡、逆断层遮挡等页岩气保存条件良好的构造样式(图5.5.7)。

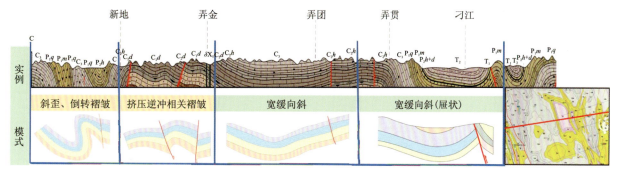

图 5.5.7 都安-忻城地区构造样式类型分布规律

5.5.3 单井热史模拟

都安-忻城地区附近已有钻井桂中1井,所钻地层完整,因此根据钻井资料,使用 PetroMod 软件进行盆地模拟,来实现埋藏史的恢复,根据实测镜质体反射率标定,对模拟结果进行验证和约束(图5.5.8)。

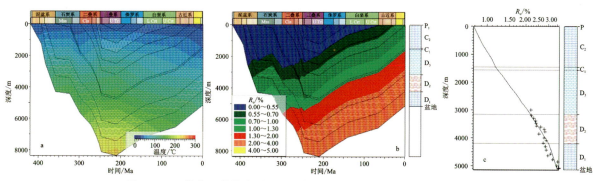

图 5.5.8 桂中1井热史图(a)、生烃史图(b)、镜质体反射率拟合图(c)

忻城地区中泥盆统泥页岩在早石炭世 R_o 达到 0.75% 开始进入大量生油阶段,在早二叠世进入生湿气阶段,在晚二叠世进入生干气阶段,晚三叠末期遭受抬升;下泥盆统泥页岩在晚泥盆世 R_o 达到 0.75% 开始进入大量生油阶段,在石炭世末期进入生湿气阶段,在二叠纪中期进入生干气阶段,晚三叠世末期遭受抬升。

5.5.4 含气性特征

都安-忻城区块仅桂中1井一口页岩气调查井,且无气测异常,不存在含气性显示。

5.5.5 保存条件分析

1) 物质基础

都安-忻城区块早泥盆世时期为开阔台地灰岩潮坪,中泥盆世时期为潮坪潮间带,均非优质烃源岩发育相带,因此页岩气物质基础相对较差。

2) 构造保存条件

通过构造地层剖面测制发现,区块内稳定性较好的区域有3处,都安县北东的二叠—石炭系高岭向斜、二叠—石炭系百旺向斜和都安县东侧的二叠—石炭系里当向斜。向斜整体远离罗甸-南丹-都安断裂,受其影响较小;向斜内虽然发育大量的北东向和北西向正断层,但都是浅表的脆性断层,向下延伸不远,基本不改造含页岩目的地层,地层产状平缓、延伸较好,有利于页岩气的保存。

3) 埋深

通过前人的大地电磁成果推测出区块内地层埋深特征如下:前泥盆系主要发育在埋深大于3700m的层段内,下泥盆统—中泥盆统主要发育在埋深2300～3200m的层段内,上泥盆统—二叠系主要发育在埋深1300～1800m的层段内,泥页岩的埋深深度有利于页岩气的保存。

5.6 田阳-巴马页岩气区块

巴马地区位于百色市燕洞乡—巴马县,有效面积为2800km²,构造位置位于右江褶皱带的次级构造单元百色断褶带(图5.6.1)。该地区在早石炭世时期处于台盆相沉积环境,岩性以硅质泥岩、泥质硅质岩和硅质岩为主,TOC平均含量为4.03%,R_o平均值为2.98%,为过成熟演化阶段,有机质类型为Ⅰ型,为有利于形成页岩气的有机质类型,有效泥页岩厚度段17～53m(4段)。在早三叠世时期,该地区属于深水陆棚相沉积环境,早期沉积的岩性以灰黑—黑色泥岩、含粉砂质泥岩夹含凝灰质泥岩为主,TOC平均含量为2.10%,R_o平均值为3.18%,有机质类型为Ⅱ$_1$-Ⅱ$_2$型,属过成熟演化阶段,有效泥页岩厚度为15～53m(6段)。

整体上巴马地区为相对稳定的向斜构造,目的层的埋深超过500m,受后期改造作用小,有利于页岩气的保存。通过现有资料分析,该地区下石炭统鹿寨组和下三叠统石炮组富有机质泥页岩品质好、厚度大、页岩气保存条件好。

巴马复向斜位于右江盆地百色-巴马断褶带内,整体呈北西走向,长轴80km,短轴20～30km,由中三叠统百蓬组上段、兰木组组成向斜的核部,百蓬组中段为背斜的核部,地层倾角为35°～60°,平均约42°,西南翼的地层倾角相对较缓,东部受到晚二叠世辉绿岩体的侵入影响,复向斜内无断裂的分布(图5.6.2)。页岩气目的层为下三叠统石炮组(T_1s)分布于复向斜的北东翼,埋深范围为1500～2500m。从构造稳定条件上分析,该复向斜亦具备页岩气有利的构造样式,同时其短轴上延伸短,目的层距离两翼断裂较短,页岩气有效保存的面积约120km²,具有一定的页岩气资源潜力。

5.7 马山页岩气区块

马山页岩气重点远景区位于马山县周六镇以南地区,有效面积为1200km²,构造位置位于昆仑大断裂的以西的马山-灵马断褶带。页岩气主要目的层为下石炭统鹿寨组、下三叠统石炮组。

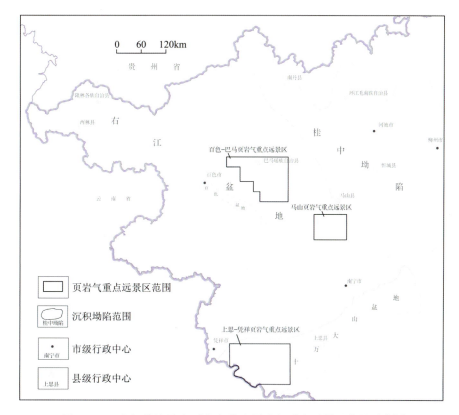

图 5.6.1　右江盆地及十万大山盆地页岩气重点远景区位置示意图

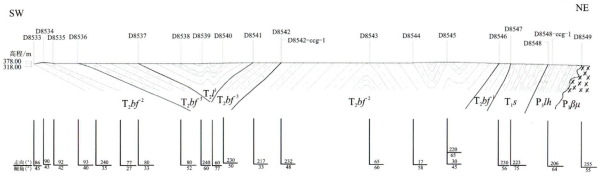

图 5.6.2　巴马燕洞乡-巴马县郊构造路线图（目的层为下三叠统石炮组）

该地区在早石炭世时期处于台盆相沉积环境，岩性以硅质泥岩、泥质硅质岩和硅质岩为主，TOC 平均含量为 2.66%，R_o 平均值为 2.39%，为过成熟演化阶段，有机质类型为 II_1、II_2，为有利于形成页岩气的有机质类型，有效泥页岩厚度段超过 50m。在早三叠世时期，该地区属于深水陆棚相沉积环境，早期沉积的岩性以灰黑—黑色泥岩、含粉砂质泥岩夹含凝灰质泥岩为主，TOC 平均含量为 0.94%，底部层段最大的 TOC 含量可达 2.07%，有机质类型为 II_2、III，R_o 平均值为 2.93%，为过成熟演化阶段，有效泥页岩厚度为 18~38m（2 段）。

整体上马山地区为相对稳定的向斜构造，目的层的埋深超过 500m，受后期改造作用小，有利于页岩气的保存。通过现有资料分析，该地区下石炭统鹿寨组和下三叠统石炮组富有机质泥页岩品质好、厚度大、页岩气保存条件较好。

6 页岩气成藏主控因素与成藏规律

6.1 典型区块成藏要素对比

6.1.1 页岩气地质条件对比

前文对广西地区桂中坳陷和十万大山盆地内的典型页岩气南丹-环江、融水-柳城、柳州-鹿寨、凤凰-来宾、田阳-巴马、马山、上思-凭祥等区块进行了下石炭统、中泥盆统、下三叠统重点页岩层系特征、沉积环境、构造特征与演化、热史、含气性、保存条件的解剖分析,为了明确广西地区页岩层系物质基础的规律性和差异性,对各区块的页岩气地质条件要素进行对比分析,并纳入了南盘江地区下石炭统鹿寨组、湖南涟源下石炭统测水组、上泥盆统佘田桥组、上二叠统龙潭组、大隆组和贵州紫云-罗甸下石炭统打屋坝组等其他地区的对等页岩气勘探层系进行联合对比(表6.1.1)。

在纵向层系上,广西地区各区块的勘探目的层以下石炭统鹿寨组为主,除了十万大山盆地西南部的上思-凭祥区块外,鹿寨组为广西其他各区块的重点层系。中泥盆统页岩勘探目前主要为南丹-环江区块的罗富组、凤凰-来宾区块的东岗岭组,下三叠统页岩勘探目前主要在南盘江盆地田阳-巴马区块和十万大山盆地上思-凭祥区块的石炮组。下石炭统页岩层系在其他地区勘探效果较好的主要为湖南涟源的测水组和贵州的打屋坝组。湖南涟源凹陷和邵阳凹陷的泥盆系佘田桥组页岩也有较好的勘探效果。

沉积环境方面,广西桂中坳陷、南盘江盆地、贵州地区的下石炭统优质页岩基本都属于深水台盆、深水陆棚相或深海台缘斜坡相,均为有利的较封闭沉积环境,但湖南的下石炭统测水组属于海侵时期的海陆交互相含煤沉积,沉积相主要为潟湖和潮坪-沼泽相。中泥盆统的罗富组和东岗岭组目前页岩层系条件较好的分布在桂中坳陷的南丹-环江区块和凤凰-来宾区块,沉积环境分别为盆地相和台地浅凹。湖南地区的上泥盆统佘田桥组沉积环境为台盆相。南盘江盆地田阳-巴马区块和十万大山盆地西南部上思-凭祥区块的下三叠统石炮组页岩层系沉积环境均为深水陆棚相。

页岩气成藏物质基础主要包含页岩层系的品质、生烃量、储集条件和保存条件等。有机质含量、有机质类型、热演化状态是页岩品质的体现,页岩层系厚度、连续厚度是其具有一定生烃量的基础,物性特征和脆性矿物含量是其作为储集层的基本体现。

在品质方面,下石炭、中泥盆统、上泥盆统页岩的有机质含量整体较高,各区块平均值介于1.63%～4.16%之间,但普遍在2%以上。下石炭统的有机质含量以柳州-鹿寨区块、田阳-巴马区块最优,平均值分别达到3.16%和5.16%。南丹-环江区块、凤凰-来宾区块的中泥盆统和湖南涟源凹陷的上泥盆统页岩有机质含量均较高,平均值分别为4.44%、2.85%和2.78%,以南丹-环江区块罗富组最优。下三叠统页岩的有机质含量相对偏低,除了南盘江盆地田阳-巴马区块有机质含量平均值达到2.9%,十万大山盆地上思-凭祥区块下三叠统页岩平均值仅为1.25%。湖南涟源凹陷上二叠统页岩的有机质含量均在3%以上。

6 页岩气成藏主控因素与成藏规律

表 6.1.1 典型页岩气区块地质条件对比分析

区块	层系	沉积环境	泥岩厚度/m	泥岩连续厚度/m	埋深/m	TOC/%	R_o/%	有机质类型	(石英+长石)含量/%	碳酸盐岩含量/%	孔隙度/%	孔隙类型	渗透率/$10^{-3} \times \mu m^2$	比表面积/$(m^2 \cdot g^{-1})$	含气量/$(m^3 \cdot t^{-1})$
南丹—环江	C_1鹿寨组	台盆-深水陆棚相	93~500	20~93	1000~3000	0.61~3.96(2.10)	3.39~4.08(3.84)	II_2、III	27.9~76.5(48.5)	4.7~17.5(10.9)	0.92~12.06(7.49)	矿物溶蚀孔、晶间孔、有机质孔	0.0011~0.5848(0.043)	4.48~13.33(9.32)	环江水井持续冒可燃天然气；环江3.24和3.83；河池1.54和3.31
融水—柳城	D_2罗富组	盆地相	115~600	15~67	500~1000	0.34~8.91(4.44)	3.8~4.03(3.915)	I、II_2	13~87(55)	1.7~65(23.1)	0.86~20.99(4.05)	有机质孔、黏土层间孔	0.0011~0.0212(0.0053)	2.24~16.99(8.83)	车河镇1.96和2.65
柳州—鹿寨	C_1鹿寨组	深水陆棚相	97~130	42~60	800~2000	0.43~6.53(1.63)	2.35~2.77(2.62)	II_2	15~42.1(33.2)	14~65.3(35)	0.7~2.2(1.57)	矿物溶蚀孔、微裂缝	0.011~0.089(0.032)		桂融页1井2.61(1.50)
凤凰—南丹	C_1鹿寨组	盆地相	85~300	65~120	1500~2500	0.83~10.08(3.16)	2.18~2.61(2.35)	I、II_2	7.9~84.6(56.2)	0~69.8(12.5)	0.68~5.88(2.34)	矿物溶蚀孔、晶间孔	0.0001~0.0224(0.0033)	0.2395~10.12(5.214)	东塘1井:1.4~2.17(1.47);桂柳地1井1.77~5.32(3.65)
凤凰—来宾	C_1鹿寨组	台盆相	80~185	10~30	500~2000	0.32~3.8(1.76)	2.40~3.73(3.09)	II_1、II_2	17.8~72.6(43)	4.6~62.6(31.2)	0.26~2.74(1.16)	有机质孔、晶间孔、矿物质孔	0.0007~0.0019(0.0011)	6.9~13.8(10.4)	1.14和1.78
	D_2东岗岭组	台地浅回	100~160	20~25	2000~3000	1.83~6.35(2.85)	3.25	II	23.36	25.33	0.81~6.90(2.69)	有机质孔	0.0012~0.056(0.0095)		
田阳—巴马	C_1鹿寨组	盆地相	190~320	17~53	500~3000	1.71~10.4(5.16)	2.27~3.36(2.98)	I	36.3~85.6(64.7)	2.9~43.7(20.6)	1.74~2.77(2.42)	有机质孔、矿物质孔		3.22~13.1(7.015)	象州1.49和1.69
	T_1石炮组	深水陆棚相	50~200	15~53	500~1500	0.01~3.09(1.09)	2.37~3.21(2.91)	II_1、II_2	25.7~64.4(48.1)	0.4~36.7(9.4)	1.16~3.8(2.16)	有机质孔	0.001~0.0062(0.0029)	3.5~20.4(8.18)	
马山	C_1鹿寨组	台盆相	100~580	>50	500~2500	1.50~4.59(2.66)	2.00~3.02(2.39)	I	54.2~94.9(78.2)	1.5~11.3(5.85)	1.74	有机质孔及晶间孔	0.0013	4~13.1(8.56)	
上思—凭祥	T_1石炮组	深水陆棚相	50~130	17~45	2200~3800	0.01~1.8(1.25)	1.2~2.44(1.8)	II_1	36.5~51.4(45)	1.8~13.7(5.75)		矿物溶蚀孔、晶间孔		5.97~5.81(5.89)	
南盘江东兰	C_1鹿寨组	深水盆地	250~350		1000~2000、>3000	0.29~8.8(2.94)	1.77~4.18(3.3)	II_1、II_2	46.8~92.4		4.7~14.63(8.1)	有机质孔、晶内溶蚀孔、铸模溶孔	0.003~0.022	5.204~19.53(12.06)	

续表 6.1.1

区块	层系	沉积环境	泥岩厚度/m	泥岩连续厚度/m	埋深/m	TOC/%	R_o/%	有机质类型	(石英+长石)含量/%	碳酸盐岩含量/%	孔隙度/%	孔隙类型	渗透率/($10^{-3}×\mu m^2$)	比表面积/($m^2·g^{-1}$)	含气量/($m^3·t^{-1}$)
湖南涟源	C_1测水组	潟湖、潮坪沼泽	19~111		0~2500	1.5~2.2	1.7~1.9, 2.62	II_1, I	石英51.8~87.72(67.04)		1.98~2.58	有机质孔、矿物间空隙、微裂缝、溶蚀孔	0.000 04~0.000 83(0.000 47)	1.33~12.59(6.99)	1.21~1.63;2015H-D6井1.5~3.32(2.13)
	D_3佘田桥组	台盆相	140~170		0~1200; 1100~1500	0.16~4.82(2.78)	1.01~3.35(2.01)	I	石英14.6%~50.8% 脆性矿物79.4%	30.5~72.2(44.5)	1.05~2.53(1.58)		0.002 7~0.014 4(0.003)		湘新地1井:1.37~3.49(1.97);湘新地3井:1.48~2.63(2.01)
	P_2龙潭组	浅水陆棚相	17~27		0~1200	4.15	1.3~1.62	II	石英52.91~56.37(54.28)		2.1				0.96~1.14
	P_2大隆组	陆棚相	43~56		0~1100	3.25	1.37~1.66	II	石英2.33~79.43(40.18)		1.26~3.66				0.95~1.13
贵州寨云罗甸	C_1打屋坝组	深海台缘斜坡-台盆	150~180		0~3200	1~2, 2~4	1.5~3.0	II	石英28.59%, 脆性矿物>40%		10.04~24.26(17.93)	溶蚀裂缝、宽裂缝、溶蚀孔洞		5.2~17.61(12.17)	0.9~2.84 超压

注：括号内数值为平均值。

成熟状态方面,古生界的这些页岩层系,除了上二叠统页岩之外,其余层系整体热演化程度较高,但同一层系在平面上存在热演化程度的差异性。泥盆系页岩整体演化程度较高,广西桂中坳陷的南丹-环江区块中泥盆统罗富组和凤凰-来宾区块中泥盆统东岗岭组页岩的 R_o 平均值分别为 3.92% 和 3.25%,但湖南涟源凹陷上泥盆统佘田桥组页岩热演化程度相对于广西地区的中泥盆统明显偏低,R_o 平均值为 2.01%。下石炭统页岩平面上热演化程度差异性也较大,广西南丹-环江区块鹿寨组热演化程度最高,R_o 平均值达到 3.84%,这可能与该区块页岩品质佳但钻探效果却并不太理想有直接关系。其次为凤凰-来宾区块和南盘江东兰地区,R_o 平均值也超过了 3%,都处于过成熟阶段。相对而言,同处于桂中坳陷的融水-柳城区块、柳州-鹿寨区块鹿寨组的 R_o 平均值明显偏低,分别为 2.62% 和 2.35%。南盘江盆地的田阳-巴马区块和马山区块鹿寨组的 R_o 平均值也比东兰地区低,分别为 2.98% 和 2.39%。整体上,广西地区的下石炭统鹿寨组热演化程度高,处于过成熟阶段。湖南和贵州地区的下石炭统热演化程度也较高。十万大山盆地的上思-凭祥区块下三叠统石炮组页岩 R_o 平均值仅为 1.8%,其热演化程度要远低于南盘江盆地的田阳-巴马区块。有机质类型方面,上古生界各页岩层系以Ⅱ型为主,其次为Ⅰ型,Ⅲ型较少。

储层特征方面,下石炭统、中泥盆统、上泥盆统、下三叠统和上二叠统各层系的石英、长石等脆性矿物含量虽有差异,但普遍较高,具有高脆性矿物、低黏土矿物的组成特征,有利于压裂。各区块页岩层的主要孔隙类型都包括溶蚀孔和有机质孔,微裂缝较多的为融水-柳城区块鹿寨组、湖南涟源测水组和贵州打屋坝组。各层系孔隙度都处于低—中孔的范围,渗透率为低—中渗,凤凰-来宾区块鹿寨组和湖南涟源测水组渗透率尤其低。

含气性方面,基于目前勘探程度的已钻井分析(表 6.1.1),下石炭统钻探效果较好,桂中坳陷融水-柳城区块鹿寨组、柳州鹿寨区块鹿寨组、南丹-环江鹿寨组和罗富组、湖南涟源凹陷测水组、贵州打屋坝组均有较好的含气性。除了贵州打屋坝组为超压页岩气层外,其余几个区块都为常压页岩气层。广西地区中泥盆统的钻探效果一般,但湖南涟源上泥盆统佘田桥组钻井效果较好。广西下三叠统勘探程度较低,含气性不明。湖南上二叠统页岩钻探揭示也具有较好的含气性。因很多区块钻井较少或没有钻井,所以难以揭示其真实含气性。

整体上,上古生界各页岩层系具有有利的沉积环境,页岩品质虽有差异,但整体上各区块页岩有机质含量均较好,在这个前提下,勘探效果差异可能与热演化程度差异和构造-保存条件有密切关系。

6.1.2 沉积相带对比

本次依据沉积相带的差异性选取两个典型区块进行沉积相带对比,分别是柳州-鹿寨页岩气区块与融水-柳城页岩气区块。柳州-鹿寨页岩气区块下石炭统鹿寨组代表了深水台盆沉积,处于还原环境-强还原环境。而融水-柳城页岩气区块下石炭统英塘组(与鹿寨组同期异相)代表了浅水-深水陆棚沉积,处于还原环境。通过研究分析两个区块的沉积异同点,从而明确优势的有利沉积相带。

1)柳州-鹿寨页岩气区块

柳州-鹿寨页岩气区块处于河池-宜州-柳城断裂带东段,早石炭世具有较强的控相特征。该区块部署实施的桂柳地 1 井下石炭统鹿寨组下部主要发育硅质岩、碳质泥岩、硅质泥岩以及硅质灰岩等,反映出早石炭世早期属于台缘斜坡-台盆沉积环境。赵明鹏(1995)分析认为鹿寨地区早石炭世早期硅质岩中出现大量硅质骨针,属于深水沉积环境,也证实了该观点。从总体上来看,该区块早石炭世杜内期为台盆相,有利于有机质的富集和保存,富含有机质、硅质,反映为还原安静的环境,发育黑色硅质岩、硅质泥岩以及硅质碳质泥岩。

2)融水-柳城页岩气区块

融水-柳城页岩气区块靠近江南古陆南缘,河池-宜州断裂带北部,陆源物质供给充分,呈现出混源的沉积特征,主要以硅质泥岩、碳质页岩、灰质泥岩、含粉砂灰质泥岩以及泥灰岩等为主,其中硅质泥岩中的硅质主要为陆源硅,属于浅水陆棚-深水陆棚沉积环境,具备一定的生烃物质基础。

结合野外地质调查与桂融页1井地质参数井,认为融水-柳城页岩气区块早石炭世杜内期属于半深水陆棚-深水陆棚(或浅水斜坡-深水斜坡)沉积环境,其中优质页岩甜点段主要为深水相沉积。因靠近江南古陆边缘,深水相富有机质泥页岩均混有陆源碎屑物质,大多含砂质或粉砂质。

综上所述,两个区块都具备生烃物质条件,但根据陆源物质的掺入程度,其有机质含量具有一定的差异性。远离物源区的深水台盆相富有机质泥页岩的品质优于靠近物源区的深水陆棚沉积环境中的。

6.1.3 保存条件对比

1)断裂发育规模

断裂作用过于强烈,对页岩气藏的破坏作用较大,断裂发育特征主要表现为断裂发育规模和断裂发育密度两个方面,郭旭升等(2017)将构造断裂分为4级,且断裂规模越大,发育越密集,对页岩气藏的破坏更大,因此断裂发育特征对页岩气的保存至关重要,将其作为保存条件评价的关键参数。

断裂发育规模一般指断层切穿地层深度和影响范围,例如一些长期活动的深大断裂和构成坳陷等构造边界的大断层都属于大规模断裂,它们能够控制坳陷发育、隆起等构造边界的形成以及区域的岩相变化特征,一般形成时间较早,并在之后存在多期次活动的特征,给页岩气的逸散提供通道,对页岩气藏起破坏作用。桂中坳陷内深大断裂均有分布,控制着整体构造格局。根据前文各区块的构造特征解剖,南丹-环江页岩气区块内发育丹池大断裂,融水-柳城区块内发育三江-融安断裂,柳州-鹿寨区块内发育龙胜大断裂、永福大断裂,凤凰-来宾区块内发育一条深大断裂,都安-忻城区块内发育都安大断裂,在各区块内越靠近深大断裂,页岩气保存条件越差。

2)断层发育密度

由于构造作用的差异性,断层发育的分布规律在各区块内表现明显,强度也有迹可查。根据前文各区块构造解剖,可进一步分析断层延伸长度、宽度、断距、性质,将各区块的断层要素进行计算量化。本文采用区块内的所有断裂延伸长度总和与区块面积的比值作为断层发育密度的量化值,结果见表6.1.2。

表6.1.2 桂中坳陷及周缘各区块断层密度量化表

区块	区块面积/km²	断层性质	断裂总长度/km	断层发育密度/(km·km⁻²)
南丹-环江	3200	正	850	0.27
		逆	448	0.14
融水-柳城	3000	正	240	0.08
		逆	1500	0.5
柳州-鹿寨	3100	正	800	0.26
		逆	1860	0.58
凤凰-来宾	3250	正	300	0.1
		逆	200	0.06
都安-忻城	2800	正	250	0.09
		逆	160	0.057

整体上鹿寨-柳州区块内断层密度最大;其次为融水-柳城区块南部柳城地区因位于宜山断裂带断层密度也很大;南丹-环江区块内南丹地区位于丹池断裂带断层密度也较大,而环江地区因晚燕山—喜马拉雅期构造反转作用在八圩附近发育大量正断层;凤凰-来宾区块后期改造作用较弱,断层发育密度相对较小;都安-忻城区块内西部边缘靠近都安大断裂的高岭地区以及东部部分地区零星发育断层,其他地区大断层基本不发育,断层发育密度最小。

3)最早抬升时间

地壳活动会导致地层抬升进而遭受剥蚀,对页岩气藏具有破坏之作用,主要表现为区域盖层的破坏,目的层直接与大气连通导致页岩气逸散,又或使断层活动封闭性降低。在目的层经历抬升剥蚀后,地层温度下降,泥页岩的生烃停止,在页岩气的保存过程中,散失是持续进行的,而随着供烃结束,页岩气得不到有效补充。因此一般认为在一定条件下,抬升时间的早晚决定了页岩气藏保存量的多少,抬升时间越早,页岩气逸散的量越大,越不利于页岩气的保存。

桂中坳陷及周缘地区经历了复杂的构造演化历史,包括加里东期、海西期、印支期、燕山期、喜马拉雅期等多期构造运动,其中燕山运动和喜马拉雅运动导致的构造抬升是页岩气藏被破坏的主要因素。综合分析认为桂中坳陷抬升时间限定在中三叠世—晚燕山世之后,由于构造作用的差异性,在不同区块又有所差别(表6.1.3)。

表6.1.3 桂中坳陷各区块抬升差异性分析表

区块	不整合特征	对应埋藏史曲线模拟井位	抬升时期
南丹-环江	T_3时期卷入褶皱变形	WELL-1井	晚三叠世之后
融水-柳城	T_1时期卷入褶皱变形	WELL-2井	中三叠世
柳州-鹿寨	T_1时期卷入褶皱变形	WELL-3井	晚三叠世
凤凰-来宾	T_2时期卷入褶皱变形	WELL-4井	晚三叠世
都安-忻城	T_2时期卷入褶皱变形	桂中1井	晚三叠世

(1)南丹-环江区块:可见在T_3时期卷入褶皱变形,再结合桂页1井的钻井分层数据以及前文虚拟井WELL-1井的单井热史模拟结果,表明最早抬升时间和生烃结束时间是在晚三叠世之后,在此之前桂中坳陷的晚古生代一直是属于快速沉降和埋藏时期。

(2)融水-柳城区块:可见泥盆系与寒武系为不整合接触,第四系直接覆盖于石炭系之上,且寒武系广泛发育北东向褶皱,泥盆系未卷入变形,北东向构造形成于加里东期,而早燕山期近南北向构造叠加北东向构造,再结合桂融地1井的钻井分层数据以及前文虚拟井WELL-2井的单井热史模拟结果,大致将该区域的抬升时间限定在中三叠世。

(3)柳城-鹿寨区块:可见下三叠统与下白垩统呈角度不整合关系,且在T_1时期卷入褶皱变形,结合雒容1井的钻井分层数据以及前文虚拟井WELL-3井的单井热史模拟结果,表明最早抬升时间和生烃结束时间是在晚三叠世,在此之前桂中坳陷的晚古生代一直是属于快速沉降和埋藏时期。

(4)凤凰-来宾区块:可见中三叠统与下白垩统呈角度不整合关系,且在T_2时期卷入褶皱变形,结合桂来地1井的钻井分层数据以及前文虚拟井WELL-4井的单井热史模拟结果,表明最早抬升时间和生烃结束时间是在晚三叠世,在此之前桂中坳陷的晚古生代一直是属于快速沉降和埋藏时期。

(5)都安-忻城区块:可见在中三叠世卷入褶皱变形,结合桂中1井的钻井分层数据及其单井热史模拟结果,表明最早抬升时间和生烃结束时间是在晚三叠世,在此之前桂中坳陷的晚古生代一直是属于快速沉降和埋藏时期。

4)剥蚀厚度

桂中坳陷在改造期内经历的各运动期次有所差异,印支期的构造运动对桂中坳陷的影响较小,仅深大断裂区域发生继承性断裂活动,地层变形幅度较小,其抬升幅度约为20%,到了燕山期桂中坳陷开始全面褶皱和断裂,地层抬升幅度接近50%,喜马拉雅期坳陷全面抬升,抬升幅度为30%左右。燕山-喜马拉雅期为桂中坳陷强烈剥蚀期,导致全区大规模出露石炭系、泥盆系,坳陷南部、东部、东南部、东北部剥蚀最为严重,部分地区泥盆系被剥蚀殆尽,寒武系直接出露地表,这也说明了桂中坳陷东部、南部、北部地区构造活动更为剧烈,而西部、西北部地区则构造相对稳定,仅沿南丹-都安断裂带形成的背斜核部出露泥盆系,其他地区地表主要出露三叠系、石炭系。因此,桂中坳陷在燕山—喜马拉雅期因构造作用强度的差异性被剥蚀厚度也有所差异。

前人(陈世悦等,2009;楼章华等,2011;王鹏万等,2012)利用镜质体反射率对桂中坳陷的剥蚀厚度进行了恢复(表6.1.4)。结果显示下石炭统经历的最高古地温为233.41℃,泥盆系经历的最高古地温为372.17℃,再根据前人的研究,取泥盆系、石炭系古地温梯度为4.0~4.5℃/100m,地表温度取20~25℃,推测泥盆系剥蚀区的剥蚀量范围为4936~6123m,下石炭统剥蚀区的剥蚀量范围为4522~4631m。

表6.1.4 桂中坳陷部分R_o样品剥蚀量恢复计算结果

地点	层位	$R_o/\%$	备注	最高古地温/℃	对应剥蚀量/m
南丹罗富	D_3	2.98	泥岩	293.84	5974
南丹罗富	D_3	3.00	泥岩	294.69	5993
南丹罗富	D_2	2.53	泥岩	272.85	5508
南丹车河	D_2	2.36	泥岩	263.93	5310
南丹大厂	D_2	5.49	沥青	372.17	7715
南丹吾隘	D_2	2.28	泥岩	259.51	5211
南丹吾隘	D_2	2.07	泥岩	247.12	4936
南丹吾隘	D_1	2.44	泥岩	268.20	5405
南丹吾隘	D_1	2.23	泥岩	256.67	5148
南丹吾隘	D_1	2.25	泥岩	257.81	5174
上林镇圩	D_2l	3.04	沥青	296.39	6031
河池拉朝	D_2d	2.93	沥青	291.67	5926
环江川山	D_2d	3.14	沥青	300.54	6123
融安泗顶	D_2d	1.69	沥青	221.12	4358
环江水源	C_1y	1.79	泥岩	228.49	4522
环江洛阳	C_1y	1.85	泥岩	232.72	4616
融安大良	C_1y	1.84	泥岩	232.02	4600
融安大良	C_1d	1.86	泥岩	233.41	4631

综合三者的剥蚀厚度恢复数据,重新编制桂中坳陷燕山—喜马拉雅期剥蚀厚度平面分布图(图6.1.1)。可见融水-柳城区块北部黄金—龙岸一带剥蚀厚度最大,在5500~6000m之间,区内其他地区剥蚀厚度在4500~5500m之间。南丹-环江区块西部车河—大厂—罗富一带背斜发育,其核部剥蚀严重,剥蚀厚度在5000~6000m之间,环江地区剥蚀厚度在4500~5500之间。柳州-鹿寨区块整体剥蚀厚度在4500~5500m之间。凤凰-来宾区块剥蚀程度相对较弱,剥蚀厚度为4000~5000m。都安-忻城区块剥蚀程度最弱,全区以一个大型复式向斜为构造主体,剥蚀厚度普遍小于3000m。

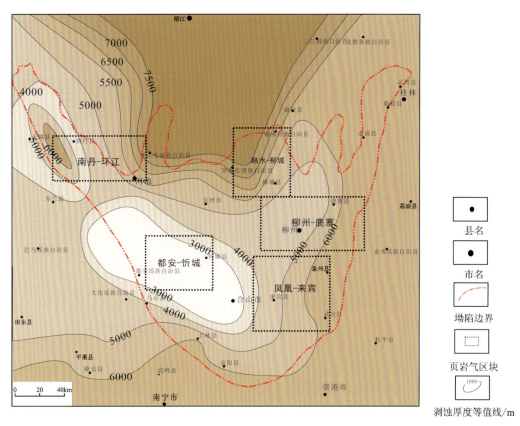

图 6.1.1　桂中坳陷及周缘燕山—喜马拉雅期剥蚀厚度平面分布图

5）盖层封闭性

盖层分为直接盖层和区域盖层,直接盖层是指储集层上方起阻止页岩气发生逸散作用的岩层,而区域盖层是指位于整个含气层系上方起保护作用的岩层,而对于页岩层系,其自生自储的特点也使得其自身目的层也可作为区域盖层。据研究表明泥页岩只要10m左右,膏盐层3～5m就可以作为直接盖层。直接盖层是形成油气藏的决定因素,其突破压力大小与其他条件配套决定着气藏是高压、低压以及规模。顶底板盖层为页岩层上下岩层,即页岩气藏的直接盖层,前文在页岩气区块的解剖时已对各区块的顶底板配置条件进行了分析,这里不再赘述,值得注意的是盖层封闭性是顶底板配置条件的决定性因素,也是决定页岩气成藏的必要条件。同时直接盖层也需要区域盖层的配合,才能在整体封存条件下发挥阻止天然气逸散的作用。区域盖层位于直接盖层之上,具有厚度大、分布广、稳定性强的特点,它能在盖层被断层切割或裂隙发育时进一步阻止天然气发生逸散。因此盖层封闭性的评价对页岩气保存条件研究意义重大(表 6.1.5)。

(1)孔渗性、突破压力。盖层不同的埋深、岩性具有不同的孔渗性特征和封闭性能,桂中坳陷上古生界泥页岩具低—中孔(0.69%～7.17%)、低—中渗[(0.001 2～0.150 8)×10^{-3} μm^2]以及中等—好突破压力(15.51～47.9Pa)的特点(楼章华等,2013)。凤凰-来宾区块内孔渗性、突破压力均较好,融水-柳城、柳州-鹿寨、南丹-环江区块整体差别不大,都安-忻城区块无样品数据。

(2)岩性、厚度及连续性。岩性对物性封闭能力的影响很大,不同岩性其物性封闭能力明显不同,封闭能力最强的是岩性细而塑性强的泥岩和盐岩。粉砂质泥岩、泥质粉砂岩和生物灰岩等也有一定的物性封闭能力,但较泥岩的物性封闭能力要弱一些,一般只能成为差的油气封盖层。因此岩性为泥岩、盐岩,含钙质、白云质、碳质和粉砂质的泥岩层系是保存页岩气不发生逸散的最佳盖层,具有较好的封闭能力。

表 6.1.5　区域盖层特征分析表

区块	特征参数					
	层位	孔隙度/%	渗透率/($\times 10^{-3} \mu m^2$)	岩性	单层厚度/m	累计厚度/m
南丹-环江	$C_1 lz$	0.69~7.17	0.001 2~0.150 8	碳质泥岩	10~15	20~300
	$D_2 l$	0.86~20.99	0.001 1~0.021 2	钙质泥岩	10~20	50~100
融水-柳城	$C_1 lz$	0.92~12.06	0.001 1~0.584 8	灰质页岩	15~20	30~350
柳州-鹿寨	$C_1 lz$	2.77~8.56	0.002 1~2.983 0	碳质、硅质泥岩	10~15	50~400
凤凰-来宾	$D_2 l$			钙质泥岩夹泥灰岩	5~10	20~200
	$D_1 t$					
都安-忻城	$C_1 lz$			泥岩夹硅质岩	10~15	60~250
	$D_2 l$			钙质页岩	10~15	20~150

盖层厚度及连续性也是盖层封闭能力评价的重要参数,盖层厚度包括单层厚度和累计厚度,单层厚度大可保证在特定的条件下不被断裂破坏,累计厚度大可以阻挡气体渗滤散失且其阻止扩散速度快的能力要更强。同时,盖层的厚度越大也保持了平面上的连续性,横向连续性越好,分布面积也越大,容易形成区域性盖层,封闭性能更好。

南丹-环江区块下泥盆统塘丁组为钙质泥岩夹粉砂质泥岩;中泥盆统罗富组以钙质泥岩为主,厚度50~100m;下石炭统鹿寨组以碳质泥岩为主,厚度在20~300m之间。融水-柳城区块泥盆系沉积环境为滨岸碎屑岩相潮间带至潮下带,岩性以砾岩、砂岩为主,夹少量泥灰岩、页岩;下石炭鹿寨组以碳质页岩和灰质页岩为主,厚度在30~350m之间。柳州-鹿寨区块下石炭统鹿寨组为碳质泥岩、硅质泥岩,厚度为50~400m。凤凰-来宾区块中泥盆统罗富组岩性为钙质泥岩、泥岩夹泥灰岩。都安-忻城区块区内无页岩气调查井,根据地表露头可知下泥盆统塘丁组岩性为泥页岩,夹少量的泥灰岩,厚度为30~200m;中泥盆统罗富组为泥灰岩、钙质页岩,厚度60~250m;下石炭统鹿寨组岩性为碳质泥页岩夹硅质岩,厚度为20~150m。上述岩层均存在10~20m厚度的连续页岩层。

(3)盖层封闭性。由于桂中坳陷勘探资料有限,从盖层的孔隙度、渗透率、突破压力、岩性、单层厚度和累计厚度几方面对桂中坳陷内几个区块的盖层封闭性进行定性评价(表 6.1.6)。①柳州-鹿寨区块下石炭统鹿寨组、融水-柳城区块下石炭统鹿寨组泥质岩属Ⅱ类盖层,封盖能力最好;②南丹-环江区块下石炭统鹿寨组、中泥盆统罗富组、下泥盆统塘丁组,都安-忻城中泥盆统罗富组、下泥盆统塘丁组均属于Ⅱ-Ⅲ类盖层,盖层封闭能力中—好;③凤凰-来宾区块中泥盆统罗富组、都安-忻城区块下石炭统鹿寨组属Ⅲ类盖层,盖层封闭能力中等。

表 6.1.6　盖层封闭性综合评价表(据陈孔全等,2017修改)

评价参数	等级划分(权值)			
	好(1~0.75)	较好(0.75~0.5)	中等(0.5~0.25)	差(<0.25)
孔隙度/%	<0.5	0.5~1.5	0.5~2.0	0.5~3.0
渗透率/($\times 10^{-3} \mu m^2$)	<10^{-5}	10^{-5}~10^{-4}	10^{-4}~10^{-3}	10^{-3}~10^{-2}
突破压力/MPa	>300	120~300	80~120	60~80
岩性	膏岩泥岩、钙质泥岩	含砂泥岩、含粉砂泥岩	粉砂质泥岩、砂质泥岩	泥质粉砂岩、泥质砂岩
单层厚度/m	>20	10~20	2.5~10	<2.5
累计厚度/m	>300	150~300	50~150	<50

6）构造形态

桂中坳陷及周缘地区印支期以来发生了强烈的隆升剥蚀作用，从而造成鹿寨组、罗富组、塘丁组埋藏深度变浅，目的层压力减小，页岩吸附能力减弱，页岩孔隙中页岩气由吸附态转变为游离态，如果缺乏聚集这些游离气的场所，就会使得这些游离气发生大量逸散。而有利的构造样式就是聚集游离气的天然场所，类似常规油气勘探中的圈闭，因此构造形态是页岩气保存的重要影响因素。广西地区勘探程度较浅，参照四川盆地的页岩气勘探显示，综合分析各产气井钻探部位的构造样式类型，发现在宽缓型背斜钻探的页岩气井产气量最大，其次为断层遮挡低角度斜坡和圆弧背斜，再次为断层遮挡向斜和宽缓向斜，最后为较紧闭向斜。而对于不同类型宽缓背斜，保存条件也存在差异，整体规律为地层曲率越大，保存条件越好，例如：箱装背斜＞宽缓圆弧状背斜＞翼间角相对较大背斜（表6.1.7）。

表6.1.7　四川盆地及周缘地区页岩气井构造形态与日常产量关系表（据汤济广等，2017）

井号	钻探部位	压力系数	日产气量/$\times 10^4 m^3$
威201	宽缓型背斜		1～2.5
宁201	宽缓型背斜		1.4
宁203	宽缓型背斜		0.2～0.3
焦页1	宽缓型背斜	1.5	6～20.3
彭页1	宽缓型向斜	0.9	1～2
黄页1	向斜		0.01～0.04
黔浅1	狭窄型向斜		瞬时308m^3/h
阳201井	宽缓背斜	2.25	43
丁页1井	较紧闭背斜	1.0	＜1
丁页2井	断层遮挡斜坡	1.5	4.6
金页1井	宽缓背斜	1.3	3～4

根据前文对页岩气区块的构造解剖，基本厘清了各区块的构造样式类型及空间分布规律，同时也揭示了各区块构造样式的差异性、规律性以及构造样式的转换。南丹-环江地区构造形态稳定、地层平缓连续、宽缓的褶皱、走滑性质较弱的逆断层是页岩气具有有利的局部构造条件。融水-柳城地区的中部地区主要发育宽缓向斜、断展褶皱、局部断背斜，南部有冲起构造相对稳定的对冲三角带。柳州-鹿寨地区的有利构造为对冲三角带与断展褶皱叠和区域、宽缓构造部位。凤凰-来宾的有利构造为宽缓构造部位、断层活动性较弱存在断层遮挡封闭的构造内。都安-忻城的百旺、高岭、里当等几个宽缓向斜为有利构造。优势局部构造类型可总结为下述4类。

（1）箱状背斜-宽缓背斜型。柳州-鹿寨区块的柳江背斜、三都背斜属于箱状背斜，南丹-环江区块的罗富背斜、凤凰-来宾区块的洪江背斜属于宽缓背斜，均为页岩气保存有利构造样式类型（表6.1.8）。但罗富背斜核部出露地层为泥盆系，且最老地层为下泥盆统莲花山组，轴面近于直立，由于抬升剥蚀作用，有机质泥页岩层直接与大气连通，游离气得不到有效保存，目的层含气性较差，勘探潜力较小；洪江背斜也存在类似情况，因背斜核部出露地层为中泥盆统东岗岭组，页岩气保存条件受到影响，在中泥盆统东岗岭组聚集成藏的可能性小，而中下泥盆统四排组黑色泥页岩根据前文论述具有较好的页岩气成藏物质基础，同时保存条件良好，勘探潜力较大。柳州-鹿寨区块的三都背斜、柳江背斜均为大型宽缓箱状背斜，两者构造相似，核部均出露上泥盆统，中部倾角平缓，翼部断裂均为同一挤压应力作用下形成的压性断裂，影响有限，小断裂未切穿目的层，且柳江地区构造相对稳定，页岩气保存条件较好，柳江1井的油气显示也能说明勘探潜力大。

表 6.1.8 箱状背斜-宽缓背斜型构造样式

区块	名称	样式	钻井	含气	平面特征	剖面特征
南丹-环江（罗富地区）	罗富背斜	宽缓背斜（类箱状）	桂页1井	否	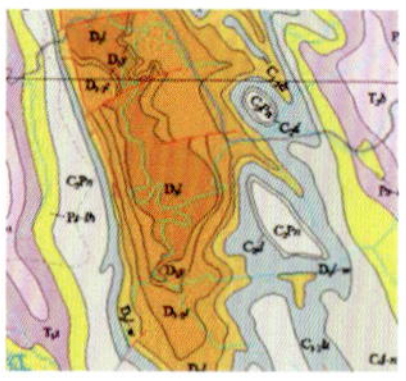	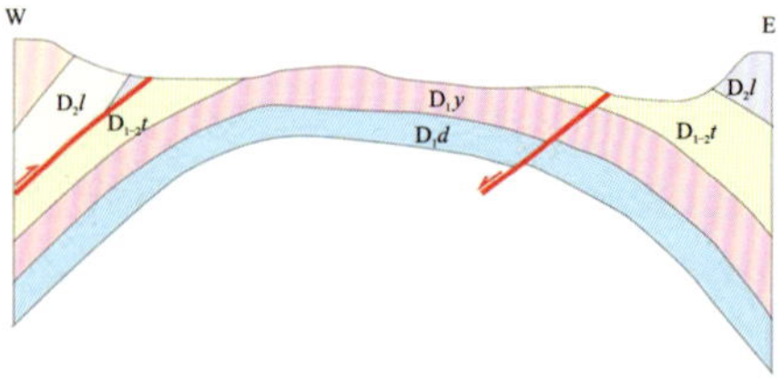
柳州-鹿寨（柳江地区）	柳江背斜	箱状背斜	柳江1井	是	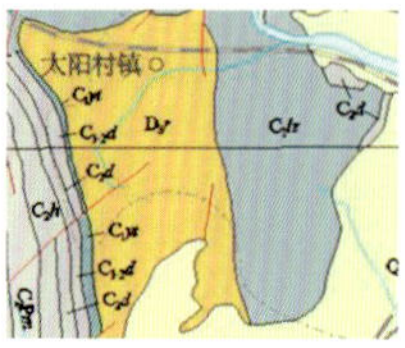	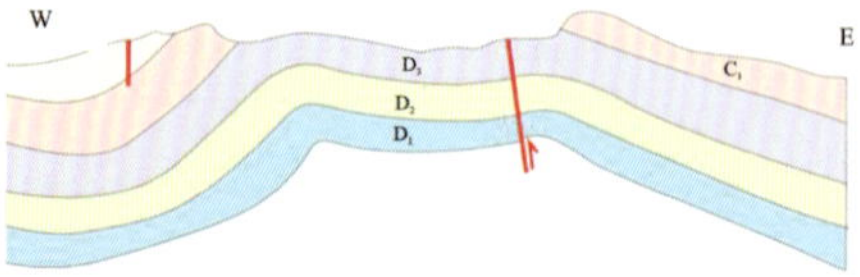
柳州-鹿寨（柳江地区）	三都背斜	箱状背斜			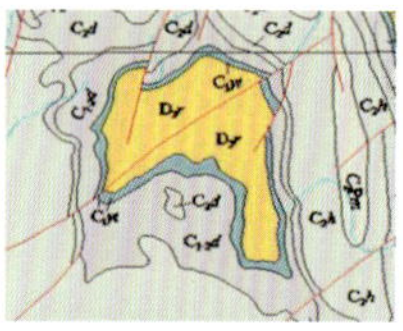	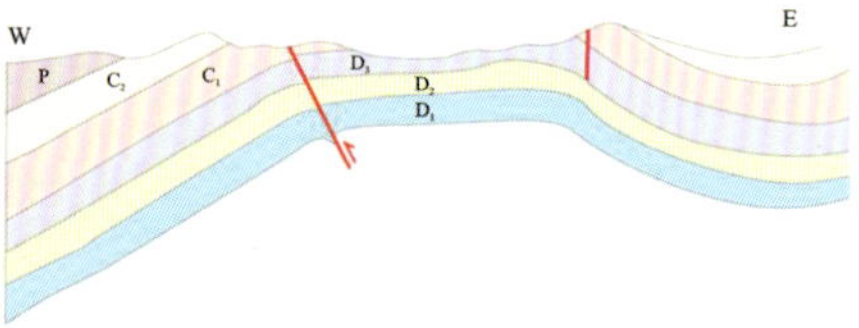
凤凰-来宾（来宾地区）	洪江背斜	宽缓背斜	桂来地1井	否	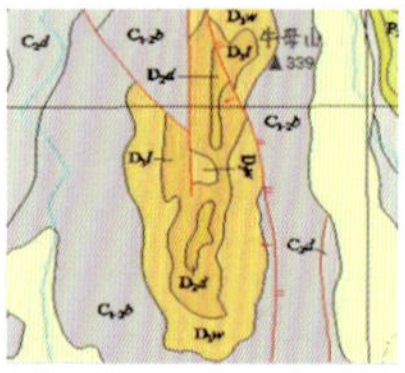	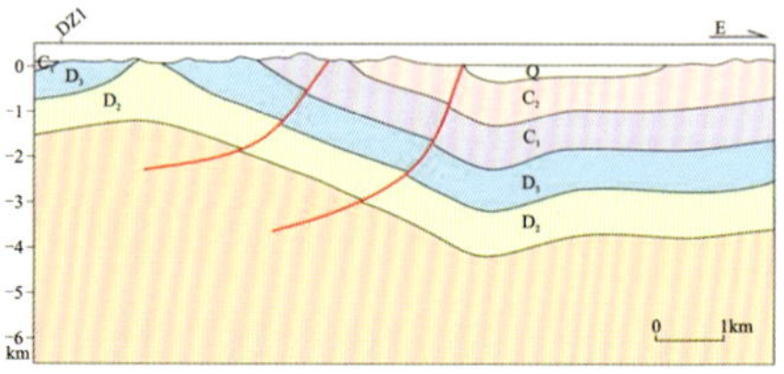

（2）隔档式断褶组合型。由于广西地区缺少地震资料，根据地质剖面以及露头资料定性恢复了南丹-环江区块内罗富至大厂一带、融水-柳城区块内小长安至和睦一带两条剖面（表 6.1.9），可见两个地区均发育背斜紧闭、向斜宽缓的隔档式褶皱。从平面上来看，南丹地区发育一系列北西向且呈雁行排列的狭长型线状褶皱，部分发育次级褶皱，褶皱叠加不明显；融水地区整体构造迹线方向稳定，发育北北东向互相平行的"川"字形褶皱。从剖面上看，整体断裂发育较少，为挤压构造作用下形成的压性断裂，埋深适中，纵向封闭性好，能够有效地聚集页岩气。

表 6.1.9 隔档式断褶组合型构造样式

区块	名称	样式	钻井	含气	平面特征	剖面特征
南丹-环江（南丹地区）	罗富-大厂-丹池褶皱	隔档式褶皱	东塘2井	气测异常	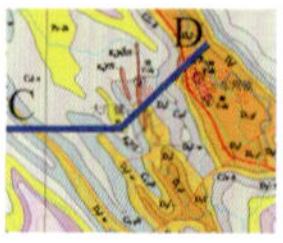	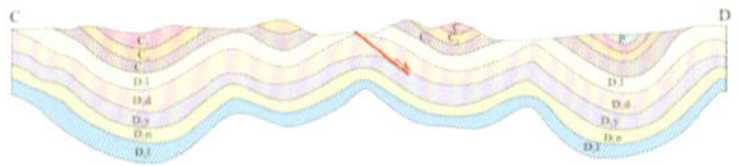
融水-柳城（融水地区）	尖山-和睦-沙坪褶皱	隔档式褶皱	桂融页1井	是	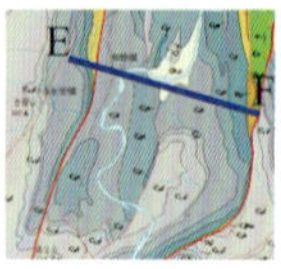	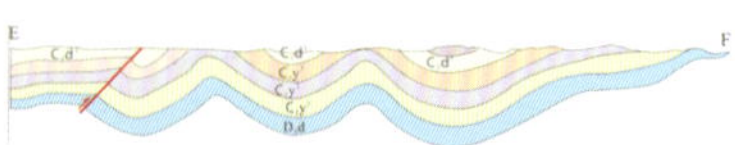

(3)宽缓向斜-断层封闭向斜型。宽缓向斜为全区发育较多的构造样式类型,5个页岩气区块均有分布(表6.1.10)。环江地区八圩向斜为一平缓开阔向斜,延伸远,方向稳定,不发育大断裂,目的层埋深较大,发育少量燕山—喜马拉雅期构造反转形成的正断裂,没有切穿目的层,对页岩气的保存影响不大,为页岩气勘探有利构造。融水地区的小长安向斜属于区块内的"川"字形构造,构造稳定,轴部为上石炭统大埔组,分布宽,岩层产状平缓,向斜两翼分别发育一条挤压作用形成的逆冲断层,形成断层遮挡低角度斜坡,为页岩气保存有利构造。鹿寨地区的东塘向斜也是由两条逆冲断层控制的断层遮挡型向斜,有利于页岩气的保存,东塘1井发生井喷,气体点火可燃说明勘探潜力较大。来宾地区的城厢向斜地层保存较为完整,且该地区构造活动较弱,断裂发育较少,向斜核部出露白垩系,目的层埋深大,勘探成本较高。都安地区的两个宽缓向斜的构造稳定,盖层封闭性好,为页岩气保存的有利构造,但百旺向斜埋深大,考虑保存条件以及勘探成本等因素,高岭向斜勘探潜力要更优。

表6.1.10 宽缓向斜-断层封闭向斜型构造样式

区块	名称	样式	钻井	含气	平面图	剖面图
南丹-环江(环江地区)	八圩向斜	宽缓向斜				
融水-柳城(融水地区)	小长安向斜	断向斜				
柳州-鹿寨(鹿寨地区)	东塘向斜	断向斜	东塘1井	是		
凤凰-来宾(来宾地区)	城厢向斜	宽缓向斜				
都安-忻城	百旺向斜	屉状向斜				
	高岭向斜	断向斜				

(4)基底卷入——断展、冲起构造型。对于构造作用强烈的地区,页岩气保存条件相对较差,但在逆冲推覆体系下形成的与逆冲构造相关的褶皱也具有较好的页岩气保存条件。桂中坳陷整体受三大逆冲推覆构造体系的控制,在这种构造作用控制下,桂中坳陷深层主要发育受基底断裂引发并受断裂控制的

基底卷入型构造样式,如对冲、背冲构造,断展、断弯褶皱,还发育盖层滑脱引起的纵弯作用形成的褶皱、叠加褶皱以及逆冲推覆构造等盖层滑脱型构造样式(表6.1.11)。

表6.1.11 基底卷入型——断展、冲起构造型构造样式

区块	样式	钻井	含气	平面特征	剖面特征
融水-柳城（融水地区）	断展褶皱	桂融页1井	是		
柳州-鹿寨（柳江地区）	冲起构造	雒容1井	是		
	断展＋冲起	桂来地1井	是		
	断展褶皱				
都安-忻城（都安地区）	冲起构造				

融水地区沙坪复式向斜翼部发育一断展褶皱构造样式,地层平缓,出露下石炭统大埔组,目的层埋深浅,两条逆冲断层封闭性较好,在断层上盘部署钻探的桂融页1井参数井具有较高的含气性显示,初步具备开展水平井钻探和分段压裂改造的基础,表明该类局部构造样式为页岩气保存的有利构造。在鹿寨地区发育的冲起构造及断展褶皱构造样式同样受控于挤压作用下所形成的逆冲断层,由于各地层组成岩性的不同,岩石能干性差异性以及地层单层厚度的不同决定了地层变形的差异性。其中鹿寨组、四排组因地层单层厚度较薄,形成的褶皱发生中等—弱的面理置换,形成大量的劈理,而能干性好的大埔组、东岗岭组和五指山组多表现为挤压逆冲型相关褶皱。雒容地区受雒容断裂、小竹山断裂控制形成对冲三角构造以及东塘向斜南西翼的断展褶皱,并形成两个断层封闭的负向构造样式,目的层埋深适

中,为页岩气保存的有利构造,雒容 1 井和东塘 1 井在鹿寨组三组中发现有不同含气量的页岩气层为佐证实例。都安地区高岭镇因地处南丹-都安断裂带之上,构造作用强烈,发育类似雒容地区的冲起构造样式类型,位于高岭向斜西翼,地层平缓,断层封闭性好,埋深适中,页岩气保存条件较好。

7)现今水文地质条件

水文地质地球化学条件也是页岩气保存条件评价的重要参数。温泉水温度、循环深度和地层水化学性质可反映桂中坳陷的水文地质条件。

(1)温泉与大气水渗透。温泉温度可判别盖层封闭性,中、高温温泉是断裂活跃、大气水下渗强烈、地层封闭性差以及地下较深部流体出露地表的标志,而低温温泉可在一定程度上表示其油气保存条件较好。桂中坳陷及周缘地区温泉水一般属于中—低温温泉,桂中坳陷东北部分布较多,西北、西南部分布较少且均为低温温泉,西北、西南部地区地层整体水文地质封闭性要好于东北部与东部地区。同时还可根据大气水的循环深度分布特征(图 6.1.2)来判断桂中坳陷的水文地质开启程度,具体分析如下:南丹-环江区块位于桂中坳陷西北部,大气水下渗深度范围为 600～800m;融水-柳城区块的大气水下渗深度范围为 800～1000m;柳州-鹿寨区块大气水下渗深度范围为 800～2000m;凤凰-来宾区块大气水下渗深度范围为 600～1000m;都安-忻城区块大气水下渗深度为 600m 左右。根据前人推测桂中坳陷自由交替带与交替阻滞带的地层深度临界线是 800m,而交替阻滞带水文封闭条件较好,因此南丹-环江和都安-忻城两个区块的水文地质开启程度低于融水-柳城、柳州-鹿寨、凤凰-来宾区块,可作为页岩气保存条件的一个参考指标。

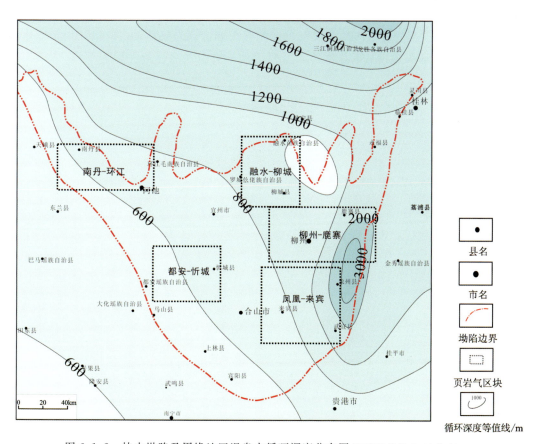

图 6.1.2 桂中坳陷及周缘地区温泉水循环深度分布图(据楼章华等,2012 修改)

(2)地层水化学特征。金爱民(2011)对桂中地区的 9 个深度小于 800m 的地层水样进行测试,结果显示为 $NaHCO_3$ 型,据此认为桂中坳陷在埋深低于 800m 的地层盖层封闭性差,水动力开启强烈,水文交替频繁,地层水淡化,不利于页岩气的保存;当埋深超过 800m 时,逐渐开始出现 $MgCl_2$、$CaCl_2$ 水型,油气保存条件变好。因此推断出桂中坳陷及周缘地区地下水化学垂直分带现象比较明显,深部可能存在相对封闭的环境。融水地区的桂融页 1 井具有较好的页岩气显示,揭示目的层下石炭统鹿寨组三段埋深范围为 1350~1635m,现场解析气量最高可达 $1.21m^3/t$,含气量为 $2.61m^3/t$,整段目的层含气量稳定,其目的层埋深大于 800m,地层平缓且横向展布稳定,逆冲断裂具有较好的封闭性,阻断了大气水下渗及页岩气横向上的逸散。

8)岩浆活动特征

岩浆活动对常规油气和页岩气的成藏保存具有巨大的破坏作用,其破坏形式多表现为以下两个方面:一是对油气自身性质的影响,油气藏中已经形成的油气或油源物质由于岩浆上侵,温度急剧升高,在高温下发生裂解、沥青化以及碳化等现象;二是对盖层封闭性的影响,岩浆沿断裂入侵,在高温作用下使盖层变脆,且在上涌的过程中形成巨大的烘托使得盖层处于拉张状态,容易产生一系列张性断裂和裂缝(楼章华等,2011)。

桂中坳陷及周缘地区岩浆岩主要发育海西期、印支期、燕山—喜马拉雅期,以桂东南、桂北、桂南发育为主,桂西南、桂西仅有小面积出露,燕山—喜马拉雅期仅沿南丹-都安断裂带、宜山断裂带少量发育,如南丹大厂地区的大厂古油藏被严重破坏。桂中 1 井钻遇大规模热裂解成因的固体沥青,其在纵向上的分布特征表明可能是断裂造成的破坏作用(贺训云等,2010)。该井东部存在一条近南北向深大断裂,该断裂在印支—燕山期受挤压闭合,深部岩浆上涌形成重熔型花岗岩,岩浆或成矿热液沿断裂上涌破坏油气藏,形成热裂解沥青。此外,桂中 1 井石炭系镜质体反射率的异常倒转也表明桂中 1 井可能遭受过岩浆烘烤等异常热事件。5 个页岩气区块仅南丹地区存在燕山期岩浆活动(图 6.1.3)。整体而言,岩浆活动对于桂中坳陷目前已探明具有勘探潜力页岩气区块的页岩气保存条件影响不大。

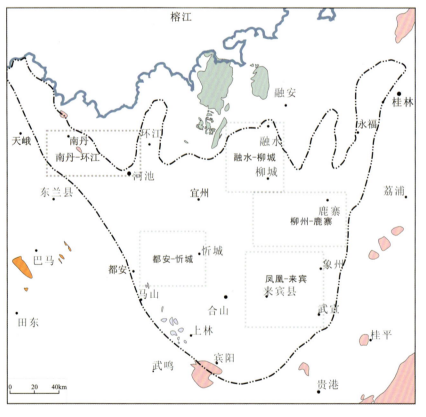

图 6.1.3 桂中坳陷及周缘不同期岩浆分布图

6.2 成藏主控因素

6.2.1 有利沉积相带

在较深水的斜坡、盆地或深水陆棚沉积相带中,相对于滨岸-潮坪相的浅水环境,其半深水-深水的低能局限滞留缺氧环境,非常利于有机质的富集及保存,且利于有机质的转化生烃作用,是有机质富集及烃源岩发育的相对有利沉积相带。也就是说,页岩气的发育及成藏主要受控于沉积环境(王秀平,2015a;牟传龙,2016a)。本次根据不同地区岩性组合特征,将富有机质泥页岩发育的相带分为台盆相与深水陆棚。台盆相远离物源区,偶有风暴沉积携带细粒砂或浊流沉积的砂质混入,深水陆棚则靠近物源区,陆源碎屑混入较多,与碳酸盐岩物质形成混源。也就是说,不同的沉积相带控制着富有机质泥页岩发育的有机质丰度、空间分布以及矿物组分含量等(表6.2.1)。

表6.2.1 桂中坳陷及周缘地区下石炭统台盆相和深水陆棚特征对比及成藏差异

特征	台盆相	成藏影响	深水陆棚	成藏影响
地化特征	TOC值较高	烃源条件优越,可规模成藏	TOC值一般	可生烃成藏
富有机质泥页岩空间展布特征	沿垭紫罗断裂带南丹段(北北西走向,丹池盆地)及河池-宜州-柳城断裂带(东西走向)	构造变形强,页岩气藏后期保存受到一定影响	河池-宜州-柳城断裂带(东西走向),北部环江地区,融水、融安地区	构造运动变形弱,有利于页岩气藏后期保存
岩石矿物成分特征	以脆性矿物含量为主,TOC值与石英含量耦合关系明显,与黏土矿物呈负相关	以生物硅为主,易于形成页岩气甜点段	脆性矿物仍占主体,但TOC和石英含量耦合特征不明显	以陆源硅为主,少量生物硅,可成藏
	岩性非均质性一般	目的层厚度大,相对连续,利于页岩形成一定规模气藏	岩性非均质性强	目的层厚度也较大,且纵向上发育多套目的层,但富有机质泥页岩连续厚度相对较小,仍可形成气藏

通过对桂中坳陷及周缘地区下石炭统台盆相与深水陆棚2种不同沉积相带泥页岩发育特征进行对比发现,台盆相下石炭统暗色泥页岩物质基础好,高TOC和高硅质含量两者之间的耦合关系决定了其优良的品质,可形成一定规模的气藏,但保存条件成为下石炭统页岩气成藏的关键;深水陆棚暗色泥页岩达到了烃源岩条件,厚度相对较大,脆性矿物含量也相对较高,且发育于下石炭统的暗色泥页岩具有良好的顶底板条件,纵向上发育多套富有机质泥页岩,从量和构造稳定性上弥补了泥页岩品质上的不足,但仍可形成工业性气藏。

6.2.1.1 沉积相带控制有机质丰度

1）台盆相

广西早中泥盆世、早石炭世台盆相主要发育于河池-宜州-柳州-鹿寨-荔浦断裂带以及垭紫罗裂陷槽丹池盆地。下—中泥盆统塘丁组 TOC 介于 0.47%~4.55% 之间，均值为 2.32%；中泥盆统罗富组 TOC 主体介于 2.0%~5.0%。南丹-河池地区下石炭统鹿寨组富有机质泥页岩 TOC 介于 0.48%~9.5% 之间，平均 3.08%，TOC 大于 2% 的富有机质泥页岩连续累计厚度约 112m，属于高级别烃源岩，有机质类型以Ⅰ型和Ⅱ型为主。鹿寨地区根据桂柳地 1 井，鹿寨组一、二段泥页岩 TOC 为 0.83%~10.08%，平均 3.41%（38 个样品），25 个样品中 TOC 均大于 2.0%，其中 1777~1 943.50m 段累计 166m 黑色碳质泥岩、硅质岩、硅灰岩 TOC 相对较高，TOC 大于 4.0% 的占绝对优势，平均值为 4.6%，属于非常好的烃源岩。

2）深水陆棚相

本次研究的深水陆棚相带主要发育于早石炭世早期，分布于江南古陆南缘环江地区、柳州融水、融安地区，富有机质泥页岩层系主要为英塘组（与鹿寨组同期异相）、鹿寨组。桂融页 1 井鹿寨组（或英塘组）采取的 74 块样品中，TOC 为 1.0%~2.0%，平均为 1.45%，底部黑色碳质页岩段 TOC 平均为 1.86%。有机质类型以Ⅱ₁型、Ⅱ₂型为主；根据浅钻环江地区鹿寨组 TOC 介于 0.26%~3.39% 之间，均值为 1.27%，大部分样品测试结果显示其 TOC 为 1.0%~2.0%，约占 64%，为中等级别烃源，其中有机碳含量较高的主要岩性为含碳泥岩、含碳钙质泥岩，有机质类型为Ⅱ₂型或Ⅲ型。相对于台盆相而言，深水陆棚相带有机质丰度较低。

综上所述，受到沉积环境的影响，有机碳含量在区域上具有一定的差异。台盆相塘丁组、罗富组、鹿寨组与深水陆棚相英塘组富有机质泥页岩的有机碳含量均较高，属于高丰度级别泥页岩，具有较好的生烃潜力。但由于沉积物源供给的差异性，有机碳含量存在较大的变化。台盆相有机质母质以藻类及低等浮游生物为主，深水陆棚有机质母质既有藻类低等水生生物又有高等植物，两者有一定的相似性，但桂北地区深水陆棚因靠近江南古陆，陆源物质较多，稀释了有机碳含量。因此，台盆相有机碳含量明显比深水陆棚相高。从而说明沉积相带对有机质的富集具有明显的控制作用。

6.2.1.2 沉积相带控制富有机质泥页岩的空间分布

富有机质泥页岩普遍认为形成于相对海平面上升时期的海侵体系域。海相盆地中的半深海—深海盆地、盆地边缘深缓坡和半闭塞—闭塞的欠补偿海湾地区是富有机质泥页岩发育的有利地区（琚宜文，2014）。根据前人研究以及近年来广西页岩气地质调查结果，富有机质泥页岩主要发育于台盆相、深水陆棚较为深水的沉积环境，在空间分布上主要受到了南丹-都安断裂带与河池-宜州-柳州-鹿寨-荔浦裂陷带的控制，少量分布于桂中坳陷象州浅凹以及右江盆地百色巴马、阳圩等地区。

1）台盆相

南丹-都安断裂带从早泥盆世初开始张裂，对南丹-都安裂陷带深水槽盆的形成、沉积作用、沉积相的分布均起到明显控制作用。现今沿断裂带出露的较老地层主要为早泥盆世晚期—中泥盆世早期塘丁组、中泥盆世晚期罗富组的深水台盆相沉积。中泥盆世早期，断裂带的拉张剧烈，继承了早泥盆世晚期的强烈拉张。随后表现为开始趋于稳定期，到晚期即罗富期的盆地相或斜坡相沉积。早石炭世继承了晚泥盆世的沉积构造格局，仅在该断裂带南丹-河池段分布富有机质泥页岩。

早泥盆世晚期—中泥盆世早期富有机质泥页岩主要分布在南丹—河池一带，沉积物以深灰—黑灰色泥岩、竹节石泥岩为主，夹粉砂质泥岩及硅质岩。南丹—河池一带自北向南具有硅质岩逐渐增多，地层厚度逐渐减薄的变化趋势,且由于水体加深,缺乏有机质供给,处于饥饿沉积状态,逐渐转变为以硅质岩为主的深水台盆沉积环境。

中泥盆世晚期历经局部小海退后,海水再次入侵,硅质岩、硅质泥岩及黑色泥岩主要分布于深水海槽及台盆或台沟内。在南北向上自南丹沿断裂带延续至上林,在马山县周边的东西向展布宽度变窄,部分分布于百色田林地区。南丹罗富一带,以黑色薄层泥岩、竹节石泥岩为主,夹泥灰岩及少量钙质粉砂岩,黑色泥岩、碳质泥岩多发育于上部,厚5~115.00m;向北至黄江、邦里一带,发育4套黑色泥岩、钙质泥岩夹粉砂岩、泥灰岩,连续沉积厚度可达15~65m。往东至车河一带,微晶灰岩、泥灰岩夹层增多、增厚,为灰黑色钙质泥岩与深灰—灰黑色泥灰岩互层,泥页岩厚度达500m;往东南至河池北香、五圩一带为薄—厚层泥灰岩夹钙质泥岩或钙质泥岩夹泥灰岩、泥岩。

河池-宜州断裂带经历了加里东期初始形成阶段、海西期伸展裂陷阶段、印支—燕山期构造反转—挤压变形—叠加改造阶段(刘博,2009),并且控相明显,主要控制晚泥盆世—早石炭世早期的深水台盆相沉积,断裂带内发育了深水台沟或台盆的沉积环境。台盆相或台沟相泥页岩—硅质岩沉积组合见于宜州、鹿寨,往北经荔浦、永福、灵川到兴安,往南经象州到武宣,往西经河池、南丹、天峨,并可延伸至贵州省罗甸等地。岩性以灰黑色、黑色碳质页岩、页岩、泥岩、硅质页岩、硅质岩为主,夹含磷、含锰泥岩、砂岩等,泥页岩中含黄铁矿结核。下石炭统暗色泥页岩厚度变化从37m至550m不等。其中南丹—河池一带形成一个厚度大、分布广、有机碳高的碳质泥岩发育带,资料显示其厚度稳定在500m左右。陆源碎屑以泥质物占一定的比例,反映沉积水体较深,但离剥蚀区仍较近,陆源碎屑的掺和作用相对较强。

2)深水陆棚相

深水陆棚沉积主要分布于河池-宜州断裂带北部环江地区,柳州融水、融安地区鹿寨组、英塘组(与鹿寨组同期异相)也同样分布富有机质泥页岩。融安地区桂融页1井揭露下石炭统英塘组灰黑色灰质泥页岩和黑色碳质泥页岩段,累计厚度278.67m,富有机质泥页岩厚度大,优质页岩层段43m(覃英伦,2020)。环江地区下石炭统鹿寨组沉积了一套累计厚度100~500m的暗色泥页岩,以含碳含粉砂(含少量白云石或含钙)泥岩、粉砂质泥岩、钙质泥岩、少量硅质泥岩等为主。

综上所述,台盆相与深水陆棚相两者均控制了富有机质泥页岩的横向分布,且优质页岩层段具备靠近沉积中心方向逐渐增厚的特征,沉积环境与沉积物质是造成优质页岩段厚度变化的关键因素。但台盆相相较于深水陆棚相分布范围更为宽广,深水陆棚主要分布于河池-宜州断裂带以北地区,分布相对局限,且存在越靠近古陆陆源物质供给越多、暗色泥页岩厚度则变薄的特点。

6.2.1.3 沉积相带影响矿物组分含量

台盆相与深水陆棚相两者均属于深水沉积环境,但由于陆源碎屑混入掺杂,造成矿物组成含量存在一定的差异性。

1. 台盆相

桂中坳陷丹池盆地桂页1井矿物成分定量分析结果表明:泥盆系暗色页岩脆性矿物含量为8.5%~76%,平均为50.2%;黏土矿物含量为5.8%~77.4%,平均为44%;焦石坝地区页岩的脆性矿物平均含量为59.1%,黏土平均含量为40.9%,二者较为相似。脆性矿物含量较高,易在外力作用下形成裂缝,有利于天然气的储存。

根据宜州峡口、河池龙头等露头剖面及丹页2井鹿寨组页岩X射线衍射分析结果,石英含量介于39%~88%之间,平均值为58%;黏土矿物含量介于9%~45%之间,平均值为35%;长石平均含量为0.48%;纵向上,自下而上石英、长石等脆性矿物含量呈现先增加后减少的趋势。有机碳含量与石英含量呈现明显的正相关性(图6.2.1a),与黏土矿物含量则呈现明显的负相关(图6.2.1b)。宜州峡口、河池龙头等露头剖面鹿寨组页岩中可见到大量的硅质海绵骨针等化石,是页岩脆性矿物含量高的主要原因之一。

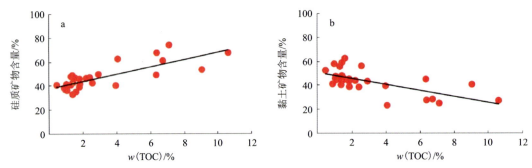

图 6.2.1　鹿寨组页岩有机碳含量与硅质矿物、黏土矿物含量关系图(据胡东风,2018)

根据 X 衍射全岩矿物测试结果,河池侧岭乡鹿寨组富有机质黑色页岩中脆性矿物含量较高,其中石英＋长石＋黄铁矿等比例在 35.6%～75.2%,平均为 47.3%;黏土矿物含量仅次于石英,占 23.1%～62.1%,平均为 43.6%,且以稳定矿物为主,缺乏蒙脱石等膨胀性黏土矿物;碳酸盐岩矿物含量较低,一般为 1.2%～18.4%,平均为 9.1%。根据泥页岩矿物端元间稳定关系分析,鹿寨组泥页岩主要为高硅质和高黏土质页岩,基本不具备被溶蚀的能力,在后续埋藏过程中具有一定的可压实能力,岩石机械脆性较强,具备可压裂的潜力。

鹿寨地区鹿寨组一段矿物组分以石英(51.99%)和黏土矿物(27.03%)为主,其次为碳酸盐岩(11.74%)、长石(3.16%);脆性矿物含量高达 72.97%,具有高脆性矿物含量特征,有助于后期页岩储层压裂改造。黏土矿物中以伊蒙混层(76.54%)为主,其次为高岭石(11.37%)和伊利石(11.08%)。

2)深水陆棚相

河池环江地区鹿寨组暗色泥页岩矿物成分以石英、方解石和黏土矿物为主,含长石、白云石和黄铁矿等矿物。其中,石英质量分数为 31%～54%,平均为 43.62%;方解石质量分数为 6%～35%,平均为 17.76%;黏土矿物质量分数为 16%～42%,平均为 28.52%。

融安地区深水陆棚相桂融页 1 井鹿寨组一段页岩矿物组分以石英(平均为 34.6%)和碳酸盐岩(平均为 34.4%)为主,其次为黏土矿物(平均为 28.5%)(图 6.2.2)。页岩脆性指数为 51.0%～94.0%,平均为 69.0%(覃英伦,2022)。

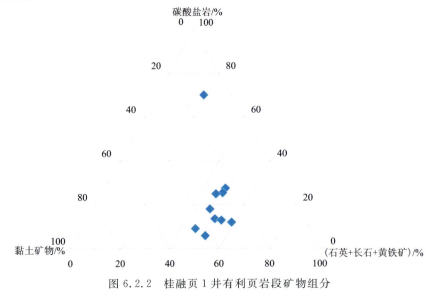

图 6.2.2　桂融页 1 井有利页岩段矿物组分

综上所述,台盆相与深水陆棚相主要矿物均表现为石英、黏土矿物、碳酸盐岩矿物,但台盆相石英含量与黏土矿物含量从总体上来看均大于深水陆棚相,且台盆相主要以生物硅为主,而深水陆棚相因靠近古陆,有大量的陆源物质供给,形成碳酸盐岩与陆源碎屑混积的沉积特征,以陆源硅为主。故认为沉积相带对矿物成分的组成也具有一定的控制作用。

6.2.2 页岩气保存条件

常压页岩气主要发育于盆缘构造复杂区及盆外褶皱带,目前主要分布于四川盆地东部的南川、白马、綦江等地,总体上其含气量较低,地层能量较弱,具有中—低丰度、中—低品位、资源总量大和储量规模大等特征。前人对常压页岩气藏的形成和富集主控因素的分析认为,构造作用造成的天然气逸散是导致常压页岩气藏形成的主要原因(聂海宽,2019)。但随着页岩气勘探的发展,国内外常压页岩气藏也逐渐取得较好的成果,目前美国成功开采的常压和低压页岩气田有 Ohio、Marcellus、Lewis、Antrim、Barnett、Fayetteville 和 Niobrara 页岩(郭彤楼等,2020)。常压页岩气领域也已成为我国研究热点,四川盆地之外分布较广的常压型页岩气藏,也已取得勘探突破。彭水地区彭页 HF-1 井试气获得的产量最高为 $2.52\times10^4 m^3/d$,实现了中国南方盆缘复杂构造带残余向斜的海相常压页岩气勘探突破(彭勇民等,2020)。南川地区胜页 2 井试气获产量 $30\times10^4 m^3/d$,达到商业页岩气级别,成为我国首个常压页岩气田(何希鹏等,2023)。常压页岩气成为中国页岩气增储上产的重要对象,具有广阔的资源前景。广西地区页岩气勘探程度较低,柳城北区块桂融页 1 井的地层压力系数为 $1.10\sim1.13$,参考《天然气藏分类国家标准》(GB/T 26979—2011)属于常压页岩气藏。

美国页岩沉积后期经历的构造运动期次少、改造强度低、页岩连续分布面积大、页岩热演化程度低(多小于 1.5%)。我国广西地区和四川地区则恰恰相反,页岩后期改造强度大、残留页岩分布面积小、热演化程度高。Engelder 等(2009)研究认为节理中的甲烷抑制了流体的充填和矿化,使得页岩中的节理保存为未充填的渗透通道。因此构造改造与页岩气成藏的配置就至关重要(郭彤楼等,2020)。页岩层系自身物质基础是页岩气富集的区域主控因素,在具备较好页岩层物质基础的前提下,构造保存条件是页岩气富集的局部主控因素。在页岩气层系沉积建造条件好的地区,多期强构造改造背景下的高有机质热演化程度的常压页岩气的保存条件至关重要,页岩层后期经历的构造改造作用是其成藏主控因素,构造作用影响保存条件和含气量,控制页岩气是否成藏及其富集程度。

广西桂中坳陷几个典型页岩气区块中,目前勘探效果较好的为柳州-鹿寨区块和融水-柳城区块,南丹-环江区块次之,凤凰-来宾区块和都安-忻城区块钻井较少,无或较少气显示。柳州-鹿寨区块的东塘 1 井和桂柳地 1 井位于河池-宜山断裂带的东段,东塘 1 井鹿寨组发生井涌,含气量 $1.4\sim2.17 m^3/t$,平均 $1.47 m^3/t$;桂柳地 1 井鹿寨组现场解吸气量介于 $0.89\sim2.9 m^3/t$ 之间。融水-柳城区块的桂融页 1 井位于融水褶皱冲断带,鹿寨组发现各类油气显示 211.5m/14 层,含气量 $0.71\sim2.61 m^3/t$,平均 $1.50 m^3/t$。南丹-环江区块钻探效果逊色于上述两个区块,但南丹车河镇的 1175、ZK1 钻孔和环江水井也曾发生过井喷,仍具有勘探潜力。除了上述勘探效果较好的井之外,还有若干失利井。南丹-环江区块除了前述见井喷的若干井之外,桂页 1 井、天地 1 井、环页 1 井、环地 1 井等钻探效果较差,主要原因为断层作用导致的页岩层破碎严重,或埋藏浅,或泥页岩品质差等。凤凰-来宾区块桂来地 1 井位于洪江背斜核部,地层剥蚀严重,目的层埋藏浅,保存条件差。都安-忻城区块自身页岩层系较少,整体页岩气成藏物质基础差,其附近的桂中 1 井无连续泥页岩,且灰质含量高,无气显示,但储层可见沥青。

失利井分析显示,泥页岩品质差(都安-忻城区块、桂中 1 井、德胜 1 井、南丹-环江区块环地 1 井和天地 1 井)、埋藏浅(凤凰-来宾区块桂来地 1 井、南丹-环江区块环页 1 井)、构造导致破碎严重(南丹-环江区块桂页 1 井、天地 1 井)是页岩气钻探失利的 3 个主要原因。在页岩层系物质基础好的情况下,页岩气聚集差异则主要受控于构造-保存条件。柳州-鹿寨、融水-柳城和南丹-环江这3个区块页岩层系物质基础都较好,均发育一定厚度的鹿寨组深水陆棚相或盆地相页岩,其中南丹-环江区块鹿寨组热演化程度相对高一些。但3个区块的页岩气勘探效果存在差异,南丹区块位于南丹-马山断裂带,环江区块位于环江褶皱冲断带,这两个构造带在印支期就已发育,印支期桂中整体受到南北挤压作用,形成东西向宽缓褶皱,环江区块变形强度不大,断裂发育强度弱。但南丹区块所处的南丹-马山断裂带受到西部向北东方向的挤压应力作用,北西向构造开始逐渐发育,且西部的挤压自印支期持续到整个燕山期,南丹区块构造紧闭,断裂发育强度大,很多局部构造的保存条件受到影响。勘探效果相对较好的融水-柳城区块和柳州-鹿寨区块处于桂中东部的河池-宜山断裂带东段和融水褶皱冲断带,河池-宜山断裂带虽然在印支期就已开始发育,但印支期全区整体以宽缓褶皱为主,这两个区块在印支期主要处于宽缓褶皱的向斜部位,到侏罗纪早期南北向挤压作用才波及到柳州一带。融水褶皱冲断带印支期尚未发育北北东向构造,燕山期开始的东部挤压作用在侏罗纪晚期才基本定型。因此这两个区块构造定型相对晚,若局部构造条件好、埋深足够的区域,构造-保存条件较好。例如,东塘1井和桂融页1井所处的局部构造为断展褶皱的断层上盘向斜,地层倾角缓,埋深较大。

前文从断裂发育规模和密度、最早抬升时间、剥蚀厚度、盖层封闭情况、局部构造形态、水文地质条件、岩浆活动等方面全面分析了广西典型页岩气区块的保存条件。就目前勘探效果而言,在具备较好页岩层物质基础的前提下,构造保存条件是页岩气富集的局部主控因素,其中最早抬升时间、构造定型时间、埋深、局部构造样式是构造-保存条件中比较重要的因素(表6.2.2)。即使在构造变形复杂下、区域保存条件不利的情况下,局部若保留稳定构造样式和一定的埋深,也可具备良好保存条件。对于前文总结的4种优势局部构造样式,其各自局部的次级主控因素也有所差异。①箱状背斜-宽缓背斜型具有宽缓正向构造-少断裂-埋深中等-横向封闭性中等-纵向封闭性好的主体特征,宽缓背斜具有短距离运移富集的特征,背斜轴部转折端是应力集中处,易于发育构造裂缝,也是有利储层发育处,但背斜可能遭受剥蚀较多,因此目的层埋深是该模式的主控因素。②隔档式断褶型具有紧闭正向-宽缓负向构造-少断裂-埋深适中-横向封闭性好-纵向封闭性好特征,目的层埋深和断层封闭性是该模式的主控因素。③宽缓向斜-断层封闭向斜型具有宽缓负向构造-少断裂-埋藏适中-横向封闭性适中-纵向封闭性好特征,宽缓向斜具有中心富集成藏的特征,向斜核部受挤压应力作用易形成"A"形缝,物性相对较好,埋藏一般较深,保存较好,有利于气体滞留,构造紧闭程度和剥蚀情况为该类构造模式的主控因素,由翼部向核部具有保存条件更好、含气量更高的规律。④基底卷入型——断展褶皱、冲起构造型具有宽缓正向、负向构造-多逆断层-埋深适中-横向封闭性中等-纵向封闭性好的主体特征,在反向逆断层遮挡处受反向逆断层侧向封堵,逆断层挤压应力可使断层下盘发育"X"形剪节理,后期压裂易形成复杂缝网,与无断层遮挡的目标相比,同等埋深或者同等剥蚀边界距离条件下,可能含气量更高,断层下盘有利于页岩气保存和聚集。在断展褶皱的低缓倾角单斜或断层上盘低缓背斜处则具有滞留成藏特征,页岩大面积连续分布,应力分布均匀,层间裂缝发育,保存条件较好,岩层倾角、目的层埋深为该模式下保存主控因素。

6.2.3 生烃演化

有机质的生烃演化过程是一个逐渐变化的连续过程,有机质的化学组成和结构变化特征及其在相应地质时期的产物组成特征存在明显差异。页岩的生排烃演化受到内外各种因素制约,其中内因主要为有机质丰度、类型、热演化程度,外因主要为页岩特征、温度、压力、构造作用等(陈中红,2005)。较多学者研究表明,"滞留烃"提供了中国南方高—过成熟热演化条件下页岩气成藏的可能性,且适中的热演化程度保证了页岩生储最佳耦合条件(赵文智,2020;汪凯明,2021)。

6 页岩气成藏主控因素与成藏规律

表 6.2.2　广西典型页岩气区块构造保存条件要素表

区块	面积/km²	页岩气层系	构造位置	断裂发育程度	断裂性质	断裂走向	断裂总长度/km	断裂发育规模/(km·km⁻²)	有利局部构造利地层倾角/(°)	最早抬升时间	有利构造埋深/m	剥蚀厚度/m	岩浆分布	生干气时期	顶板厚度及岩性	底板厚度及岩性	含气性/(m³·t⁻¹)
南丹—环江	3200	鹿寨组、罗富组	右江逆冲推覆构造带和雪峰山隆起南缘重力滑覆构造带	弱—中等,以正断层为主	正	NE	850	0.27	宽缓背(向)斜 5~30/隔挡式褶皱 20~40	晚三叠世之后	鹿寨组 500~1000;罗富组 500~1000	4780 (P/T/C₂)	车河、大厂一带岩浆侵入	中三叠世	鹿寨组:120m泥灰岩;罗富组:200m灰岩	鹿寨组:150m泥灰岩;罗富组:300m泥灰岩、泥岩	桂页1井、环页1井 0.03~0.38
融水—柳城	3000	鹿寨组	雪峰山隆起南缘重力滑覆构造带	中等—强,以逆断层为主	逆	NE	448	0.14	低角度斜坡、断层封闭向斜 5~10	中三叠世	500~2000	4500 (P/T/C₂)	无	中三叠世初期	260m泥灰岩夹泥岩	131m泥灰岩	桂融页1井 0.71~2.61 (1.50)/桂
柳城—鹿寨	3100	鹿寨组	大瑶山和大明山逆冲推覆构造带	中等—强	正	NNE/EW/NNW	240	0.08	对冲、断向斜 20~40/宽缓背斜 10~30/箱状背斜	中三叠世末期	1000~2000	3600 (P/T/C₂)	无	中三叠世末期	150m灰岩	100m扁豆灰岩	东塘1井 1.4~2.17 (1.47)
凤凰—来宾	3250	东岗岭组	大瑶山和大明山逆冲推覆构造带	中等	逆	NW/近SN	1500	0.5									
					正	SN	800	0.26	宽缓向斜 5~30/宽缓背斜 10~20	晚三叠世	2000~3000	3580 (P/T)	无	晚石炭世—晚三叠世初期	鹿寨组:100m灰岩;东岗岭组:80m硅质岩、100m泥岩	102m扁豆灰岩;东岗岭组:150m泥岩	无含气显示
					逆	NE/近SN	1860	0.58									
都安—忻城	2800	东岗岭组	右江逆冲推覆构造带和桂北复合叠加构造带	弱	正	近SN/NE	300	0.1									
					逆	近SN	200	0.06	宽缓向斜 20~30	晚二叠世	2300~3200	3030 (P/T)	有	晚二叠世			无含气显示,桂中1井储层固体沥青
					正		250	0.09									
					逆		160	0.057									

1)有机质成熟度影响生排烃过程

页岩生烃产物主要经历生物气-未成熟油及过渡带气-成熟原油及伴生气-干酪根降解气-原油裂解气-气态重烃裂解气-甲烷裂解气的演化阶段(图6.2.3)(姜振学,2020),其中干酪根降解形成的液态烃一部分排出烃源岩,形成常规油藏;另一部分液态烃呈分散状仍滞留在烃源岩内,在高—过成熟阶段发生热裂解,烃源岩仍具有较好的生气潜力。页岩气自生自储、原地成藏特点决定了其生、排、运、聚过程全部在源内完成,属未排出烃源岩的"滞留气",因此滞留烃量的多少决定页岩的勘探潜力,滞留烃量越多,意味着成藏的物质基础越雄厚。滞留烃量受控于页岩品质和排烃效率,在页岩品质相似的情况下,排烃效率直接影响页岩气藏的富集程度。

大量学者通过排烃实验表明(Jarvie,2007;赵文智,2011;马卫,2016),页岩排烃效率一般在30%~80%之间,一般而言,高成熟阶段的排烃效率为60%~80%,过成熟阶段的排烃效率达到80%以上,且随着热演化程度的升高,烃源岩的排烃效率逐渐增大,热演化程度是影响排烃效率的主要因素。通过选取柳州鹿寨地区典型单井及南丹地区虚拟井,进行生排烃模拟实验(表6.2.3),结果表明桂中地区鹿寨组页岩总体排烃效率较高,排气效率明显高于排油效率,CL-1井鹿寨组排油效率为54%,排气效率为62%;HJ-1井鹿寨组排油效率为61%,排气效率为83%;桂柳地1井鹿寨组一段、二段排油效率为47%,排气效率为79%,鹿寨组三段排油效率为69%,排气效率为73%。因此,总体上桂中地区鹿寨组页岩排烃效率较高,其"滞留烃"含量相对较低,因而寻找热演化程度相对适中的地区尤为重要。

$R_o>2.0\%$的干酪根已不具备生烃潜力,$R_o>4.0\%$的滞留液态烃裂解生气的能力基本衰竭(姜振学,2020),赵文智提出中国南方页岩气勘探的最佳成熟度窗口R_o为1.35%~3.5%。因此,对于高—过成熟的广西地区中下泥盆统、下石炭统页岩而言,现今生烃能力较弱和较高的排烃效率导致气源贫乏是影响页岩气大规模有效成藏的最主要因素。

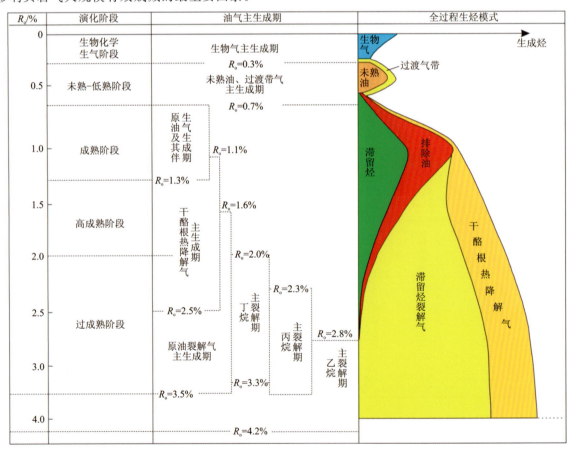

图6.2.3 中国南方海相页岩供气模式图(据姜振学,2020)

表 6.2.3　桂中坳陷鹿寨组页岩生排烃史模拟结果统计

地区	井号	层位	G_{time}	E_{time}	G_{oil}	G_{gas}	E_{oil}	E_{gas}	排油效率/%	排气效率/%
南丹-环江	CL-1	$C_1 lz$	289.2	277.3	350	145	189	117	54	62
	HJ-1	$C_1 lz$	315.26	306.44	351	132	215	109	61	83
鹿寨	桂柳地 1	$C_1 lz^{1+2}$	328.49	309.42	352	158	166	124.5	47	79
		$C_1 lz^3$	299.3	275.5	38	87	26.3	63.25	69	73

注：G_{time} 为开始生烃时间，Ma；E_{time} 为开始生烃时间，Ma；G_{oil} 为累计生油率，mg/gTOC；G_{gas} 为累计生气率，mg/gTOC；E_{oil} 为排油率，mg/gTOC；E_{gas} 为排气率，mg/gTOC。模拟计算层位为烃源岩层段顶。

2) 适中的热演化程度有利于生储耦合

随着热演化程度升高，富有机质泥页岩的生-储是一个紧密联系、此消彼长的过程(赵文智，2020)，有机质成熟度过低($R_o<1.3\%$)时，干酪根热降解气及滞留烃裂解气均未开始大量形成，导致气源供应不足；有机质成熟度过高($R_o>3.5\%$)时，一方面干酪根热降解气及滞留烃裂解气能力衰竭，另一方面大部分的有机质发生碳化，有机质孔隙塌陷、充填和消亡，导致储层致密化，而储层致密化又会加剧排烃作用，以致滞留烃量变低，因此，生-储需要达到最佳的耦合状态。

较多学者认为高-过成熟页岩会有较低的孔隙度和较小的储集空间(聂海宽，2011)。然而也有部分学者研究了高演化程度条件下的泥页岩，发现当 $R_o<3.5\%$ 时，孔容和比表面积随 R_o 的增大是递增的，增大了页岩气的储集空间；在 R_o 为 $3.5\%\sim4\%$ 之间时达到峰值，之后减小，即页岩气储集空间变小(程鹏，2013)。王祥等(2020)选取了桂中坳陷环江地区鹿寨组泥页岩样品，通过压汞法分析孔径大小，进一步讨论了孔隙度大小特征、比表面积、总孔容大小与页岩热演化的关系。图 6.2.4 表明高—过成熟页岩仍具有一定的孔隙，当成熟度小于 $3.0\%\sim3.5\%$ 时，随着页岩成熟度增加，其比表面积和孔容略减小，当成熟度大于 $3.0\%\sim3.5\%$ 时，随着页岩成熟度增加，其比表面积和孔容增大，从而增大了页岩的吸附能力，且同时微裂缝增多，增加了页岩气储集空间。一般当 $R_o>4.0\%$ 时，有机质发生碳化，干酪根及热态烃裂解生气能力枯竭，有机质孔隙被充填，基质孔隙大幅度减少。因此，在未发生碳化或变质的前提下，桂中地区页岩成熟度上限可提高至 4.0%。

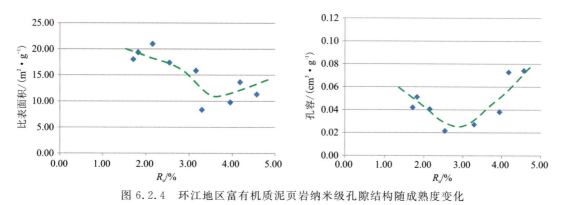

图 6.2.4　环江地区富有机质泥页岩纳米级孔隙结构随成熟度变化

3) 构造演化对烃源岩演化的控制作用

桂中坳陷泥盆系、石炭系烃源岩生烃史与区域构造运动有关。桂中坳陷鹿寨组页岩一般于早二叠世—中二叠世进入生烃门限，在此之后，盆地持续沉降，地层埋深，地温增大，烃源岩成熟度逐渐增大。随后受到印支运动的影响，该区沉积受到挤压隆升，随后燕山运动—喜马拉雅运动以剥蚀作用为主，地层因抬升剥蚀作用而埋深减小，地层温度逐渐冷却，地温降低，生烃活动停止。桂中坳陷不同地区的富有机质泥页岩进入生烃高峰期的时间相对会有所差异，若经历的生气时间晚，则之后的构造抬升时间晚、改造周期短、逸散时间短、逸散程度低，相对而言有效保存条件好，有利于页岩气动态聚集成藏。

6.3 成藏规律与成藏模式

6.3.1 成藏规律

1）深水台盆相控制页岩气成藏区带的展布及页岩品质

广西地区最有利的页岩气沉积相带为深水台盆相,从页岩气成藏区带空间展布、页岩品质、脆性矿物组成3个方面控制了页岩气藏区带。①深水台盆相在空间分布上主要受到了南丹-都安断裂带与河池-宜州-柳州-鹿寨-荔浦裂陷带的控制。南丹-都安断裂带从早泥盆世初开始张裂,对南丹-都安裂陷带深水槽盆的形成、沉积作用、沉积相的分布均起到明显控制作用,控制了泥盆系页岩气勘探层系(中泥盆统塘丁组、罗富组)的深水台盆相沉积;河池-宜州断裂带经历了加里东期初始形成阶段、海西期伸展裂陷阶段、印支—燕山期构造反转-挤压变形-叠加改造阶段,主要控制石炭系页岩气勘探层系(鹿寨组)的深水台盆相沉积。②深水台盆相属于低能局限滞留缺氧环境,有利于有机质的富集、保存和转化生烃作用。广西地区勘探效果相对较好的中泥盆统塘丁组、罗富组、下石炭统鹿寨组富有机质泥页岩均属于深水台盆相,其有机碳含量均较高,塘丁组 TOC 介于 0.47%～4.55% 之间,平均为 2.32%;中泥盆统罗富组 TOC 主体介于 2.0%～5.0% 之间,鹿寨组富有机质泥页岩 TOC 介于 0.48%～9.5% 之间,平均为 3.08%。它们均属于高丰度级别泥页岩,具有较好的生烃潜力。③脆性矿物组成受到沉积相带控制,深水台盆相主要矿物为石英、黏土矿物、碳酸盐岩矿物,相对于深水陆棚相,台盆相石英含量与黏土矿物含量均较高,且陆源供给很少,主要以生物硅为主。深水台盆相页岩具有更优的页岩气储层条件。

2）高热演化背景下适度热演化程度控制页岩气的聚集

与其他地区的同等层系相比,广西地区泥盆系和石炭系页岩层系的热演化程度整体偏高,但高—过成熟页岩仍具有一定的孔隙空间。随着页岩成熟度增加,其比表面积和孔容增大,从而增大了页岩的吸附能力,且同时微裂缝增多,增加了页岩气储集空间。在未发生碳化或变质的前提下,桂中地区页岩成熟度上限可提高至 4.0%。泥盆系和石炭系虽然热演化整体偏高,但在平面上存在热演化程度的差异变化,比如下石炭统鹿寨组页岩在南丹-环江区块 R_o 平均值达到 3.84%,在凤凰-来宾区块和南盘江东兰地区,R_o 平均值也超过了3%。但同处于桂中坳陷的融水-柳城区块和柳州-鹿寨区块,以及南盘江盆地的田阳-巴马区块和马山区块,鹿寨组的 R_o 平均值明显偏低,4个区块 R_o 平均值介于 2.35%～2.98% 之间。因此在整体高热演化背景下,局部适度热演化程度地区可成为页岩气聚集区域。

3）复杂构造区局部断裂破坏弱的低缓构造是页岩气聚集的有利部位

广西地区处于多方向、多属性、多期次构造作用的叠加改造区,构造背景复杂,在具备较好页岩层物质基础的前提下,构造保存条件对于页岩气的富集非常重要,特别是页岩层后期经历的构造改造作用影响保存条件和含气量,控制页岩气是否成藏及其富集程度。各一、二级构造单元,在空间展布、断裂、褶皱、构造样式、构造带形成时间和期次等方面均具有显著差异,这些差异性导致了各构造带的中、古生界页岩气宏观构造保存条件的差异。印支期构造活动对各一级构造单元的波及程度、范围、形式有所差异,其内部的部分二级构造带尚未被印支期构造活动波及,或是在印支期处于宽缓的构造低部位,较有利于中、古生界页岩气层系的保存条件;燕山期是全区主体构造面貌成型时期,但两幕强烈挤压作用波及的地区和时间存在差异,若干二级构造带构造变形程度相对小,或者局部构造样式较好、埋深适中则仍可保留较有利的页岩气构造保存条件;燕山晚期—喜马拉雅早期的伸展作用波及部分二级构造带,不利于页岩气的保存;还有部分二级构造带在3期不同方向、不同性质的构造作用期间都处于构造高部位,构造保存条件相对较差。

目前勘探效果相对较好的柳州-鹿寨区块、融水-柳城区块钻探的局部构造(东塘1井和桂融页1井)为断展褶皱的断层上盘向斜,地层倾角缓,埋深较大。勘探效果次之的南丹-环江区块钻探的局部构造(桂页1井)为宽缓背斜。广西地区印支期、燕山期、喜马拉雅期的构造作用虽然强烈,但柳州-鹿寨区块、融水-柳城区块在印支期主要处于宽缓褶皱的向斜部位,燕山运动波及到该地区也比较晚(侏罗纪早期和晚期),因此这两个区块构造定型相对晚,在局部构造条件好、埋深足够的区域,构造-保存条件较好。钻探失利的局部构造除了页岩自身条件差之外,主要失利原因有断层作用导致的页岩层破碎严重或页岩层埋藏浅。因此在复杂构造区,构造保存条件至关重要,其中最早抬升时间、构造定型时间、埋深、局部构造样式是比较重要的单因素。整体上,局部断裂破坏弱的低缓构造是页岩气聚集的有利部位。

6.3.2 成藏演化模式

目前证实广西柳州鹿寨、融水-柳城地区的下石炭统鹿寨组内赋存良好的页岩气,具有典型性、代表性。该地区也是页岩气基础调查、物探、井探等资料最丰富地区,为本次成藏模式研究提供良好资料基础。

早石炭世,江南古陆与大瑶山古陆间发育了台地、台盆相间的典型格局,形成陆棚、台盆两个页岩气有利相带,经历多期构造演化,残存的向斜构造、断展向斜是现今页岩气赋存的有利构造,构成了复杂构造域"台-盆"页岩气成藏模式(图6.3.1)。以下将从台-盆格局及控制因素、改造期构造演化特征、生烃演化过程、页岩气成藏过程展开叙述。

1)台-盆格局及控制因素

台地受限于两侧边界正断层,其西北侧的正断层与江南古陆控制形成具半地堑结构、发育浅水陆棚相,其东南侧的正断层与大瑶山古陆西侧的正断层控制形成地堑结构、发育台盆相,浅水陆棚相发育钙质泥岩、台盆相发育以含碳硅质泥岩为主的富有机质泥页岩。

2)改造期构造演化特征

结合前文第5章的区块构造演化分析,整体地层剥蚀厚度相当,从江南古陆至台地间的融水-柳城区,主要受南东—北北西向的挤压、走滑作用影响最大,形成典型断展向斜构造样式;从台地至大瑶山古陆间的柳州鹿寨区,受南东—北西向挤压、大瑶山逆冲推覆构造的叠加影响,原型地堑结构被改造强烈,形成较复杂的断展褶皱构造样式。

3)生烃演化过程

生烃史研究认为该地区页岩气主力目的层鹿寨组一段在早石炭世末期时R_o达到0.75%开始进入大量生油阶段(低成熟期原油),鹿寨组二段泥灰岩、灰岩层为良好盖层,随着上覆沉积地层厚度增大,目的层埋深增加,低成熟油逐渐演化成高成熟原油。

下石炭统鹿寨组一段在早二叠世进入生湿气阶段,并在鹿寨组一段及其三段砂岩层顶部圈闭内形成高成熟轻烃气藏。下石炭统鹿寨组一段早三叠世进入生干气阶段,页岩气藏主要分布于鹿寨组一段内。

受印支运动影响,该地区在晚三叠末期遭受抬升,生烃停止。原有的页岩气藏与常规天然气藏在该阶段遭受的破坏与调整的强度最大,边界断裂上盘控制形成有利的断向斜、断背斜构造,同时边界断裂对页岩气藏的封闭作用强,页岩气藏在有利的断向斜、断背斜构造内保存完好。

该地区受到燕山期运动影响,整体上页岩气藏埋深变浅,局部断裂上盘抬升幅度大,剥蚀厚度大,页岩气发生逸散,边界断裂上盘控制的断向斜、断背斜构造受到进一步挤压变形,但整体上页岩气藏保存仍然较好。

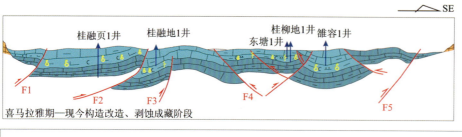

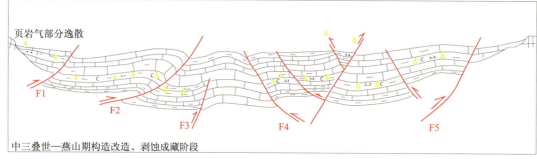

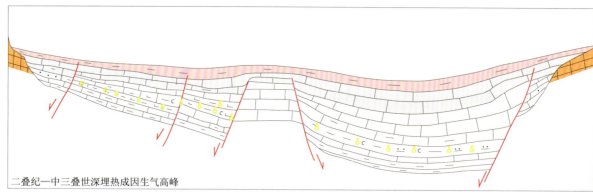

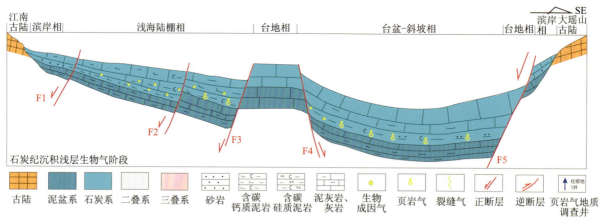

图 6.3.1 广西复杂构造域"台-盆"页岩气成藏模式图

历经喜马拉雅期运动后,整体构造形态基本不变,形成了现今断向斜、断背斜页岩气藏。

4）页岩气成藏过程

下石炭统鹿寨组一段在石炭系沉积末期的浅层生物气主要分布于盆地边缘内,在早三叠世沉积末期进入热成因气阶段,生烃演化过程中,气源层上覆的鹿寨组二段的泥灰岩、灰岩层为良好的顶板盖层,下伏的泥盆系灰岩为底板封盖层,对气藏具有良好封盖作用。在印支—燕山构造改造作用中,原始页岩气藏遭受抬升、断裂破坏再调整,在稳定的构造向斜、埋藏适中、保存条件优,有利构造内形成页岩气藏。如桂融页1井、桂融地1井、东塘1井、雏容1井所处构造位置的页岩气勘探潜力最优。

融水-柳城区块、柳州鹿寨区块的边界断裂控制了下石炭统鹿寨组沉积,形成了深水陆棚相、台盆相优质页岩。印支期融水-柳城区块、柳州鹿寨区块处于宽缓褶皱的向斜部位,燕山期开始的东部挤压作用在侏罗纪晚期才基本定型,形成北北东、北东向构造,整体构造定型时间晚,页岩热演化程度远低于南丹区块,R_o平均值为 2.62%,具有适度的热演化程度,有利于页岩气聚集。燕山期的断裂局部改造原有页岩气藏,但强度不大,整体上页岩气藏保存仍较好,在地层倾角缓、埋深大的断层上盘向斜聚集成藏。

7 广西地区页岩气资源评价与选区

7.1 页岩气资源评价

页岩气资源评价,需要根据页岩气发育的地质条件和资料的完善程度,利用现有的参数,采取适合评价区地质条件的方法,对页岩气地质资源量进行计算,以此为页岩气的勘探开发提供依据。

7.1.1 评价的方法

1)方法选择

可用于页岩气资源评价的方法有类比法、统计法、成因法和综合法(表7.1.1)等多种方法。体积法是统计法的一部分,可适用页岩气勘探开发的各阶段和各种地质条件,因此该方法是我国应用最为广泛的方法。但由于同一区块内不同位置页岩气钻井获得资源丰度可以存在较大差异,张金川等(2012)在此基础上建立了概率体积法,此方法对钻井页岩气资源丰度的变化进行概率计算,以获得不同概率下页岩气资源量值,并可以根据钻井的增加进行调整。考虑广西地质条件和勘探程度,采用概率体积法进行页岩气资源量计算。

表7.1.1 页岩气资源评价的主要方法

评价方法	方法列举	主要影响因素
类比法	综合类比法、面积丰度类比法、体积丰度类比法、沉积速度法、工作量分析法、埋藏深度法等	对比对象和类比系数
统计法 (含概率体积法)	历史趋势分析法、工作量分析法/投入分析法、地质统计法、资源规模序列法等	历史数据及统计模型,体积法主要影响因素:有效体积参数及含气量
成因法	物质平衡法、地化参数法、热解模拟分析法、盆地模拟法等	过程模型和滞留参数
综合法	蒙特卡罗法、特尔菲综合分析法、专家系统法等	综合模型及权重分析

运用概率体积法评价时,需确定页岩气资源评价单元基本信息,系统整理和掌握评价单元中的各项参数,统计分析后分别进行条件概率赋值,汇总评价单元评价层系资源潜力计算参数,对参数进行蒙特卡罗法统计计算后得到不同概率的资源量。

2)方法原理

依据条件概率体积法基本原理,页岩气地质资源量为页岩总质量与单位质量页岩所含天然气的乘积,可表示为

$$Q_总 = 0.01 \cdot A \cdot h \cdot \rho \cdot q$$

式中:$Q_总$为页岩气地质资源量,$\times 10^8 \mathrm{m}^3$;A为含气页岩分布面积,km^2;h为有效页岩厚度,m;ρ为页岩密度,$\mathrm{g/cm}^3$;q为总含气量,m^3/t。

其中

$$q = q_吸 + q_游 + q_溶$$

式中:$q_吸$为吸附含气量,m^3/t;$q_游$为游离含气量,m^3/t;$q_溶$为溶解含气量,m^3/t。

一般情况下,溶解气在页岩气资源量评价中可忽略不计,则

$$q \approx q_吸 + q_游$$

相应地,页岩气总资源量可分解为吸附气总量与游离气总量之和。

$$Q_总 \approx Q_吸 + Q_游$$

式中:$Q_总$为页岩气资源量,$\times 10^8\mathrm{m}^3$;$Q_吸$为吸附气资源量,$\times 10^8\mathrm{m}^3$;$Q_游$为游离气资源量,$\times 10^8\mathrm{m}^3$。

计算过程中可采用总含气量或游离含气量与吸附含气量分别计算的方法估算页岩气地质资源量。

(1)吸附气资源量计算方法为

$$Q_吸 = 0.01 \cdot A \cdot h \cdot \rho \cdot q_吸$$

$q_吸$可采用等温吸附法计算:

$$q_吸 = V_L \cdot p/(p_L + p)$$

式中:V_L为兰氏(Langmuir)体积,m^3;p_L为兰氏(Langmuir)压力,MPa;p为地层压力,MPa。

通过等温吸附法计算所得的吸附气含量数值可能会比实际含气量数值大,需校正使用。

(2)游离气资源量计算方法为

$$Q_游 = 0.01 \cdot A \cdot h \cdot \Phi_g \cdot S_g / B_g$$

式中:Φ_g为(裂隙)孔隙度,%;S_g为含气饱和度,%;B_g为体积系数,无量纲。

(3)总资源量可由吸附气资源量与游离气资源量加和获得:

$$Q_总 = 0.01 \cdot A \cdot h \cdot (\rho \cdot q_吸 + \Phi_g \cdot S_g / B_g)$$

当获得总含气量数据时,也可直接用总含气量按下式计算:

$$Q_总 = 0.01 \cdot A \cdot h \cdot \rho \cdot q_总$$

3)参数的条件概率

为了克服页岩气评价参数的不确定性,保证估算结果的科学性和合理性,所有的参数均可表示为给定条件下事件发生的可能性或者条件概率,条件概率的地质意义是在不同的概率条件下地质过程发生及参数分布的可能性(表7.1.2)。依照资源潜力评价中参数的取值原则,以实际地质资料为基础,对主要计算参数分别赋予不同概率的数值,通过统计分析及概率计算获得不同概率下的资源量评价结果。

表7.1.2 估算参数条件概率的参考地质含义

条件概率	参数条件及页岩气聚集的可能性	把握程度	赋值参考	
P_5	非常不利,机会较小	基本没把握	勉强	乐观倾向
P_{25}	不利,但有一定可能	把握程度低	宽松	
P_{50}	一般,页岩气聚集或不聚集	有把握	中值	
P_{75}	有利,但仍有较大的不确定性	把握程度高	严格	保守倾向
P_{95}	非常有利,但仍不排除小概率事件	非常有把握	苛刻	

4)起算条件

(1)合理确定评价层段:要有充分证据证明拟计算的层段为含气页岩段。在含油气盆地中,录井在该段发现气测异常;在缺少探井资料的地区,要有其他油气异常证据;在缺乏直接证据情况下,要有足以表明页岩气存在的条件和理由。

(2)有效厚度:单层厚度大于10m(海相);泥地比(泥页岩厚度与地层厚度之比)大于60%、连续厚度大于30m、最小单层泥页岩厚度大于6m(陆相和海陆过渡相)。计算时应采用有效(处于生气阶段且有可能形成页岩气的)厚度进行赋值计算。若夹层厚度大于3m,则计算厚度时应予以扣除。

(3)有效面积:连续分布的面积大于50km²。

(4)有机碳含量(TOC)和镜质体反射率(R_o):计算单元内必须有有机碳含量大于2.0%且具有一定规模的区域。成熟度:Ⅰ型干酪根>1.2%;Ⅱ$_1$型干酪根>0.9%;Ⅱ$_2$型干酪根>0.7%;Ⅲ型干酪根>0.5%。

(5)埋藏深度:主体埋深在500~4500m之间。

(6)保存条件:无规模性通天断裂破碎带、非岩浆岩分布区、不受地层水淋滤影响等。

(7)不具有工业开发基础条件(例如含气量低于0.5m³/t)的层段,原则上不参与资源量估算。

7.1.2 评价单元划分

划分评价单元是页岩气地质资源量评价的一个重要环节,以评价单元为单位,分层系进行页岩气资源量计算。根据广西地区构造单元和发育的目标层系,将广西地区分为3个评价单元,分别是桂中坳陷、右江盆地、十万大山盆地,评价的目的层系包括中下泥盆统塘丁组、中泥盆统罗富组、下石炭统鹿寨组、下三叠统石炮组。分别对不同层系的评价单元内的岩性、沉积相、埋深、构造条件、勘查程度、地貌特征等基本信息进行调查,其统计单元信息见表7.1.3~表7.1.6。

(1)中下泥盆统塘丁组。中下泥盆统塘丁组有一个评价单元,为桂中坳陷,页岩主要分布在于南丹-环江地区和上林地区,地貌特征以山地和丘陵为主。该单元为台盆相、深水陆棚相,干酪根类型为Ⅱ$_1$-Ⅱ$_2$,有机质成熟度较高,南丹-环江地区有2口地质调查井,相比上林地区勘探程度要高。

(2)中泥盆统罗富组。中泥盆统罗富组有一个评价单元,为桂中坳陷,地貌特征以山地和丘陵为主。该单元为台盆相、深水陆棚相,干酪根类型为Ⅱ$_1$-Ⅱ$_2$,有机质成熟度较高,南丹-环江地区有4口地质调查井,勘探程度较高。

(3)下石炭统鹿寨组。下石炭统鹿寨组有2个评价单元,为桂中坳陷和右江盆地,桂中坳陷页岩主要分布于天峨-龙头地区、环江-鹿寨地区以及马山-上林地区,右江盆地主要在巴马地区,地貌特征以山地和丘陵为主。桂中坳陷鹿寨组为台盆相、深水陆棚相,有机质含量高,评价区内有3口见气的地质调查井,整体勘探程度高,右江盆地只有少量浅钻,勘探程度低。

(4)下三叠统石炮组。下三叠统石炮组有2个评价单元,为右江盆地和十万大山盆地,评价单元内地貌特征以山地和丘陵为主,有少量的浅钻工程,总体勘探程度较低。

7.1.3 计算参数的选取

计算参数主要包括面积、厚度、吸附含气量、孔隙(裂隙)度、游离气含气饱和度、总含气量、Langmuir体积、Langmuir压力、页岩密度、压缩因子和可采系数。不直接参与计算但可能影响计算结果的间接参数包括埋深、地层压力、温度、干酪根类型等。在计算过程中,根据实际地质条件,对计算单元区内的各项参数进行系统整理,依据参数分析、概率分布、统计规律及地质经验等方法对各项参数分别进行条件概率赋值,运用概率体积法计算页岩气资源量,并填写相关参数。原则上采用各评价单元及不同层系自身的页岩及页岩气相关参数。对于难以获得的计算参数可按类比法进行取值,并对参数取值依据、方式等情况进行适当的说明。

7 广西地区页岩气资源评价与选区

表 7.1.3 中下泥盆统塘丁组页岩气资源潜力评价单元信息表

评价单元	桂中坳陷
岩性	黑色、灰黑色碳质、硅质、钙质页岩
沉积相类型	台盆相、深水陆棚相
干酪根类型	II_1、II_2,少量Ⅲ型
有机质含量/%	1.68~5.04
有机质成熟度/%	3.68~4.5
埋深/m	500~3000
地层压力/MPa	5~30
地层温度/℃	25~80
构造特征	环江浅凹
勘探程度	桂页1井、丹页2井
地形地貌	山区为主

表 7.1.4 中泥盆统罗富组页岩气资源潜力评价单元信息表

评价单元	桂中坳陷
岩性	黑色、灰黑色钙质页岩、碳质泥岩
沉积相类型	盆相、深水陆棚相
干酪根类型	II_1、II_2
有机质含量/%	0.34~8.91
有机质成熟度/%	3.8~4.3
埋深/m	1000~4500
地层压力/MPa	10~45
地层温度/℃	25~132.5
构造特征	环江浅凹
勘探程度	桂页1井、丹页2井、天地1井、天地2井
地形地貌	山区为主

表 7.1.5 下石炭统鹿寨组页岩气资源潜力评价单元信息表

评价单元	桂中坳陷	右江盆地
岩性	灰黑—黑色粉砂质泥岩、硅质泥岩、钙质泥岩	硅质泥岩、泥质硅质岩和硅质岩
沉积相类型	台盆相、深水陆棚相	台盆相
干酪根类型	II_2、Ⅲ	Ⅰ为主,含少量II_1
有机质含量/%	0.61~3.96	1.71~10.2
有机质成熟度/%	3.39~4.08	2.27~3.36
埋深/m	800~3500	500~4500
地层压力/MPa	8~35	5~45

续表 7.1.5

评价单元	桂中坳陷	右江盆地
地层温度/℃	25~80	25~129
构造特征	环江浅凹、宜山断凹、罗城低凸起	百色断褶带
勘探程度	桂柳地1井、东塘1井、桂融页1井及大量浅钻	少量浅钻
地形地貌	山区为主	山区为主

表 7.1.6 三叠统石炮组页岩气资源潜力评价单元信息表

评价单元	右江盆地	十万大山盆地
目标层系	石炮组	石炮组
岩性	灰黑—黑色泥岩、含粉砂质泥岩夹含凝灰质泥岩	灰黑—黑色钙质泥岩、泥岩夹含凝灰质泥岩
沉积相类型	盆地相沉积	深水陆棚相
干酪根类型	II_1、II_2	II_1
有机质含量/%	0.01~3.9	0.01~1.8
有机质成熟度/%	2.37~3.21	1.2~2.4
埋深/m	500~3500	500~3500
地层压力/MPa	5~35	5~35
地层温度/℃	25~80	25~80
构造特征	百色断褶带	宁明-南宁断裂以南
勘探程度	少量浅钻	少量浅钻
地形地貌	山区为主	山区为主

1）面积

页岩面积的大小及其有效性主要取决于其中有机碳含量的大小及其变化，可据此对面积的条件概率予以赋值。在扣除了缺失面积的计算单位内，以 TOC 平面分布等值线图为基础，依据不同 TOC 含量等值线所占的面积，分别求取与之对应的面积概率值（表 7.1.7、表 7.1.8）。

表 7.1.7 评价单元内面积的条件概率赋值

条件概率/%	有机碳含量下限/%
5	0.5
25	1.0
50	1.5
75	2.0
95	2.5

表 7.1.8　评价单元内不同层系不同条件概率下页岩含气面积赋值表

层系	评价单元	条件概率页岩含气面积/km²				
		P_5	P_{25}	P_{50}	P_{75}	P_{95}
塘丁组	桂中坳陷	7846	5653	3829	2637	1481
罗富组	桂中坳陷	3314	1885	1406	917	559
鹿寨组	桂中坳陷	18 858	14 024	11 346	8660	4915
	右江盆地	5876	4722	3761	2841	1506
石炮组	右江盆地	8630	6200	4495	2821	1640
	十万大山盆地	9515	7734	1897	523	239

2) 厚度

计算过程中,海相沉积区取黑色页岩单层厚度,陆相及海陆过渡相沉积区取黑色页岩累计厚度。从最大厚度中心处开始,依其所占面积求取相应的条件概率进行赋值。由于塘丁组、罗富组、石炮组编制的页岩厚度等值线图为累积厚度,依据对区内不同地质调查井、剖面以及浅钻数据统计,规定在厚度平面图上,塘丁组页岩有效厚度为累积厚度的50%,罗富组为38%,石炮组为48%(表7.1.9)。

表 7.1.9　评价单元内不同层系不同条件概率下页岩厚度赋值表

层系	评价单元	条件概率页岩有效厚度/m				
		P_5	P_{25}	P_{50}	P_{75}	P_{95}
塘丁组	桂中坳陷	270	155	112	77	53
罗富组	桂中坳陷	209	159	95	78	45
鹿寨组	桂中坳陷	207	143	98	67	45
	右江盆地	185	150	129	100	50
石炮组	右江盆地	70	41	30	23	20
	十万大山盆地	115	80	40	28	25

3) 总含气量

通过地质调查井或参数井直接获取的页岩总含气量(现场解吸气)数据最可靠、最直接,所以评价单元内或邻区如果部署有页岩气地质调查井和参数井的,页岩总含气量直接类比相同层位页岩获取,反之则参照相同层位有机质泥页岩的等温吸附测试结果进行取值。

由于针对中下泥盆统塘丁组页岩开展的地质调查井没有获取到含气量数据,同时塘丁组页岩和罗富组页岩在沉积相和岩性组合特征等方面具有一定的相似性,因此塘丁组页岩总含气量采用罗富组页岩总含气量进行估算。桂来地1井已经获取了中泥盆统与罗富组同期异相的东岗岭组页岩的测井数据,同时本次项目等温吸附测试样品较少,难以对其含气量特征平面分布规律进行准确刻画,因此利用测井解释法对罗富组页岩总含气量进行统计分析,针对两口井不同层位的含气量数据,采用离散数据统计法对中泥盆统总含气量进行条件概率赋值。

对于鹿寨组,由于桂融页1井、乐塘1井和桂柳地1井已有现场气体解吸数据,并经过损失气体恢复获得总含气量,因此统计三口井鹿寨组页岩总含气量数据,采用离散数据统计法对下石炭统页岩总含气量进行条件概率赋值。

对于石炮组,因为过成熟页岩的吸附气一般占总含气量的20%~80%,考虑广西实际地质情况和勘探程度,规定石炮组页岩吸附气含量占总含气量的75%,据此由页岩的等温吸附量反推总含气量,得到的总含气量数据采用离散数据统计法进行条件概率赋值(表7.1.10)。

表7.1.10 评价单元内不同层系不同条件概率下总含气量赋值表

层系	评价单元	条件概率页岩总含气量/(m³·t⁻¹)				
		P_5	P_{25}	P_{50}	P_{75}	P_{95}
塘丁组	桂中坳陷	2.05	1.955	1.83	1.71	1.61
罗富组	桂中坳陷	2.93	2.81	2.4	1.99	1.62
鹿寨组	桂中坳陷	2.17	1.96	1.7	1.44	1.23
	右江盆地	2.17	1.96	1.7	1.44	1.23
石炮组	右江盆地	1.81	1.75	1.6	1.39	1.25
	十万大山盆地	1.81	1.75	1.6	1.39	1.25

4)页岩密度(离散数据统计法和类比法)

由于本次页岩密度数据相对较少,不能编制等值线图,该参数的选择采用离散数据统计法进行。在进行数据统计前先对数据进行合理的筛选,对处理后的页岩密度值进行统计分析,得出不同条件概率下的密度值,中下泥盆统和中泥盆统页岩密度主要参考丹页2井、桂来地1井页岩密度进行赋值,下石炭统主要参考东塘1井、桂柳地1井、桂融页1井及部分浅钻的页岩密度进行赋值,下三叠统主要根据钻孔ZKSS01、ZKMS02、ZKBM02页岩密度进行赋值(表7.1.11)。

表7.1.11 评价单元内不同层系不同条件概率下页岩密度赋值

层系	评价单元	条件概率页岩密度/(g·cm⁻³)				
		P_5	P_{25}	P_{50}	P_{75}	P_{95}
塘丁组	桂中坳陷	2.51	2.49	2.45	2.42	2.39
罗富组	桂中坳陷	2.60	2.54	2.49	2.40	2.32
鹿寨组	桂中坳陷	2.56	2.46	2.33	2.20	2.11
	右江盆地	2.58	2.49	2.41	2.35	2.29
石炮组	右江盆地	2.57	2.51	2.46	2.4	2.33
	十万大山盆地	2.55	2.50	2.40	2.32	2.28

5)采收率和可采资源量

采收率与目的层地质条件(埋藏深度、地层压力、有机质含量和吸附气量)、开发技术(钻完井技术、储层改造技术、排采制度)有关,页岩气早期以产出游离气为主,其后以吸附气的解吸、扩散为主。美国主要页岩气产地盆地页岩气藏的采收率变化范围为12%~35%,如埋藏浅、地层压力较低、有机质丰度较高,吸附气含量高的页岩气藏采收率可达到26%;而埋藏较深、地层压力较高、吸附气所占比例较低的页岩气藏,早期为7%~8%,随着水平井钻进和压裂技术的进步,可达到13.5%的采收率,最终采收率可达到25%。国内如涪陵页岩气田焦石坝区块整体采收率为23.3%,昭通示范区太阳页岩气田的采收率为20%,由于广西地区属勘探新区,尚未进入压裂开采阶段,开发技术的探索还处于空白,因此,广西地区参照国内成熟地区的采收率,结合本地区页岩气实际地质参数情况,将页岩气最大技术采收率定为15%,页岩气地质资源量乘以采收率即为可采资源量。

7.1.4 资源潜力评价结果

根据广西地区各评价单元内不同层系页岩分布面积、厚度、密度、总含气量等参数,采用概率体积法经计算得出广西区内各评价单元内不同概率条件下的页岩气地质资源量,P_{50} 对应的总地质资源量为 $9.93 \times 10^{12} \mathrm{m}^3$,最大可采资源量为 $1.49 \times 10^{12} \mathrm{m}^3$,其中塘丁组地质资源量为 $1.92 \times 10^{12} \mathrm{m}^3$,占总地质资源量的 19.33%;罗富组地质资源量为 $0.798 \times 10^{12} \mathrm{m}^3$,占总地质资源量的 8.03%;鹿寨组地质资源量为 $6.39 \times 10^{12} \mathrm{m}^3$,占总地质资源量的 64.32%;石炮组地质资源量为 $0.822 \times 10^{12} \mathrm{m}^3$,占总地质资源量的 8.27%,具体如表 7.1.12 所示。

表 7.1.12 广西地区主要层系页岩气总地质资源量

层系	评价单元	条件概率页岩气地质资源量/$\times 10^8 \mathrm{m}^3$				
		P_5	P_{25}	P_{50}	P_{75}	P_{95}
塘丁组	桂中坳陷	109 003.30	42 653.71	19 227.40	8 402.57	3 020.33
罗富组	桂中坳陷	52 764.25	21 391.86	7 982.14	3 416.08	945.43
鹿寨组	桂中坳陷	216 847.37	96 693.91	44 040.73	18 381.37	5 739.57
	右江盆地	60 857.99	34 570.85	19 875.06	9 615.42	2 121.19
石炮组	右江盆地	28 100.92	11 165.74	5 307.70	2 164.50	955.30
	十万大山盆地	50 503.95	27 069.00	2 913.79	472.24	170.29
总地质资源量/$\times 10^{12} \mathrm{m}^3$		51.81	23.35	9.93	4.25	1.30
可采资源量/$\times 10^{12} \mathrm{m}^3$		7.77	3.50	1.49	0.64	0.20

7.2 广西地区页岩气选区评价

7.2.1 广西地区页岩气选区标准

(1)远景区优选标准。远景区优选基于页岩气资源潜力调查的成果,在基本了解工作区地质条件、富有机质泥页岩层系的基础上,采用类比、叠加、综合等技术评价优选页岩气远景区,其评价参数标准见表 7.2.1。

表 7.2.1 广西页岩气资源潜力调查远景区优选评价参数标准

泥页岩连续厚度/m	TOC/%	R_o/%	含气量/$(\mathrm{m}^3 \cdot \mathrm{t}^{-1})$	埋深/m
>15(海相或陆相)	>1.0	0.5~4.0	>0.50	<4500
>20(海陆交互相)				

(2)有利目标区优选标准。结合中国南方地区非典型海相页岩有利区的选区标准及自然资源部相关标准,基于富有机质泥页岩分布条件、地球化学特征、储层物性特征、构造样式及保存条件,采用类比

法、叠加法、综合法等技术,综合评价页岩气地质条件和优选部署调查井的有利目标区,其评价参数标准见表7.2.2。

表 7.2.2 页岩气有利目标区优选参考标准

评价参数		有利目标区条件
发育条件	泥页岩分布面积	≥50km²,或可能在其中发现目标区的最小面积,在稳定区或改造区都有可能分布
	泥页岩厚度	海相和陆相富有机质泥页岩层段连续厚度应大于20m,海陆交互相富有机质泥页岩层段连续厚度应大于25m
	埋深	500~4500m
地化条件	TOC	大于1.5%
	R_o	1.0%~4.0%
储层条件	矿物含量	脆性矿物大于40%,黏土矿物小于50%
含气性	含气量	大于0.5m³/t
构造特征	褶皱形态特征	宽缓、短轴状、翼部倾角小于30°
	断层	远离断层,或断层属性为逆断层、平移断层
	构造样式类型	宽缓背斜(箱状)、断展褶皱、宽缓向斜
保存条件	保存等级	中等—好
地表条件	地形分布	地形高差较小,如平原、丘陵、低山、中山、沙漠等

(3)勘查靶区评价标准。在有利目标区优选的基础上,根据《页岩气资源调查评价技术要求》,页岩气勘查靶区优选指标包括:①海相富有机质泥页岩层段连续厚度应大于30m,②TOC含量大于2.0%,③R_o的范围1.0%~3.5%;④脆性矿物含量大于30%;⑤海相页岩含气量大于2.0m³/t,⑥埋深小于4000m。

7.2.2 页岩气远景区优选结果

综合分析富有机质泥页岩的沉积相带分布、有机碳含量、厚度、成熟度、深度及含气性以及构造保存条件等指标,在桂中坳陷、右江盆地、十万大山三个评价单元内共圈定远景区9个,其中以塘丁组为目标层圈定远景区2个,分别是天峨－南丹、上林乔贤－宾阳大桥地区;以罗富组为目标层圈定远景区1个,以鹿寨组为目标层圈定远景区4个,以石炮组为目标层圈定远景区2个(表7.2.3)。页岩气远景区地质资源量对应资源评价中P_{25}的资源量$23.35\times10^{12}m^3$,可采资源量为$3.50\times10^{12}m^3$。

1)中下泥盆统塘丁组

(1)天峨-南丹页岩气远景区。天峨—南丹页岩气远景区位于天峨县东南到河池九圩一带(图7.2.1),塘丁组有效面积4763km²,构造位置位于南丹—都安深大断裂两侧。该区在早泥盆世早期开始为断陷盆地,在断陷盆地内沉积了一套深水的暗色泥页岩,泥岩厚度在100~500m,厚度较大,有利于页岩气的生烃和保存;TOC范围1.2%~3.5%,含碳量高,具有了较好的页岩气生烃物质条件;R_o在3.0%~3.97%之间,属于高成熟—过成熟阶段。侧岭乡、河池镇-九圩镇残余向斜构造保存较好,地层层序完整,区域盖层厚,上部有罗富组和鹿寨组泥岩地层作为遮挡层,总体具有良好的盖层保存条件。

7 广西地区页岩气资源评价与选区

表 7.2.3 广西地区页岩气远景区优选结果

层系	评价单元	编号	远景区名称	面积/km²	页岩气地质资源量 /×10¹² m³	可采资源量 /×10¹² m³
塘丁组	桂中坳陷	KP1	天峨-南丹地区	4763	3.59	0.54
		KP2	上林乔贤-宾阳大桥地区	891	0.67	0.10
罗富组	桂中坳陷	KP3	天峨三堡-金城江九圩地区	1885	2.14	0.32
鹿寨组	桂中坳陷	KP4	武鸣灵马-马山周鹿地区	1196	0.75	0.11
		KP5	南丹六寨-金城江九圩地区	3756	2.38	0.36
		KP6	环江-宜州-柳城-鹿寨地区	10 321	6.53	0.98
	右江盆地	KP7	田林八渡-田东-巴马地区	4722	3.45	0.52
石炮组	右江盆地	KP8	田林-巴马地区	6200	1.11	0.17
	十万大山盆地	KP9	上思-凭祥地区	7734	2.71	0.41
总计				41 468	23.35	3.50

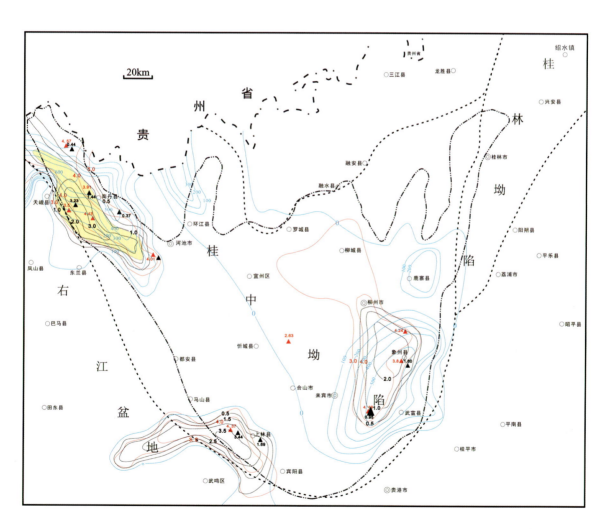

图 7.2.1 中下泥盆统塘丁组页岩气远景区优选结果

（2）上林乔贤-宾阳大桥页岩气远景区。上林地区页岩气远景区位于上林澄泰向斜内（图7.2.1），有效面积891km², 在塘丁期受大龙洞-澄泰断裂控制，断裂以西（现今澄泰向斜大部分区域）为台间海槽相沉积，沉积了一大套灰黑色泥岩、硅质泥岩，厚度为32～178m，平均厚度达100m，TOC为0.23%～20.41%，平均为4.18%，泥岩厚度大，含碳量高，具有了较好的页岩气生烃物质条件；R_o值在2.5%～4.7%之间，属于高成熟—过成熟阶段。上林地区塘丁组页岩发育于澄泰向斜构造稳定区内，上覆地层为中上泥盆统、石炭系、二叠系和三叠系，页岩封盖条件好。同时，该区远离大明山背斜核部岩浆岩体，具有较好的构造保存条件。

2）中泥盆统罗富组

天峨三堡-金城江九圩页岩气远景区位于天峨县东南到金城江九圩一带（图7.2.2），罗富组有效面积为1885km²，泥岩厚度为115～600m，厚度较大，有利于页岩气的生烃和保存；TOC为0.34%～8.91%，含碳量高，具有了较好的页岩气生烃物质条件；R_o值在3.8%～4.03%之间，属于高成熟—过成熟阶段，与四川盆地页岩气有利层系有机质成熟度大致相当。

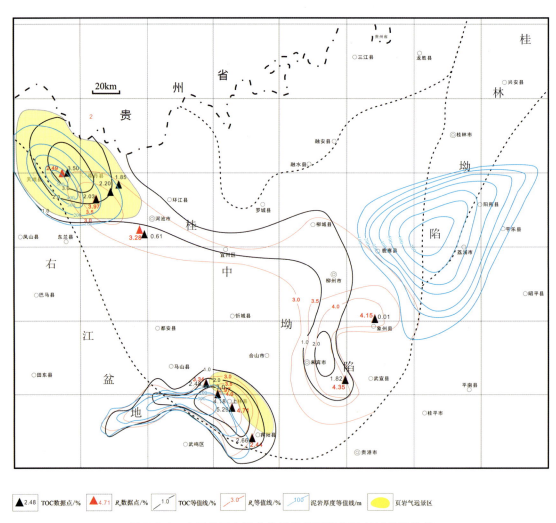

图7.2.2 广西地区中泥盆统罗富组页岩气远景区优选结果

3）下石炭统鹿寨组

（1）武鸣灵马-马山周鹿页岩气远景区。马山页岩气远景区位于马山县周六镇以南地区（图7.2.3），有效面积为1196km²，位于昆仑大断裂以西的马山-灵马断褶带，页岩气主要目的层为下石炭统鹿寨组。该地区在早石炭世时期处于台盆相沉积环境，岩性以硅质泥岩、泥质硅质岩和硅质岩为主，TOC平均含量为2.66%，R_o平均值为2.39%，为过成熟演化阶段，有机质类型属Ⅱ₁、Ⅱ₂，为有利于形成页岩气的有机质类型，有效泥页岩厚度段大于50m。

整体上马山地区为相对稳定的向斜构造，下石炭统鹿寨组富有机质泥页岩品质好、厚度大、目的层的埋深超过500m，受后期改造作用小，有利于页岩气的保存。

(2) 南丹六寨-金城江九圩页岩气远景区。鹿寨组有效面积为3756km²，位于南丹-都安深大断裂两侧。TOC为0.73%～3.37%（未经风化校正），具有了一定的页岩气生烃物质条件；鹿寨组页岩在此区块的分布厚度为200～1000m，厚度较大，有利于页岩气的生烃和保存；R_o值在2.56%～4.51%之间，属于高成熟—过成熟阶段，与四川盆地页岩气有利层系有机质成熟度大致相当。

(3) 环江-宜州-柳城-鹿寨页岩气远景区。此远景区包括环江以东到宜州-罗城-融水-柳州鹿寨-来宾象州西部等区域(图7.2.3)，有效面积10 321km²，构造主体位于宜山断凹，属于相对的构造稳定区，页岩气的保存条件较好；在早石炭世，属于深水陆棚相，发育一套泥岩和硅质岩组合(鹿寨组)，由于上升流的作用，有利于有机质的积累；TOC含量为1.0%～4.97%，具有良好的页岩气生烃物质条件；R_o值在1.6%～2.5%之间，属于高成熟—过成熟演化阶段，与北美五大页岩气盆地产气页岩有机质成熟度大致相当；该区块中下石炭统页岩厚度在100～400m之间，远景区内的宜页1井、桂融页1井、东塘1井均在下石炭统鹿寨组获得页岩气的发现并点火成功，显示了该地区有利于页岩气的富集和保存。

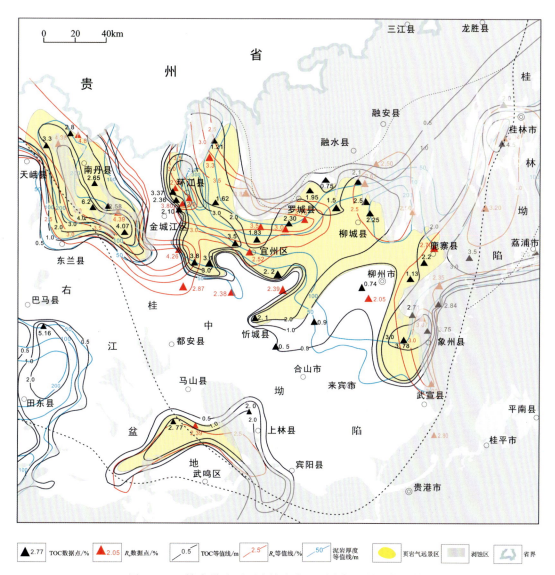

图7.2.3 桂中坳陷下石炭统鹿寨组页岩气远景区优选结果

(4)田林八渡-田东-巴马页岩气远景区。此页岩气远景区位于百色市燕洞乡—巴马县,鹿寨组有效面积4722km²,构造位置位于右江褶皱带的次级构造单元百色断褶带(图7.2.4)。该地区在早石炭世时期处于台盆相沉积环境,岩性以硅质泥岩、泥质硅质岩和硅质岩为主,TOC平均为4.03%,R_o平均值为2.98%,为过成熟演化阶段,有机质类型为Ⅰ型,为有利于形成页岩气的有机质类型,有效泥页岩厚度17~53m(4段)。整体上巴马地区为相对稳定的向斜构造,目的层的埋深超过500m,受后期改造作用小,有利于页岩气的保存。通过现有资料分析,该地区下石炭统鹿寨组富有机质泥页岩品质好、厚度大、页岩气保存条件好。

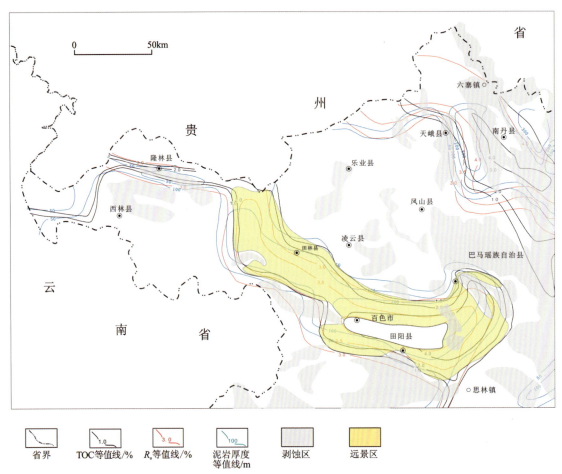

图7.2.4 右江盆地下石炭统鹿寨组页岩气远景区优选结果

3. 下三叠统石炮组

(1)田林-巴马页岩气远景区。石炮组有效面积6200km²,TOC平均为2.10%,R_o为3.18%,有机质类型为Ⅱ₁、Ⅱ₂型,为过成熟演化阶段,有效泥页岩厚度为15~53m(6段)。通过现有资料分析,该地区下三叠统石炮组富有机质泥页岩品质好、厚度大、页岩气保存条件好(图7.2.5)。

(2)上思-凭祥页岩气远景区。上思-凭祥页岩气重点远景区位于上思西—凭祥东南的地区(图7.2.6),石炮组有效面积7732km²,构造位置位于十万大山盆地的西南部,宁明-南宁断裂以南地区。该地区在早三叠世时期,属于深水-浅水陆棚相沉积,早期沉积的岩性以灰黑—黑色钙质泥岩、泥岩夹含凝灰质泥岩、含粉砂质泥岩为主,TOC平均为1.25%,R_o为1.80%,为过成熟演化阶段,有效泥页岩厚度为17~45m(2段)。整体上,上思-凭祥地区为相对稳定的向斜构造,目的层的埋深超过500m,范围为1000~4000m,受后期改造作用小,有利于页岩气的保存。

7 广西地区页岩气资源评价与选区

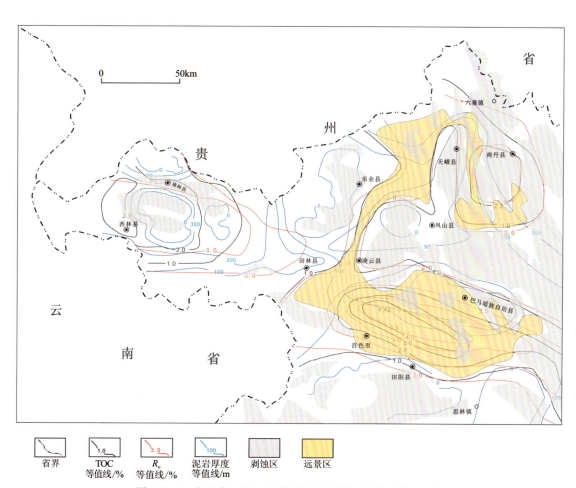

图 7.2.5 右江盆地下三叠统石炮组页岩气远景区优选结果

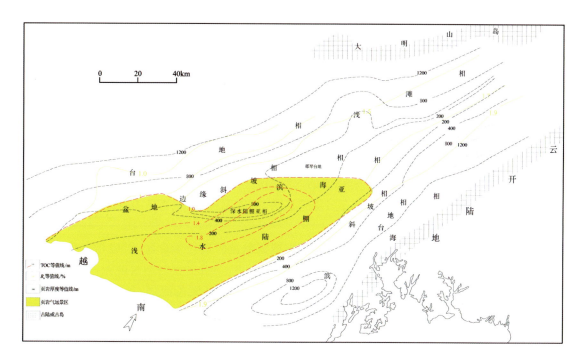

图 7.2.6 十万大山盆地下三叠统石炮组页岩气远景区优选结果

7.2.3 页岩气有利目标区优选结果

在远景区圈定的基础上,结合目前的勘探程度以鹿寨组为有利目标层,优选出 6 个有利目标区(表 7.2.4,图 7.2.7),分别是河池拔贡-罗富-九圩页岩气有利目标区、环江下南-宜州西页岩气有利目标区、宜州北-融水页岩气有利目标区、柳州鹿寨页岩气有利目标区、宜州三岔-忻城大塘页岩气有利目标区、来宾凤凰-柳州里雍页岩气有利目标区。鹿寨组页岩气有利目标区地质资源量估算条件与资源评价中 P_{50} 的资源量的估算条件相当。

表 7.2.4 广西地区鹿寨组页岩气有利目标区优选结果

层系	评价单元	编号	页岩气有利目标区	面积/km²	页岩气地质资源量/×10¹² m³	可采资源量/×10⁸ m³
鹿寨组	桂中坳陷	FT1	河池拔贡-罗富-九圩	752	0.29	435
		FT2	环江下南-宜州西	1257	0.49	735
		FT3	宜州北-融水	1274	0.49	735
		FT4	柳州鹿寨	651	0.25	375
		FT5	宜州三岔-忻城大塘	485	0.19	285
		FT6	来宾凤凰-柳州里雍	708	0.27	405
总计				5127	1.99	2985

(1)河池拔贡-罗富-九圩页岩气有利目标区。此页岩气有利目标区位于河池九圩到车河镇侧岭乡一带,有效面积 752km²,目标区在早石炭世时期处于台盆-斜坡相沉积环境,岩性以深灰色薄层硅质岩、碳质泥岩、粉砂质泥岩夹少量微晶灰岩、泥灰岩为主,富有机质泥页岩连续厚度为 10.8~39.3m,暗色泥岩累计厚度 92.8m;富有机质泥页岩段 TOC 平均为 3.58%,R_o 在 3.0%~4.5%,处于高-过成熟阶段,但整体上侧岭乡—河池镇为相对稳定的向斜构造,目的层的埋深均超过 500m,受后期改造作用小,无浅层岩浆岩侵入,有利于页岩气保存。综合认为,河池镇—侧岭乡下石炭统鹿寨组富有机质泥页岩品质好、厚度大、页岩气保存条件较好。

(2)环江下南-宜州西页岩气有利目标区。此目标区在早石炭世时期处于台沟相沉积环境,岩性以深灰色薄层硅质岩、碳质泥岩、粉砂质泥岩夹少量微晶灰岩、泥灰岩为主,富有机质泥页岩段 TOC 平均为 2.67%,R_o 在 2.5%~3.97%之间,富有机质泥页岩连续厚度为 10.1~17.4m,暗色泥岩累计厚度 136~238m,整体上龙头乡—宜州西为相对稳定的向斜构造,目的层的埋深均超过 500m,受后期改造作用小,无浅层岩浆岩侵入,有利于页岩气保存。综合认为,环江下南-宜州西下石炭统鹿寨组富有机质泥页岩品质好、厚度大、页岩气保存条件较好。

(3)宜州北-融水页岩气有利目标区。此目标区在晚泥盆世时期处于台盆-斜坡相沉积环境,发育榴江组、五指山组,以灰黑色硅质岩、硅质泥岩与扁豆状灰岩为主,早石炭世时期对晚泥盆世具有一定地继承性,发育英塘组一段、二段较深水沉积,英塘组一段、二段岩性以黑色泥岩、钙质泥岩、深灰色泥质灰岩、灰岩为主。英塘组一段灰黑色钙质泥岩有效泥岩厚度为 42~60m,TOC 介于 1.80%~2.96%之间,平均为 2.27%,R_o 介于 2.08%~2.25%之间,处于高成熟阶段;英塘组二段灰黑色钙质泥岩有效泥岩厚度为 55~70m,TOC 介于 1.47%~2.75%之间,平均为 2.21%。另外,该地区的桂融页 1 井揭露了英塘组一段钻取灰黑色泥岩连续厚度约为 40m,解吸气量达到 1.2m³/t,证实了该区具备较好的页岩气

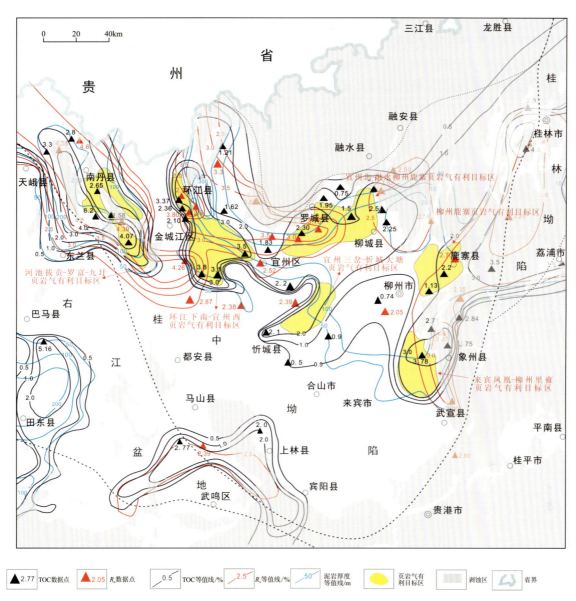

图 7.2.7 广西地区鹿寨组页岩气有利目标区分布图

勘探潜力。整体上此目标区处于由断层所控制的相对稳定的向斜构造，目的层的埋深超过 1000m，受后期改造作用小，有利于页岩气保存。综合认为，该地区下石炭统英塘组富有机质泥页岩品质好、厚度大、页岩气保存条件较好。

(4) 柳州鹿寨页岩气有利目标区。此有利目标区位于桂中坳陷东部，构造主体位于宜山断凹，属于相对的构造稳定区，页岩气保存条件较好；在早石炭世属于深水陆棚相，发育一套泥岩和硅质组合，具有上升流的作用，有利于有机质的积累，泥页岩连续厚度在 65～120m 之间；TOC 为 1.0%～2.0%，具有良好的页岩气生烃物质条件；R_o 为 2.18%～2.61%，属于成熟-高成熟阶段。目标区内目前已有东塘 1 井、柳城 1 井、LJ1 井、桂柳地 1 井等钻井，均存在一定的含气性显示，证实了该区具有良好的页岩气保存条件和较好的页岩气勘探潜力。

(5) 宜州三岔-忻城大塘页岩气有利目标区。晚泥盆世到早石炭世，洛西—忻城一带发展成为较典型的裂陷盆地，并发育深水相地层组合系列，其中下石炭统鹿寨组地层厚度超过 300m，为台盆沉积环境，鹿寨组页岩 TOC 平均为 2.5%，R_o 平均值为 3.11%，有机质类型为 II_2 型。根据 2021 年广西地矿局前期页岩气科研项目成果,宜州洛西镇-土博、忻城马泗-大塘镇西为页岩气有利沉积相带,构造稳定,页岩气生烃潜力好。2019年,中石化南方分公司在河池宜州区针对下石炭统页岩部署的宜页1井点火成功,证明鹿寨组在宜州片区具有较好的页岩气资源潜力。

(6)来宾凤凰-柳州里雍页岩气有利目标区。此地区在中泥盆晚期(东岗岭组上部沉积时期)处于深水陆棚相沉积环境,岩性以深灰色泥岩夹硅质岩、泥灰岩为主,富含竹节石化石,富有机质泥页岩段 TOC 平均为 2.85%,R_o 平均值为 3.25%,富有机质泥页岩连续厚度为 20~25m;早石炭时期,水体加深,鹿寨组一段沉积时期为台沟沉积环境,岩性以硅质岩、碳质泥岩夹少量微晶灰岩为主,富有机质泥页岩段 TOC 平均为 2.99%,R_o 平均值为 2.85%,富有机质泥页岩连续厚度为 20.8~30.2m;鹿寨组二段沉积时期处于台地边缘斜坡沉积环境,岩性以含硅质团块或条带的微晶灰岩为主,夹碳质泥岩、硅质岩,局部为泥岩、硅质岩夹灰岩,富有机质泥页岩段 TOC 平均为 2.85%,R_o 平均值为 2.98%,富有机质泥页岩连续厚度为 2~30.86m。整体上该地区为相对稳定的向斜构造,目的层的埋深均超过500m,受后期改造作用小,无浅层岩浆岩侵入,有利于页岩气保存。综合认为,凤凰镇地区中泥盆统东岗岭组上部、下石炭统鹿寨组一段、二段富有机质泥页岩品质好、厚度大、页岩气保存条件较好。

7.2.4 页岩气勘查靶区优选结果

在有利目标区优选的基础上,结合目前地质调查井勘探成果圈定了2个页岩气勘查靶区,分别是柳城龙头-融安大良页岩气勘查靶区、柳州雒容-鹿寨中渡页岩气勘查靶区(表7.2.5,图7.2.8)。两个勘查靶区勘探程度高,分别受桂融页1井、桂柳地1井控制,页岩气地质资源量采用静态体积法,参数分别取桂融页1井、桂柳地1井相应的中值。

表 7.2.5 广西地区鹿寨组页岩气勘查靶区优选结果

层系	评价单元	编号	页岩气勘查靶区	面积/km²	泥岩厚度/m	总含气量/(m³·t⁻¹)	密度/(g·cm⁻³)	页岩气地质资源量/×10⁸m³
鹿寨组	桂中坳陷	ET1	柳城龙头-融安大良	235	30	1.6	2.61	294
		ET2	柳州雒容-鹿寨中渡	288	44	1.24	2.54	399

(1)柳城龙头-融安大良页岩气勘查靶区。此页岩气勘查靶区(图7.2.8)面积为235km²。该靶区 TOC 大于2%,R_o 介于2.35%~2.77%之间,具有很好的生烃能力;泥页岩厚度97~130m,有效页岩厚度超过30m,分布稳定,赋存面积大;具有良好的顶板条件;埋藏深度1500~2500m。靶区内桂融页1井的含气量(不含残余气)为0.71~2.61m³/t,最高2.61m³/t(1612m处),平均1.60m³/t,岩心浸水试验见串珠状气泡,解吸气体点火可燃,火焰高度为10~15cm,为广西地区页岩气显示效果最好的一口调查井。

(2)柳州雒容-鹿寨中渡页岩气勘查靶区。此页岩气勘查靶区(图7.2.10)面积为288km²。该靶区 TOC 大于2%,R_o 介于2.0%~2.68%之间,具有很好的生烃能力;泥页岩厚度大于300m,有效页岩厚度超过40m,分布稳定,赋存面积大;具有良好的顶板条件;埋藏深度2500~3500m。勘查靶区内桂柳地1井目的层段为下石炭统鹿寨组一段、二段潜质页岩,泥岩现场解吸气量为0.39~2.9m³/t,平均解吸气量为1.24m³/t,现场解吸含气性数据高值主要集中在1850~1944m之间,表明此页岩气区块下石炭统鹿寨组存在较高的含气量,具备良好的生烃能力。

7 广西地区页岩气资源评价与选区

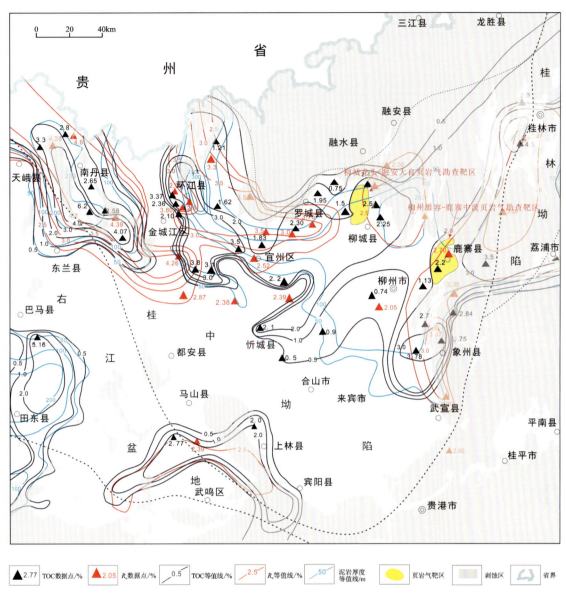

图 7.2.8 广西地区鹿寨组页岩气勘查靶区分布图

7.2.5 选区评价小结

在桂中坳陷、右江盆地、十万大山3个评价单元内共圈定页岩气远景区9个(图7.2.9),面积共计41 468 km²,其中以塘丁组为目标层圈定远景区2个,分别是天峨-南丹、上林乔贤-宾阳大桥地区;以罗富组为目标层圈定远景区1个,以鹿寨组为目标层圈定远景区4个,以石炮组为目标层圈定远景区2个。针对主力勘探层下石炭统鹿寨组,优选页岩气有利目标区6个,分别是河池拔贡-罗富-九圩、环江下南-宜州西、宜州北-融水、柳州鹿寨、宜州三岔-忻城大塘、来宾凤凰-柳州里雍页岩气有利目标区,对应地质资源量为 1.99×10^{12} m³,可采资源量为 0.30×10^{12} m³;在有利目标区优选的基础上,结合目前地质调查井勘探成果圈定了2个页岩气勘查靶区,分别是柳城龙头-融安大良、柳州雒容-鹿寨中渡页岩气勘查靶区,对应地质资源量为 693×10^{8} m³,可采资源量为 103.95×10^{8} m³。

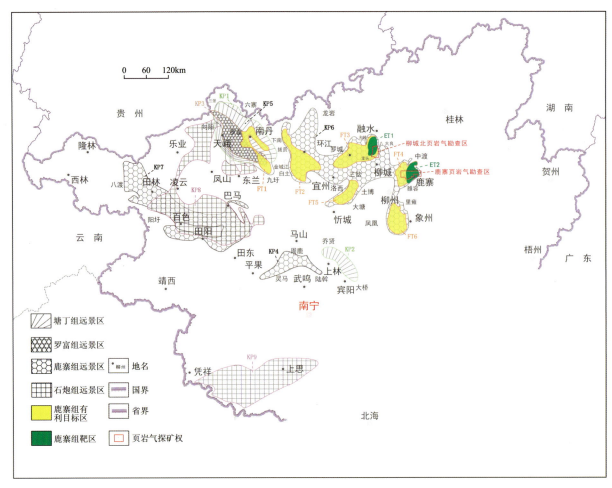

图 7.2.9 广西页岩气资源潜力调查与选区评价成果图

8 结论与建议

8.1 主要成果

（1）系统总结了华南大陆的构造格局、演化过程与广西构造单元划分、主要沉积盆地发育构造背景、富有机质泥页岩层系特征。华南大陆是特提斯构造域中段的一部分，新元古代以来经历 Rodinia 裂解、南北古大陆间特提斯构造格局和洋陆演化，其演化划分为新元古代—早古生代（原特提斯构造域）构造演化、晚古生代（古特提斯构造域）构造演化、中生代早期（新特提斯构造域）构造演化、中生代中期构造演化、中生代晚期—古近纪构造演化、新近纪构造演化 6 个阶段。广西地区作为华南大陆的一部分，在晚古生代—中生代早期多岛洋大地构造背景下发育台盆相、深水陆棚，形成了桂中坳陷、右江、十万大山 3 个主要沉积盆地，并发育了以泥盆系、石炭系为主，寒武系、奥陶系和三叠系次之的多套富有机质泥页岩层系。

（2）全面研究了广西主要富有机质泥页岩发育层系岩相古地理与演化特征。全面研究了广西早寒武世、早—中奥陶世、泥盆纪、石炭纪、二叠纪—早三叠世岩相古地理特征与演化特征，泥盆纪、石炭纪发育台地相、台盆相相间的典型沉积格局并具继承性发育特征，其中盆地相、深水陆棚是富有机质泥页岩发育的良好沉积环境，发育了多套黑色页岩层系（包括寒武系清溪组，奥陶系升平组，泥盆系塘丁组、罗富组，石炭系鹿寨组，三叠系石炮组等）。

（3）全面、系统地评价了广西富有机质泥页岩的页岩气基础地质条件。针对多套黑色页岩层系，开展了系统测试，全面评价了页岩气目的层的生烃潜力。①属于优质—好的页岩气目的层主要集中于下石炭统、中下泥盆统、下三叠统：鹿寨组，分布于柳州的鹿寨、柳城、融水，河池的天峨-南丹、金城江-宜州、环江，来宾的象州、忻城，百色的巴马、马山乔利、田林；中下泥盆统塘丁组分布于天峨-九圩、上林地区；中泥盆统罗富组，分布于天峨-九圩地区；下三叠统石炮组分布于巴马、田林、马山周鹿、上思地区。②针对性地评价了泥页岩发育的老层系，对老层系寒武系清溪组、奥陶系升坪组，因有机质热演化程度过高（大于 4.2%）、具不同程度变质作用，综合评价为页岩气资源潜力一般。③综合评价了广西泥页岩的储层特征：矿物组分以石英、方解石和黏土矿物为主，黏土矿物以伊利石和伊蒙混层为主；储集层为特低孔渗储集层，总孔隙度分布在 2.0%～14.0% 之间，渗透率一般小于 $0.1×10^{-3}μm^2$，平均喉道半径不到 $0.005μm$；有机质页岩中储集空间类型主要包括粒内有机质孔、溶蚀孔、晶间孔以及裂缝等类型。

（4）深入分析广西主要沉积盆地改造期的构造特征，系统总结了桂中坳陷及周缘的构造演化特征及规律。中、新生代的多期构造运动对广西沉积盆地的改造最强烈，深入总结了右江盆地、十万大山盆地沉积盆地的主要构造特征及构造样式，将右江盆地划分为南丹坳陷、都阳山隆起、桂西北坳陷、灵马坳陷、大明山隆起 5 个构造单元，十万大山盆地自北而南划分为北部斜坡带、中部隆起带和南部坳陷带 3 个二级构造单元，其中右江盆地的次级构造单元的灵马坳陷、桂西北坳陷和十万大山盆地的南部坳陷发育利于页岩气保存的构造样式。基于现今桂中坳陷及周缘各区段构造特征差异性，通过系统调查、分析、总结,将桂中坳陷及周缘划分为4个一级构造单元(雪峰山隆起南缘重力滑覆构造带、右江逆冲推覆构造带、大瑶山和大明山逆冲推覆构造带、北山复合叠加构造带)及12个二级构造单元。将其改造期分为4个演化阶段:晚三叠世(印支晚期)挤压阶段,受北南挤压作用,形成东西向宽缓褶皱;侏罗纪早期(燕山早期Ⅰ幕),西部形成北西向构造,侏罗纪晚期(燕山早期Ⅱ幕)挤压兼走滑阶段,东部发育北东—北北东向构造;白垩—古近纪(燕山晚期—喜马拉雅早期)伸展阶段,局部区域(保安、河池及柳州等地区)逆冲断层发生构造反转,形成一系列正断层;新近—第四纪(喜马拉雅晚期)抬升剥蚀阶段。

(5)系统上梳理总结了桂中坳陷页岩气宏观构造保存条件的差异性及影响因素。桂中坳陷中、古生界页岩气宏观构造保存条件的差异控制因素是各构造单元中的空间展布、断裂、褶皱、构造样式、构造带形成时间和期次等,构造面貌基本定性于燕山期,燕山晚期—喜马拉雅早期的伸展作用仍波及部分二级构造带,不利于页岩气的保存。经过综合研究认为一级构造带内尚未被印支期构造活动波及,或是在印支期处于宽缓的构造低部位,较有利于中生界、古生界页岩气层系的保存条件。

(6)从页岩气基础地质条件、结构构造、构造保存条件、含气性等方面详细解剖了7个典型页岩气区块,系统总结了其页岩气保存的有利因素。综合研究认为南丹-环江页岩气区块相对于整个桂中坳陷整体构造作用较弱,构造形态稳定、地层平稳连续、宽缓褶皱样式、走滑性质较弱的逆断层发育区域为页岩气有利保存区域圈定的重要因素。融水-柳城页岩气区块晚三叠世前长期处于沉积埋藏阶段,燕山—喜马拉雅期构造作用开始抬升剥蚀,下石炭统鹿寨组为该区块内主力勘探层系。柳州-鹿寨页岩气区块大部分区域在早石炭世为台盆相沉积,为有利的较封闭沉积环境,下石炭统鹿寨组具有较高的含气量,目的层埋深条件有利。凤凰-来宾页岩气区块中、下泥盆统的演化程度高,区块位于桂中坳陷东南部,以挤压平缓褶皱构造为主,受印支和燕山两期构造作用叠加改造。田阳-巴马页岩气区块和马山页岩气远景区下石炭统鹿寨组和下三叠统石炮组富有机质泥页岩品质好、厚度大、页岩气保存条件良好。

(7)系统总结了广西地区页岩气成藏主控因素、成藏规律,建立了复杂构造域"台-盆"页岩气成藏模式。研究认为有利沉积相带、保存条件和生烃演化是广西地区页岩气成藏的主控因素。较深水的斜坡、盆地或深水陆棚沉积相带是有机质富集及烃源岩发育的相对有利沉积相带。基于断裂发育规模和密度、最早抬升时间、剥蚀厚度、盖层封闭情况、局部构造形态、水文地质条件、岩浆活动等多方面分析认为,广西典型页岩气区块的保存条件中最早抬升时间、构造定型时间、埋深、局部构造样式是重要的因素。有机质成熟度影响生排烃过程,对于高-过成熟的广西地区中下泥盆统、下石炭统页岩而言,现今生烃能力较弱和较高的排烃效率导致气源贫乏是影响页岩气大规模有效成藏的最主要因素。此外,适中的热演化程度有利于生储耦合以及构造演化对烃源岩演化具有重要的控制作用。

(8)形成了一套广西页岩气资源潜力评价的综合评价体系,更准确地评价了广西页岩气资源潜力。基于中国南方地区非典型海相页岩有利区的选区标准及自然资源部相关标准,在查明富有机质泥页岩分布特征、地球化学特征、储层物性特征的基础上,重点结合沉积相、构造样式、生烃演化规律对页岩气成藏的控制作用,形成了一套综合评价广西页岩气资源潜力的评价体系。基于区域地质条件和勘探程度,研究选取概率体积法对广西地区进行了页岩气资源评价,更准确地评价了主要含油气盆地及有利区的页岩气地质资源量,摸清了广西壮族自治区页岩气资源家底。广西地区页岩气 P_{50} 对应的总地质资源量为 $9.93 \times 10^{12} m^3$,最大可采资源量为 $1.49 \times 10^{12} m^3$。按勘探目的层计算,地质资源量主要集中在下石炭统鹿寨组,为 $6.39 \times 10^{12} m^3$,占总地质资源量的 64.32%;其他依次为塘丁组地质资源量 $1.92 \times 10^{12} m^3$,占总地质资源量的 19.33%;石炮组地质资源量 $0.822 \times 10^{12} m^3$,占总地质资源量的 8.27%;罗富组地质资源量 $0.798 \times 10^{12} m^3$,占总地质资源量的 8.03%。

(9)新优选了9个页岩气远景区、6个页岩气有利目标区、2个勘查靶区,成功出让了2个页岩气勘查区块,并预测了相应的页岩气地质资源量。在桂中坳陷、右江盆地、十万大山3个评价单元内共圈定页岩气远景区9个,其中以塘丁组为目标层圈定远景区2个,分别是天峨-南丹、上林乔贤-宾阳大桥地区;以罗富组为目标层圈定远景区1个,以鹿寨组为目标层圈定远景区4个,以石炮组为目标层圈定远

景区 2 个。远景区地质资源量为 $23.35×10^{12}\,m^3$，可采资源量为 $3.50×10^{12}\,m^3$。针对主力勘探层下石炭统鹿寨组，优选页岩气有利目标区 6 个，分别是河池拔贡-罗富-九圩、环江下南-宜州西、宜州北-融水、柳州鹿寨、宜州三岔-忻城大塘以及来宾凤凰-柳州里雍页岩气有利目标区，地质资源量为 $1.99×10^{12}\,m^3$，可采资源量为 $0.30×10^{12}\,m^3$；在有利目标区优选的基础上，结合目前地质调查井勘探成果圈定了 2 个页岩气勘查靶区，分别是柳城龙头-融安大良、柳州雒容-鹿寨中渡页岩气勘查靶区，地质资源量为 $693×10^8\,m^3$，可采资源量为 $103.95×10^8\,m^3$。

8.2 建 议

（1）深化开展鹿寨地区东塘 1 井的气源对比。柳州鹿寨地区东塘 1 井在 332m 井深处冒出可燃气体，气体成分以甲烷为主，目前尚未明确其来源，可能来源于深部下石炭统鹿寨组一段或三段内部的泥岩层。有必要在鹿寨页岩气区块范围内深入开展东塘 1 井的气源对比，明确主力烃源岩，有助于提高对该地区鹿寨组一段和三段页岩气资源潜力的进一步认识，明确页岩气开发方向。

（2）加深石炭系页岩过成熟差异演化的影响因素研究。广西石炭系页岩热演化的差异性明显，桂中坳陷中部、北部的热演化程度相对最低，西部与东部的高，右江盆地整体的热演化程度较高。目前认为石炭系页岩的热演化影响差异的影响因素包括埋藏史、岩浆与热液活动、多期的构造演化等。但哪些因素起到主导作用并影响热演化过程等，没有深入开展相关研究，建议下一步加深该方面的研究工作。

（3）深化下石炭统、上泥盆统页岩热演化反转的影响因素研究。鹿寨地区，下石炭统鹿寨组存在下部页岩的热演化程度比上部低，上泥盆统榴江组的页岩较下石炭统页岩热演化程度低的问题。目前尚未系统研究其影响因素，尚不明确是否与盆地的热演化史有关，有待下一步开展深入研究，查清鹿寨页岩区块页岩演化的差异性问题。

主要参考文献

安鹏鑫,汤静如,汪劲草,等,2018.桂中凹陷东北缘两组断裂带构造样式特征及其演化[J].云南地质,37(4):414-419.

白忠峰,2006.桂中坳陷构造特征及其与油气关系[D].北京:中国地质大学(北京).

陈洪德,曾允孚,李孝全,1989.丹池晚古生代盆地的沉积和构造演化[J].沉积学报,7(4):87-94.

陈洪德,张锦泉,刘文均,1994.泥盆纪—石炭纪右江盆地结构与岩相古地理演化[J].广西地质,7(2):15-22.

陈洪德,1988.广西丹池晚古生代沉积盆地的演化及控矿作用[J].成都地质学院学报,15(4):68-76.

陈相霖,苑坤,林拓,等,2021.四川垭紫罗裂陷槽西北缘(黔水地1井)发现上古生界海相页岩气[J].中国地质,48(2):661-662.

陈中红,查明,2005.烃源岩排烃作用研究现状及展望[J].地球科学进展(4):459-466.

程鹏,肖贤明,2013.很高成熟度富有机质泥页岩的含气性问题[J].煤炭学报,38(5):737-741.

范玉梅,谭华,邹建波.等,2008.黔西北地区铅锌矿成矿规律探讨[J].贵州地质(2):86-94.

顾家裕,马锋,季丽丹,2009.碳酸盐岩台地类型、特征及主控因素[J].古地理学报,11(1):21-28.

广西壮族自治区地质矿产局,1992.广西的泥盆系[M].武汉:中国地质大学出版社.

广西壮族自治区地质矿产局,1999.广西的石炭系[M].武汉:中国地质大学出版社.

广西壮族自治区地质矿产局,1985.广西壮族自治区区域地质志[M].北京:地质出版社.

广西壮族自治区地质矿产局,1997.广西壮族自治区岩石地层[M].武汉:中国地质大学出版社.

郭彤楼,蒋恕,张培先,等,2020.四川盆地外围常压页岩气勘探开发进展与攻关方向.石油实验地质,42(5):837-845.

郭旭升,梅廉夫,汤济广,等,2006.扬子地块中、新生代构造演化对海相油气成藏的制约[J].石油与天然气地质(3):295-304,325.

何斌,徐义刚,王雅玫,等,2005.东吴运动性质的厘定及其时空演变规律[J].地球科学(1):89-96.

何希鹏,何贵松,高玉巧,等,2023.常压页岩气勘探开发关键技术进展及攻关方向[J].天然气工业,43(6):1-14.

侯方浩,方少仙,张廷山,等,1992.中国南方晚古生代深水碳酸盐岩及控油气性[J].沉积学报(3):133-144.

侯宇光,2005.桂北河池-宜山断裂带构造演化及其与油气的关系[D].北京:中国地质大学(北京).

胡光明,2007.中下扬子残留盆地演化特征与选区评价方法探析[D].上海:同济大学.

黄开年,1988.峨眉山玄武岩是弧后扩张的产物吗?[J].地质科学(3):289-298.

江元生,顾雪祥,勾永东,等,2007.西藏冈底斯中段措勤地区中新生代构造岩浆演化[M].成都:电子科技大学出版社.

姜振学,宋岩,唐相路,等,2020.中国南方海相页岩气差异富集的控制因素[J].石油勘探与开发(3):617-628.

李霖锋,2017.广西地区线性构造分形特征及分维趋势分析[D].桂林:桂林理工大学.

李梅,2011.黔南桂中坳陷水文地质地球化学与油气保存条件研究[D].杭州:浙江大学.

李三忠,赵淑娟,李玺瑶,等,2016.东亚原特提斯洋（Ⅰ）:南北边界和俯冲极性[J].岩石学报,32(9):2609-2627.

李小林,岑文攀,周辉,2013.广西晚古生代地层页岩气烃源岩地质条件分析[J].南方国土资源(12):27-29.

刘东成,2009.桂中坳陷构造演化及油气保存条件分析[D].山东:中国石油大学（华东）.

刘鹏,2017.焦石坝地区构造演化及其对页岩气成藏的控制[D].徐州:中国矿业大学.

卢焕章,CRAWFORD,M L,1986.Geological and Fluid Inclusion Studies of the Dongpo Tungsten Skarn Ore Deposit,China[J].Chinese Journal of Geochemistry(2):140-157.

卢焕章,2012.流体包裹体岩相学的一些问题探讨[J].矿床地质,31(S1):689.

卢焕章,1990.流体熔融包裹体[J].地球化学(3):225-229.

罗胜元,王传尚,彭中勤,2016.桂中坳陷下石炭统鹿寨组页岩气研究[J].华南地质与矿产,32(2):180-190.

马力,陈焕疆,甘克文,等,2004.中国南方大地构造和海相油气地质（上册）[M].北京:地质出版社.

马卫,李剑,王东良,等,2016.烃源岩排烃效率及其影响因素[J].天然气地球科学,27(9):1742-1749.

马永生,陈洪德,王国力,等,2009.中国南方层序地层与古地理[M].北京:科学出版社.

毛佩筱,2018.桂中坳陷及周缘上古生界海相页岩气成藏特征分析[D].杭州:浙江大学.

梅廉夫,刘昭茜,汤济广,等,2010.湘鄂西-川东中生代陆内递进扩展变形:来自裂变径迹和平衡剖面的证据[J].地球科学,35(2):161-174.

梅冥相,马永生,邓军,等,2003.南盘江盆地及邻区早中三叠世层序地层格架及其古地理演化——兼论从"滇黔桂盆地"到"南盘江盆地"的演变过程[J].高校地质学报(3):427-439.

聂海宽,何治亮,刘光祥,等,2020.中国页岩气勘探开发现状与优选方向[J].中国矿业大学学报,49(1):13-35.

聂海宽,张金川,李玉喜,2011.四川盆地及其周缘下寒武统页岩气聚集条件[J].石油学报,32(6):959-967.

彭勇民,龙胜祥,何希鹏,等,2020.彭水地区常压页岩气储层特征及有利区评价[J].油气藏评价与开发,10(5):12-19.

覃英伦,雷雨,蒋恕,等,2022.桂中坳陷北部下石炭统鹿寨组一段页岩气成藏条件与资源潜力评价[J].石油科学通报,7(2):139-154.

覃英伦,张家政,王玉芳,等,2021.广西桂中坳陷（桂融页1井）石炭系鹿寨组获页岩气重要发现[J].中国地质,48(2):667-668.

汤济广,梅廉夫,沈传波,等,2006.平衡剖面技术在盆地构造分析中的应用进展及存在的问题[J].油气地质与采收率(6):19-22+106.

汤良杰,崔敏,2011.中上扬子区关键构造变革期、构造变形样式与油气保存[J].石油实验地质(1):12-16.

唐书恒,范二平,2014.富有机质泥页岩中主要黏土矿物吸附甲烷特性[J].煤炭学报,39(8):1700-1706.

田景春,康建威,林小兵,等,2007.台盆沉积体系及层序地层特征研究[J].西南石油大学学报,125(6):39-42.

汪凯明,2021.下扬子皖南地区下寒武统页岩气地质特征及成藏控制因素[J].中国石油勘探(5):83-99.

王博,舒良树,2001.对赣东北晚古生代放射虫的初步认识[J].地质论评(4):337-344.

王鸿祯,1986.华南地区古大陆边缘构造史[M].武汉:武汉地质学院出版社.

王尚彦,张慧,王天华,等,2006.黔西水城—紫云地区晚古生代裂陷槽盆充填和演化[J].地质通报(3):402-407.

王祥,王瑞湖,张能,等,2020.桂中坳陷环江地区高-过成熟富有机质泥页岩储集性能研究及其对含气性的影响[J].矿产与地质(6):1078-1083+1128.

王运所,刘亚洲,张孝义,等,2003.平衡剖面的制作流程及其地质意义[J].长安大学学报(地球科学版)(1):28-32.

吴福元,万博,赵亮,等,2020.特提斯地球动力学[J].岩石学报,36(6):1627-1674.

吴国干,姚根顺,徐政语,等,2009.桂中坳陷改造期构造样式及其成因[J].海相油气地质,14(1):33-40.

吴浩若,邝国敦,王忠诚,2001.志留纪以来的云开地块[J].古地理学报,3(3):32-40.

吴继远,1986.从桂东、桂西地区中新生代构造的差异,探讨其与板块构造的关系[J].广西地质(2):13-21.

许华,倪战旭,黄炳诚,等,2016.广西大瑶山东南缘早古生代TTG侵入岩石组合的确定及其区域构造意义[J].中国地质(3):780-796.

杨怀宇,陈世悦,郝晓良,等,2010.南盘江坳陷晚古生代隆林孤立台地沉积特征与演化阶段[J].中国地质,37(6):1638-1647.

杨锐,2012.广西页岩气成藏特征分析——以桂中坳陷为例[D].荆州:长江大学.

殷鸿福,吴顺宝,杜远生,等,1999.华南是特提斯多岛洋体系的一部分[J].地球科学,24(1):1-12.

曾允孚,陈洪德,张锦泉,等,1992.华南泥盆纪沉积盆地类型和主要特征[J].沉积学报(3):104-113.

曾允孚,刘文均,1995.右江盆地演化与层控矿床[J].地学前缘(4):238-240.

张广平,2007.广东省中生代典型侵入岩隆升研究[D].长沙:中南大学.

张国伟,郭安林,王岳军,等,2013.中国华南大陆构造与问题[J].中国科学:地球科学,43:1553-1582.

张金川,林腊梅,李玉喜,等,2012.页岩气资源评价方法与技术:概率体积法[J].地学前缘,19(2):184-191.

赵文智,贾爱林,位云生,等,2020.中国页岩气勘探开发进展及发展展望[J].中国石油勘探(1):31-44.

赵文智,王兆云,王红军,等,2011.再论有机质"接力成气"的内涵与意义[J].石油勘探与开发,38(2):129-135.

郑德文,1994.天然气毛细封闭盖层评价标准的建立[J].天然气地球科学(3):29-33.

ENGELDER T, LASH G G, UZCTEGUI R S, 2009. Joint sets that enhance production from Middle and Upper Devonian gas shales of the Appalachian Basin[J]. AAPG Bulletin, 93(7):857-889.

HARDING T P, LOWELL J D, 1979. Structural styles, their plate tectonic habitats and hydrocarbon traps in petroleum provinces[J]. AAPG bulletin, 63(7): 1016-1058.

JARVIE D M, HILL R J, RUBLE T E, et al., 2007. Unconventional shale-gas systems: the Mississippian Barnett shale of north central Texas as one model for thermogenic shale gas assessment[J]. AAPG Bulletin, 91(4): 475-499.

YANG W X, YAN D P, QIU L, et al., 2021. Formation and forward propagation of the Indosinian foreland fold-thrust belt and Nanpanjiang foreland basin in SW China[J]. Tectonics, 40(4): 1-24.